数学模型在生态学的应用及研究(37)

The Application and Research of Mathematical Model in Ecology(37)

杨东方　陈　豫　编著

海洋出版社

2017年 · 北京

内 容 提 要

通过阐述数学模型在生态学的应用和研究，定量化的展示生态系统中环境因子和生物因子的变化过程，揭示生态系统的规律和机制，以及其稳定性、连续性的变化，使生态数学模型在生态系统中发挥巨大作用。在科学技术迅猛发展的今天，通过该书的学习，可以帮助读者了解生态数学模型的应用、发展和研究的过程；分析不同领域、不同学科的各种各样生态数学模型；探索采取何种数学模型应用于何种生态领域的研究；掌握建立数学模型的方法和技巧。此外，该书还有助于加深对生态系统的量化理解，培养定量化研究生态系统的思维。

本书主要内容为：介绍各种各样的数学模型在生态学不同领域的应用，如在地理、地貌、水文和水动力，以及环境变化、生物变化和生态变化等领域的应用。详细阐述了数学模型建立的背景、数学模型的组成和结构以及其数学模型应用的意义。

本书适合气象学、地质学、海洋学、环境学、生物学、生物地球化学、生态学、陆地生态学、海洋生态学和海湾生态学等有关领域的科学工作者和相关学科的专家参阅，也适合高等院校师生作为教学和科研的参考。

图书在版编目(CIP)数据

数学模型在生态学的应用及研究．37/杨东方，陈豫编著．—北京：海洋出版社，2016.12
ISBN 978-7-5027-9679-2

Ⅰ.①数…　Ⅱ.①杨…　②陈…　Ⅲ.①数学模型-应用-生态学-研究　Ⅳ.①Q14

中国版本图书馆 CIP 数据核字(2017)第 046236 号

责任编辑：鹿　源
责任印制：赵麟苏
海洋出版社　出版发行
http://www.oceanpress.com.cn
北京市海淀区大慧寺路 8 号　邮编：100081
北京朝阳印刷厂有限责任公司印刷　新华书店北京发行所经销
2017 年 3 月第 1 版　2017 年 3 月第 1 次印刷
开本：787 mm×1092 mm　1/16　印张：20
字数：480 千字　定价：60.00 元
发行部：62132549　邮购部：68038093　总编室：62114335

数学是结果量化的工具

数学是思维方法的应用

数学是研究创新的钥匙

数学是科学发展的基础

杨东方

要想了解动态的生态系统的基本过程和动力学机制，尽可从建立数学模型为出发点，以数学为工具，以生物为基础，以物理、化学、地质为辅助，对生态现象、生态环境、生态过程进行探讨。

生态数学模型体现了在定性描述与定量处理之间的关系，使研究展现了许多妙不可言的启示，使研究进入更深的层次，开创了新的领域。

杨东方

摘自《生态数学模型及其在海洋生态学应用》

海洋科学(2000)，24(6)：21-24.

《数学模型在生态学的应用及研究(37)》编委会

前　言

细大尽力，莫敢怠荒，远迩辟隐，专务肃庄，端直敦忠，事业有常。

——《史记·秦始皇本纪》

数学模型研究可以分为两大方面：定性和定量。要定性地研究，提出的问题是"发生了什么或者发生了没有"。要定量地研究，提出的问题是"发生了多少或者它如何发生的"。前者是对问题的动态周期、特征和趋势进行了定性的描述，而后者是对问题的机制、原理、起因进行了定量化的解释。然而，生物学中有许多实验问题与建立模型并不是直接有关的。于是，通过分析、比较、计算和应用各种数学方法，建立反映实际的且具有意义的仿真模型。

生态数学模型的特点为：(1) 综合考虑各种生态因子的影响。(2) 定量化描述生态过程，阐明生态机制和规律。(3) 能够动态地模拟和预测自然发展状况。

生态数学模型的功能为：(1) 建造模型的尝试常有助于精确判定所缺乏的知识和数据，对于生物和环境有进一步定量了解。(2) 模型的建立过程能产生新的想法和实验方法，并缩减实验的数量，对选择假设有所取舍，完善实验设计。(3) 与传统的方法相比，模型常能更好地使用越来越精确的数据，将从生态不同方面所取得的材料集中在一起，得出统一的概念。

模型研究要特别注意：(1) 模型的适用范围：时间尺度、空间距离、海域大小、参数范围。例如，不能用每月的个别发生的生态现象来检测 1 年跨度的调查数据所做的模型。又如用不常发生的赤潮模型来解释经常发生的一般生态现象。因此，模型的适用范围一定要清楚。(2) 模型的形式是非常重要的，它揭示内在的性质、本质的规律，来解释生态现象的机制、生态环境的内在联系。因此，重要的是要研究模型的形式，而不是参数，参数是说明尺度、大小、范围而已。(3) 模型的可靠性，由于模型的参数一般是从实测数据得到的，它的可靠性非常重要，这是通过统计学来检测。只有可靠性得到保证，才能用模型说明实际的生态问题。(4) 解决生态问题时，所提出的观点，不仅从数学模型支持这一观点，还要从生态现象、生态环境等各方面的事实来支持这一观点。

本书以生态数学模型的应用和发展为研究主题，介绍数学模型在生态学不同领域的应用,如在地理、地貌、气象、水文和水动力,以及环境变化、生物变化和生态变化等领域的应用。详细阐述了数学模型建立的背景、数学模型的组成和结构以及其数学模型应用的意义。认真掌握生态数学模型的特点和功能以及注意事项。生态数学模型展示了生态系统的演化过程,预测了自然资源可持续利用。通过本书的学习和研究,促进自然资源、环境的开发与保护,推进生态经济的健康发展,加强生态保护和环境恢复。

本书获得西京学院的出版基金、贵州民族大学博点建设文库、“贵州喀斯特湿地资源及特征研究”(TZJF-2011 年-44 号)项目、“喀斯特湿地生态监测研究重点实验室”(黔教合 KY 字[2012]003 号)项目、教育部新世纪优秀人才支持计划项目(NCET-12-0659)项目、“西南喀斯特地区人工湿地植物形态与生理的响应机制研究”(黔省专合字[2012]71 号)项目、“复合垂直流人工湿地处理医药工业废水的关键技术研究”(筑科合同[2012205]号)项目、贵州民族大学引进人才科研项目([2014]02)、土地利用和气候变化对乌江径流的影响研究(黔教合 KY 字[2014]266 号)、威宁草海浮游植物功能群与环境因子关系(黔科合 LH 字[2014]7376 号)、“铬胁迫下人工湿地植物多样性对生态系统功能的影响机制研究”(国家自然科学基金项目 31560107)以及国家海洋局北海环境监测中心主任科研基金——长江口、胶州湾、浮山湾及其附近海域的生态变化过程(05EMC16)的共同资助下完成。

此书得以完成应该感谢北海环境监测中心主任姜锡仁研究员、上海海洋大学的院长李家乐教授、贵州民族大学校长张学立教授和西京学院校长任芳教授;还要感谢刘瑞玉院士、冯士筰院士、胡敦欣院士、唐启升院士、汪品先院士、丁德文院士和张经院士。诸位专家和领导给予的大力支持,提供的良好的研究环境,成为我们科研事业发展的动力引擎。在此书付梓之际,我们诚挚感谢给予许多热心指点和有益传授的其他老师和同仁。

本书内容新颖丰富,层次分明,由浅入深,结构清晰,布局合理,语言简练,实用性和指导性强。由于作者水平有限,书中难免有疏漏之处,望广大读者批评指正。

沧海桑田,日月穿梭。抬眼望,千里尽收,祖国在心间。

杨东方　陈豫

2015 年 5 月 8 日

目　　次

区域水土流失的预测公式

1 背景

将大面积的水土流失作为一个专门的问题进行研究,最早源于区域土壤侵蚀图的制作以及区域环境治理的规划和决策需要。胡良军和邵明安[1]引用相关方程对区域水土流失进行了研究,从理论的高度进行专门和系统的论述,并且工作的侧重点也有不同。在美国,主要是通过建立地面监测网络来获取全面的水土流失信息,然后经汇总和尺度转换来获得区域水土流失的宏观信息[2]。在国内,作为土壤侵蚀水土保持学科的一个重要研究领域,区域水土流失的概念被专门提了出来,并从区域的宏观角度对其进行系统、综合的研究和论述[3],但无论从理论还是实践上均不甚成熟,基本还处于研究的起步阶段。

2 公式

区域水土流失研究的发展及现状

新技术尤其是遥感和 GIS 等技术得到广泛应用。在 1 : 30 万 TM 卫星影像上,将综合影像地貌组合结构、植被覆盖等级、地面组成物质等特征相近的区域划分为一个单元。将影响土壤侵蚀的因子分为侵蚀因子和抗侵蚀因子两类。在分析各类因子作用的基础上,选取汛期降雨量、地面物质组成、植被盖度、沟壑密度、相对高差等指标,通过卫片判读,大比例尺(1 : 25 万)地形图、航片抽象等方式取得参数,并运用专家知识赋给每一因子以权重和分值,应用变权模糊数学模型进行半定量评判。其形式为:

$$P=(a+b+c+d)\ /[(a/R)+(b/G)+(c/Y)+(d/L)] \tag{1}$$

式中,R、G、Y 和 L 分别是降雨、地面物质抗蚀性、植被覆盖度等级和地形等因子的分值;a、b、c、d 分别是上述各因子的权重;P 是计算所得侵蚀强度的分值。据总分值查表求得侵蚀强度。

该评判模型的建立过程,实质上就是因子分值和权重的确定过程,它的完成依赖于丰富的专家知识。类似的做法在北京市水土流失评价中有所体现[4]。

区域水土流失的趋势预测或预警研究

在各类型区内,选择有代表性的河流和测站,根据该测站及其所控制流域内的有关资料,确定该流域内影响水土流失的各主要因子,建立起河流年输沙量与各影响因子间的相

关模型,进行各分区水土流失的趋势预测,最后据各分区的预测结果,分析全国的水土流失发展趋势。模型的基本形式为:

$$Y = a_1 M^{a2} Q^{a3} P^{a4} \tag{2}$$

式中,Y 为河流年输沙量($\times 10^8$ t);M 为一日最大洪水量($\times 10^8$ m^3);Q 是年径流量;P 是水保治理面积占流失面积百分数;a_1,a_2,a_3,a_4 为系数。

杨艳生在《区域性土壤流失预测方程初步研究》一文中[5],阐述了利用 USLE 的建模思想,应用我国南方花岗岩侵蚀红壤区的径流小区观测资料和野外调查资料,同时根据我国南方流失区的实际,确定各项基本流失因子,推导出花岗岩母质的赣南侵蚀红壤区及长江三峡区的土壤流失预测方程。

赣南丘陵山区方程为:

$$y = 5.459 - 0.472x_1 + 0.128x_2 + 1.715x_3 - 14.041x_4 \tag{3}$$

$$A = 4y \cdot K \cdot LS \tag{4}$$

式中,y 为观测样区的坡面流失量;x_1,x_2,x_3,x_4 分别为降雨量、降雨强度、径流深度和径流系数;A 为区域坡面流失量[t/(km^2 · a)];K 为可蚀性因子;LS 为地形因子。

长江三峡地区方程为:

$$A = 0.8351RKLSC^{-2.3} \tag{5}$$

$$LS = 0.0023 \cdot 1.1^{\alpha} \cdot h(1-\cos\alpha)/\sin\alpha \tag{6}$$

式中:C 为植被度;α 为地面坡度;h 为相对高差(m)。该方程中的 R、K、LS、C 等参数,其含义与 USLE 基本相同,但在应用中均是按区域宏观指标来处理的。

蒋定生则采用“加权重叠排序方法”,对黄土高原腹地的 106 个县(旗)、市发生水土流失的危险程度进行了预警研究[6]。其做法是,对研究区域进行分析和评价,建立一系列指标体系,通过对决定各县水土流失危险程度的综合因素进行动态排序,找出影响各样本区内水土流失程度的主要问题,并进行归类和预警。该研究所选择的排序因子有:雨侵蚀力 R、土壤侵蚀模数 m、坡耕地面积 F、未治理的水土流失面积 F_0、沙尘暴天数 n、植被覆盖度 a 和土壤抗冲性 c。其排序方法分两步:先根据各排序因子的计算结果,依按从大到小或从小到大的要求将各单因子进行排序;然后按加权重叠法进行综合排序。重叠排序指数按下式计算:

$$A = \sqrt{\sum_{i=1}^{n} (y_i - x_i)^2} \tag{7}$$

式中,A 为重叠排序指数;y_i 为参加排序样本数;x_i 为排序分指数(如 R、m、F、F_0、n、a、c 等);n 为重叠排序项目数。

专家权重模型,即将水土流失影响因素按其相对重要性进行排队,给出各因素所占的权重值。对每一要素再按内部的分类进一步排队,即按其内部重要性再一次给各类别赋予权重值(打分),从而得到各类因素影响水土流失的结果,最后进行系统复合,得出表示水土

流失影响程度的排序结果,作为决策依据。其数学表达式为:

$$G = \sum_{i=1}^{m} W_j C_{ij} \tag{8}$$

式中:G 为最终复合结果;W_i 为第 i 个因素的权重;C_{ij}为第 i 个因素中第 j 类的专家评分值;m 为影响因素的个数。

3 意义

根据区域水土流失的计算公式,阐述了该领域的研究现状,指出了当前存在的主要问题,并对今后的研究发展方向进行了展望。区域水土流失研究结果的获取有从宏观出发和从微观出发的两种途径。随着水土流失研究水平的不断发展以及基础研究资料的日益积累和完善,区域水土流失研究必将在定量化、模型化和智能化等方面取得新的进展。

参考文献

[1] 胡良军,邵明安.区域水土流失研究综述.山地学报,2001,19(1):6974.

[2] Meyer L D. Evolution of the universal soil loss equation[J]. Journal of soil andwater conservation, 1984. 39(2):99-104.

[3] 郑粉莉.浅谈我国土壤侵蚀学科亟待加强的研究领域[J].水土保持研究,1999,6(2):26-31.

[4] 王治堂,高林.北京郊区水土流失信息系统的建立与应用[J].水土保持学报,1989,3(2):1-9.

[5] 杨艳生.区域性土壤流失预测方程的初步研究[J].土壤学报,1990,27(1):73-78.

[6] 蒋定生.黄土高原水土流失危险程度预警研究[J].土壤侵蚀与水土保持学报,1995,1(1):12-19.

山地林道网的土壤侵蚀模型

1 背景

作为人类开发利用森林资源的一项基础工程，林业道路网是实施森林可持续经营的物质基础，它在木材采运、森林经营管理以及资源综合利用等活动中都起着重要的作用，但同时也给森林生态系统带来一系列的负面效应[1]。大面积的边坡挖填方、弃方和路面等工程创面，彻底改变了土层结构和土壤理化性质，并影响到植被的恢复，造成面蚀和沟蚀的发生[2-3]。邱荣祖[1]采用定点试验观测和面上调查相结合的方法，研究山地林道网对林地土壤理化性质、植被和土壤侵蚀的影响，以期揭示其影响的程度和机理，为最大限度减少林道网对林地环境的负面效应提供理论依据。

2 公式

根据美国通用土壤流失方程（$E=RKLSCP$），影响土壤侵蚀量的因素有降雨侵蚀力指标（R）、土壤可侵蚀因子（K）、坡长因子（L）、坡度因子（S）、作物经营因子（C）和土壤保持因子（P）。在特定的研究区域，降雨特征、土壤质地和有机质含量相近，林道路面结构基本相同，且都无工程防蚀措施。因此，可近似地认为 R、K、P 一致，为使 C 因子也保持一致，分不同弃养年限进行调查，并假设同一年弃养的林道 C 值一样，这样，面上调查中影响土壤侵蚀量的因子仅限于坡长和坡度，表 1 是 20 条弃养 4 年内的便道不同坡度序列、不同坡长路面土壤侵蚀量调查统计数据。

表 1　路面土壤累计侵蚀量（cm^3）

年限	坡度（%）	坡长（m）										
		4	8	12	16	20	24	28	32	36	40	44
1	3.49	25 488	57 204	95 148	133 200	171 360	2 564 641					
1	6.98	89 280	222 900	324 500	451 100	602 700	865 100					
1	10.47	152 800	330 320	489 120	629 200	722 760	1 048 680	1 412 940	1 702 740	2 036 200	2 223 660	2 484 120
1	13.96	39 920	126 520	233 640	345 080	470 960	617 580	852 000				
2	3.94	26 660	64 740	114 240	206 240	271 740						
2	6.98	161 500	244 980	410 760	697 992	744 484	1 002 884	1 119 844	1 282 964			
2	10.47	132 780	274 760	351 720	554 800	829 520	1 064 328					

续表

年限	坡度(%)	坡长(m)										
		4	8	12	16	20	24	28	32	36	40	44
2	13.96	194 900	447 800	659 312	763 152	893 628	1 152 820	1 304 640	1 615 172	1 910 812	2 161 132	
3	3.49	18 400	102 800	188 420	275 260							
3	6.98	105 040	250 940	416 808	617 016	810 388	1 041 920	1 297 892	1 476 644	1 732 004	1 896 604	
3	10.47	104 396	216 984	409 416	685 148	1 013 448	1 231 560	1 425 908	1 670 004	2 302 132	2 498 524	
3	13.96	153 856	372 755	513 380	819 372	1 126 924	1 442 624	1 678 064	1 985 896	2 296 656	2 596 124	2 908 016
4	3.49	23 240	99 408	228 500	330 704	479 884	663 444	748 044	887 204	1 006 656	1 264 156	
4	6.98	159240	239 000	351 780	497 580	638 820	882 140					
4	10.47	172 708	472 868	781 468	913 168	1 186 068	1 500 048	1 893 088	2 425 988	2 736 968	3 164 468	3 575 428
4	13.96	67 936	217 272	442 088	725 528	938 552	1 345 792	1 760 552	2 193 312			

应用多元线性回归分析可得土壤侵蚀量 E 与弃养时间 T、坡度 S、坡长 L 的关系模型：

$$E = 1\ 695.24T^{0.328}L^{1.354\ 4}S^{0.814}\ (\mathrm{cm}^3) \tag{1}$$

应用 F 检验，$F=504.13>F_{0.01}(3,125)=3.95$，表明整个模型极显著相关。应用 t 检验，$t_1=5.609$，$t_2=47.274$，$t_3=20.026$，t_1、t_2、t_3 均大于 $t_{0.01}(125)=2.41$，时间、坡长和坡度分别与 E 极显著相关。

定点观测采用标桩法进行，观测试验的林道是典型的沿溪布线方式，研究路段为半填半挖结构，林道纵坡度 4.1°(7.15%)，桩标从林道纵坡变坡点（坡顶）往下布设 50 m，共布设 25 对标桩。该段林道于 1995 年 8 月修好投入使用，1996 年 10 月基本停止通行，布桩时间为 1996 年 12 月，观测读数时间为 1997 年 12 月，因此可以认为观测的数据代表了林道路面弃养第 1 年的土壤侵蚀情况。

为检验由面上调查数据建立的林道路面土壤侵蚀数学模型的精度，取 $S=7.15$，$T=1$，式(1)化简为：

$$E = 8\ 406.91L^{1.354\ 4}\ (\mathrm{cm}^3) \tag{2}$$

取 $L=2,4,\cdots,50$，可计算出预报值，设标桩实测量为 E_0，相对误差为：

$$r_i = \frac{|E_o - E|}{E} \times 100(\%) \tag{3}$$

计算结果表明，平均相对误差为 12.27%（计算过程略）。因此，用模型式(1)预报林道路面土壤侵蚀量，其平均误差低于 20%的限差[4]，满足预报精度要求。

3 意义

山地林道网对林地环境影响的定量研究是一个重要的却一直未被重视的领域。采用定点观测与面上调查相结合的方法，定量研究山地林道网对林地土壤性质、土壤侵蚀量和植被的影响,分析其成因,揭示山地林道网对林地环境影响的机理。其研究结果可为定量评价森林作业系统对林地环境所产生的负面影响提供依据。林道网对林地环境的影响,不仅影响本研究所涉及的土壤性质、土壤侵蚀和植被,同时也会对河流、路旁树木、野生动物迁移乃至于森林生态景观产生影响,这有待今后深入研究。

参考文献

[1] 邱荣祖.山地林道网对林地环境的影响.山地学报,2001,19(1):38-43.

[2] 邱荣祖.林道网合理密度及配置方法的研究[J].南京林业大学学报,2000,24(1):51-55.

[3] Coker R J. Road related mass movement in weathered granitic [J]. Journal ofHydrology. 1993, 31 (1): 65-69.

[4] 周伏建,陈明华,林福兴.福建省土壤流失预报研究[J].水土保持学报,1995,9(1):25-30.

非饱和土壤的坡面产流模型

1 背景

黄土高原绝大部分地区属超渗产流,即当降雨强度等于土壤入渗速率时,地表开始积水,满足地面填洼后在重力作用下顺坡流动,形成坡面径流。坡面过程模拟对分析坡面侵蚀机理、建立土壤侵蚀物理模型具有重要意义,近年来国内出现过多种坡面产流模型,但模型精度差异较大,且难以在较大范围内推广应用。张光辉等[1]以非饱和土壤物理参数为基础进行坡面产流过程模拟,拟建立一种物理概念明确、推广性强的产流过程模拟方法。

2 公式

土壤入渗用修正的 Green-Ampt 入渗模型[2,3]描述,根据该模型,土壤入渗速率随着累积入渗量的增加而减小,当入渗速率等于降雨强度时,地表开始积水,此时有:

$$I_p = [(\theta_s - \theta_r)S_f]/(R/K_s - 1) \tag{1}$$

地表开始积水时 t_p 为:

$$t_p = I_p/R \tag{2}$$

土壤入渗速率可表示为:

$$\begin{cases} i = R & t \leqslant t_p \\ i = K_s[1 + (\theta_s - \theta_r)S_f/I(t)] & t > t_p \end{cases} \tag{3}$$

因地表积水时间 t_p 总是大于 0,所以需对式(3)进行修正:

$$K_s \cdot t'_p = I_p - S_f(\theta_s - \theta_i)\ln\left[1 + \frac{I_p}{S_f(\theta_s - \theta_i)}\right] \tag{4}$$

式(1)~式(4)中,R 为降雨强度(cm/min);i 为入渗速率(cm/min);K_s 为饱和导水率(cm/min);θ_s 为饱和含水量(cm^3/cm^3);θ_r 为残余含水量(cm^3/cm^3);θ_i 为土壤前期含水量(cm^3/cm^3);S_f 为土壤吸力参数(cm);I_p 为产流时累积入渗量(cm);t_p 为产流时间(min);t 为降雨时间;t'_p 表示由 $t=0$ 时开始产流,到入渗量 $I(t)$ 等于 I_p 时所需的时间。计算过程分三步进行:第一步用式(1)计算地表开始积水时的累积入渗量 $I(t_p)$,第二步用式(2)计算径流起始时间 t_p,第三步将已知参数代入式(3)和式(4),用试算、迭代法计算 $t>t_p$ 时的累积入渗量 $I(t)$ 和入渗速率 i,试算的时间步长为 0.5 min。参数 K_s、θ_s 可由 Appia 软件提供,其他参数已知或可计算出,但土壤吸力参数 S_f 则不易直接测定,因而要用间接的方法确定。

非饱和土壤物理参数与吸力参数 S_f 间的计算关系为:

$$S_f = \frac{1}{2a[mn(1+2)+1]}\left[1 - \frac{(\theta_s - \theta_\gamma^{1-(l+2+\frac{1}{mn})}}{\theta_i - \theta_\gamma)}\right] \tag{5}$$

式中,m、n 为无因子土壤导水曲线形状系数;α 为土壤进气值的倒数(1/cm)。将用 Appia 软件分析的非饱和土壤物理参数,代入式(5)即可计算出每场降雨的土壤吸力参数 S_f。

1992 年 Mohamoud 提出了推求曼宁系数的退水曲线法[4],基本原理是充分降雨后,地表处于相对饱和状态,此时如降雨停止,则累积入渗量与累积径流量之比,必然等于入渗速率与降雨停止时径流速率之比,即

$$(D - Q_r)/Q_r = f_c/q_c \tag{6}$$

式中,D 为持水量(m);Q_r 为累积退水径流深(m);$D-Q_s$ 为累积退水入渗量(m);f_c 为降雨停止时的土壤入渗速率(m/s);q_c 为降雨停止时的单宽流量(m^2/s)。对上式进行变换得:

$$D = f_c/q_c \tag{7}$$

将曼宁公式代入式(7)并进行转换得:

$$n = \frac{S^{1/2}D^{5/3}}{q_c} = \frac{S^{1/2}}{q_c}\left(\frac{f_c}{q_c}+1\right)^{5/3} Q_r^{5/3} \tag{8}$$

式中,n 为曼宁系数;S 为坡度。通过观测的 Q_r 和 q_c 以及计算的 f_c 即可推求出曼宁系数 n。

在分析坡面产流时应用运动波模型是合理的,如采用曼宁公式则运动波模型可表示为[5]:

$$\begin{cases}\dfrac{\partial h}{\partial t} + \dfrac{\partial q}{\partial x} = r \\ q = 1/n(S^{1/2}h^{5/3})^{-1}\end{cases} \tag{9}$$

式中,h 为水深;r 为净雨;t 为时间。径流达到稳定的时间 t_c 可表示为:

$$t_c = \sqrt[K]{\frac{L[r(t)]^{2/3}}{\beta}} \tag{10}$$

式中,L 为坡长;$\beta = \sin(\theta)^{0.5}/n$;$k = 1.66$。坡面产流过程可以分为涌水、平稳和退水三个阶段[5],各阶段的水深 h 单宽流量 q 可表示如下。

涌水阶段 :

$$h = r(t)t, q = r\beta kh^{k-1}t \tag{11}$$

平稳阶段:

$$h = rt_c = (Lr/\beta)^{1/k}, q = r\beta kh^{k-1}t_c = mLr \tag{12}$$

退水阶段:

$$h = -f_c + (Lr/\beta)^{1/k}, q = -\frac{kLrf_c}{(Lr/\beta)^{1/k}}(t - t_r) + kLr \tag{13}$$

式中：t_r 为降雨历时。

3 意义

根据人工模拟降雨的方法，在用蒸发法测定非饱和土壤物理参数的基础上，运用修正的 Green-Ampt 入渗模型，结合退水曲线法和坡面运动波模型，建立了非饱和土壤的坡面产流模型。研究了 9 场不同雨强和不同历时模拟降雨的产流过程，用非饱和土壤物理参数可以进行一般精度要求的坡面径流过程模拟。此模拟是在理想的直型坡上进行，且无植被覆盖，情况比较简单，对于情况十分复杂的黄土高原或其他地区，如何利用本方法进行径流模拟，仍需大量试验结果的检验和完善。

参考文献

[1] 张光辉，蒋定生，邵明安.用非饱和土壤物理参数模拟坡面产流过程研究.山地学报，2001，19(1)：14-18.

[2] Mein R G，Larson C L.Modeling infiltration during a steady rain[J].Water Resource Research，1973，9(2)：384-394.

[3] 雷志栋，杨诗秀，谢森传.土壤水动力学[M].北京：清华大学出版社，1988. 121-123.

[4] Brooks R，Corey A.Properties of porous media affecting fluid flw[J].Journal ofthe Irrig .Drainage Div，AS-CEPoc.，1966，72：61-88.

[5] 沈冰，王文焰.植被影响下的黄土坡面漫流数学模型[J].水土保持学报，1993，7(1)：23-28.

泥石流的地貌灾害预测模型

1 背景

地貌灾害即灾害地貌,目前国内还没有统一的定义。唐晓春将灾害地貌定义为对人类生活及生存环境造成直接和间接灾害性影响的地貌现象的总称。延军平将其定义为:地貌灾害是由外营力作用导致的地表固体物质运动所产生的有害过程和现象[1]。地貌灾害是由地貌营力作用产生的成灾过程短暂的突变性灾害。刘希林和莫多闻[2]以泥石流预测预报为例对地貌灾害预测预报的基本问题展开了探讨。

2 公式

宏观上国内外对泥石流分布和分区规律已基本掌握,已经编制了不同比例尺的灾害分布、分区图。目前国际上主要侧重于泥石流发生空间的小尺度预测,即泥石流冲出沟口后可能堆积的几何尺寸,又称危险范围[3]。

Ikeya[4]于1982年提出了日本泥石流堆积长度和宽度的计算公式:

$$L = 10I^{2/3} \cdot V^{2/3} \tag{1}$$

$$B = \sqrt{3V/L} \tag{2}$$

式中,L为堆积长度(m);B为堆积宽度(m);I为流通区平均比降;V为泥石流冲出量(m^3)。

泥石流冲出量即泥石流规模,这是一个目前只能凭经验估计或用统计公式估算的量,因此,用上述公式进行预测,可能导致“估计加统计”的不精确预测。

Silva等[5]1992年介绍了通过流域面积来计算西班牙泥石流堆积扇面积和坡度的经验公式:

$$S = 0.78A^{0.66} \tag{3}$$

$$G = 0.05A^{-0.23} \tag{4}$$

式中,S为堆积扇面积(km^2);A为流域面积(km^2);G为堆积扇比降。

刘希林和唐川[6]于1995年提出了一次泥石流堆积范围的预测模型:

$$\begin{cases} a = 0.51l^2 \\ l = 0.87(V \cdot G \cdot r_c/\ln r_c)^{1/3} \\ d = 0.02[V \cdot r_c/(G^2 \cdot \ln r_c)]^{1/3} \end{cases} \tag{5}$$

式中,a 为堆积扇面积(m^2);l 为堆积长度(m);d 为堆积厚度(m);r_c 为泥石流容重(g/cm^3);V 同式(1);G 同式(4)。

多次泥石流堆积范围的预测模型[6]为:

$$\begin{cases} S = 0.67L \cdot B - 0.08B^2 \cdot \sin R/(1 - \cos R) \\ L = 0.81 + 0.002A + 0.3W \\ B = 0.55 + 0.003D + 0.3W \\ R = 47.83 - 1.31D + 8.89H \end{cases} \tag{6}$$

式中,S 为堆积扇面积(km^2);L 为堆积长度(km);B 为堆积宽度(km);R 为堆积幅角(°);W 为松散固体物质储量(m^3);D 为流域切割密度(km^{-1});H 为流域相对高差(km)。

泥石流发生规模预测,Hampel 于 1977 年提出了奥地利泥石流规模的计算公式:

$$V = 0.15A(100G - 3)^{2.3} \tag{7}$$

式中:V 同式(1);A 同式(3);G 同式(4)。Ikeya 于 1979 年提出了日本泥石流规模的经验公式:

$$V = 18\,000A_{10}^{1/2} \cdot Q^{1/2} \tag{8}$$

式中:V 同式(1);A_{10}为坡度超过 10°的流域面积(km^2);Q 为最大清水流量(m^3)。

Rickenmann 和 Zimmermann 于 1993 年提出了瑞士泥石流规模的预测公式:

$$V = (110 - 250G)L \tag{9}$$

式中:V 同式(1);G 同式(4);L 为不稳定沟床长度(km)。

刘希林和唐川于 1995 年提出了云南泥石流规模的计算公式:

$$V = 2.6A + 4.1D + 21W - 20 \tag{10}$$

式中:V 同式(1);A 同式(3);D、W 同式(6)。

Matthias 和 Michael[7]于 1996 年提出了加拿大泥石流规模的回归公式:

$$V = 283.44Q_d \tag{11}$$

式中:V 同式(1);Q_d 为泥石流洪峰流量(m^3/s)。

泥石流发生频率和发生规模是密切相关的,它们的关系符合地貌灾害中具有普适性的幂律规则,即频率高则规模小,频率低则规模大(图 1)。

Ohmori 和 Hirano[8]于 1988 年提出了日本泥石流频率与规模的关系式:

$$F(V) = a10^{-bV} \tag{12}$$

式中:$F(V)$为泥石流规模为 V 时的频率;V 同式(1);a、b 为回归系数。

Richard 等[9]于 1990 年提出了美国洛杉矶地区泥石流规模与频率的关系式:

$$V = 2\,750P^{0.75}A^{1.25}(1 + 80e^{-0.62A-0.537t})^{0.5} \tag{13}$$

式中:V 同式(1);P 为最大 72 小时降雨量(英寸);A 同式(3);t 为重现期(年,即频率的倒数)。

危险度的物理含义:

$$危险度(H)=规模(V)\times频率(F)$$

泥石流规模和频率的通用关系式为

$$F(V)=ae^{-bV} \tag{14}$$

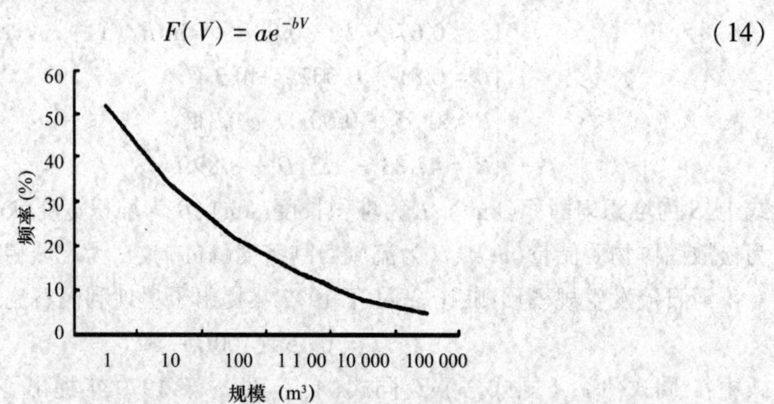

图1 泥石流频率和规模的关系

根据物理含义,危险度的量值即 $F(V)=ae^{-bV}$ 函数曲线下的面积(图1)。因此可得危险度的数学模型为:

$$H=\int_0^{\infty}F(V)\,\mathrm{d}V \tag{15}$$

即

$$H=\int_0^{\infty}ae^{-bV}\,\mathrm{d}V \tag{16}$$

危险度有明确的物理含义,在数学上可用积分函数精确表达。但由于式(15)和式(16)中 $F(V)$ 和 V 目前还不能精确获取,所以在实际操作中,危险度的预测往往用替代公式和替代指标来计算。

单沟泥石流危险度预测的改进公式[10]为:

$$H=0.29V+0.29F+0.14S_1+0.09S_2+0.06S_3+0.11S_6+0.03S_9 \tag{17}$$

式中,H 为单沟泥石流危险度(0~1 或 0%~100%);S_1、S_2、S_3、S_6、S_9 分别为流域面积、主沟长度、流域相对高差、流域切割密度、不稳定沟床比例的转换数值。

区域泥石流危险度预测的计算公式[5]为:

$$\bar{H}=0.33Y+0.14X_1+0.1X_3+0.02X_6+0.16X_8+0.12X_9+0.07X_{11}+0.05X_{16} \tag{18}$$

式中,$\bar{X}$ 为区域泥石流危险度(0%~1%或 0%~100%);Y、X_1、X_3、X_6、X_8、X_9、X_{11}、X_{16}分别为泥石流分布密度、岩石风化程度系数、断裂带密度、不小于25°坡地面积百分比、年平均降雨量、年平均月降雨量变差系数、年平均不小于25 mm 大雨日数和不小于25°坡耕地面积百分比的转换数值。

3 意义

从地貌灾害的定义入手,阐述了地貌灾害预测预报需要解决的四个基本问题和解决这四个问题的两种途径以及进行预测预报的四种方法。以泥石流为例,论述泥石流预测预报的现状及其热点、难点和可能的突破点以及目前和今后一段时期的切入点和研究重点。综述了国内外对泥石流小尺度空间预测、规模预测、时间预测,包括重现期预测、降雨预测和危险度预测等一系列有实用价值的经验公式及其在应用中存在的问题。阐明了灾害评价和预测预报在灾害学研究中的重要地位。

参考文献

[1] 延军平.灾害地理学[M].西安:陕西师范大学出版社,1990.

[2] 刘希林,莫多闻.地貌灾害预测预报的基本问题——以泥石流预测预报为例.山地学报,2001,19(2):150-156.

[3] 刘希林.泥石流堆积扇危险范围雏议[J].灾害学,1990,5(3):86-89.

[4] Ikeya.Debris fowand its countermeasures in Japanj.Bulletion of the international Assocation of Engineering Geology,1989,(41):15-33.

[5] Silva P G, Harvey A M, Madrid C Z, et al. Geomor - phology, depositional style and morphometric relationships of Quater-nary alluvial fans in the Guadalentin Depression(Murcia,SoutheastSpain)[J].Z. Geomorph.N.F.,1992,36(3):325-341.

[6] 刘希林,唐川.泥石流危险性评价[M].北京:科学出版社,1995. 1-93.

[7] Matthias J, Michael J B. Morphometric and geotechnical controls of debris flow activity, southern Coast Mountains,British Columbia,Canada[J].Z.Geomorph.N.F.,1996,104 (Suppl.) :13-26.

[8] Ohmori H,Hirano M.Magnitude,frequency and geomorphological significance of rockymud flows,landcreep and the collapse of steep slopes[J].Z.Geomorph.N.F.,1988,67 (Suppl.):55-65.

[9] Richard H M,Bilal M A,Theodore V H.Risk of debrisbasin failure[J].Journal of Water Resources Planning and Manage-ment,1990,116(4):473-483.

[10] Liu X.Assessment on the severity of debris flows in mountainous creeks of southwest China[A].Internationales Symposion - Inter - praevent 1996 [C], Gamisch - Partenkirchen: Yagungspublikation, 1996. 4: 145-154.

双裂蟹甲草的净光合速率模型

1 背景

贡嘎山地处青藏高原东缘，横断山系中段，属青藏高原与四川盆地过渡带，物种丰富，构成一个景观成分极其复杂的高山自然综合体。现已对该地区的生态环境[1]和森林生态系统种类组成、结构、生产力[2]和物质循环[3]等做了许多相关工作，对该森林生态系统的结构和功能有了相当的了解。杨清伟等[1]分别于1999年和2000年的5—10月即植物生长季期间，对贡嘎山东坡亚高山森林生态系统的乔木、灌木和草本植物开展了研究。其中，对草本层研究了林缘的双裂蟹甲草、空旷地的马蹄莲、林缘和林内两种生境中的同种植物鹿蹄草。

2 公式

为有效地减少因叶室改变测定叶周围的水气条件而造成的试验误差，采用开放系统测定植物的光合作用。光合速率的计算公式为：

$$P_n = -2\,005.39 \times \frac{V \times P \times (C_o - C_i)}{T_a \times A}$$

式中，P_n 为光合作用中的净光合速率；V 为体积流速（L/min）；P 为大气压力（bar）；C_o、C_i 分别为仪器出气口和进气口的 CO_2 浓度；T_a 为空气温度（K）；A 为叶面积（cm^2）。

通过人工改变叶室内 CO_2 含量测定植物叶片净光合速率与 CO_2 浓度的关系。通过纱布遮光和在人工可调光源（CI-301LA 光照装置）下改变光照强度，测定光合作用对光照的响应。应用 CI-PS301 温度控制系统（CI-PS301CS）测定光合作用对温度的响应。

对所观测得到的数据用 SPSS（ver.10.0）进行统计分析处理。

净光合速率（P_n）对光合有效辐射（PAR）的响应。回归分析表明，净光合速率（P_n）与光合有效辐射（PAR）间有显著的相关关系，回归方程为：

$$P_n = -0.132\,5(PAR)^2 + 3.777PAR - 4.334\,6$$

$$R^2 = 0.930\,6$$

净光合速率（P_n）对气温（T_a）的响应：

$$P_n = -0.035\,9T_a^2 + 1.758\,1T_a - 7.716\,4$$

$$R^2 = 0.755\,9$$

净光合速率(P_n)对空气相对湿度(RH)的响应:

$$P_n = -0.003\,7(RH)^2 + 0.288\,5RH + 4.669\,3$$

$$R^2 = 0.846\,1$$

净光合速率(P_n)对 CO_2 浓度(C_a)的响应:

$$P_n = 0.001\,2C_a^2 - 0.616C_a + 87.657$$

$$R^2 = 0.907\,4$$

净光合速率(P_n)对气孔导度(C)的响应,回归分析显示出两者有着显著的相关关系,回归方程为:

$$P_n = 23.703C - 4.136\,4$$

$$R^2 = 0.612\,7$$

多种生态因子对植物净光合速率的影响是综合作用的结果。在上述单因子回归分析的基础上,对双裂蟹甲草的净光合速率的影响因子进行多因子逐步回归的综合分析(表1)表明,P_n 与 PAR、CO_2 浓度显著正相关,与 T_a、RH 和 C 均呈负相关,且相关系数很小,几乎可以忽略。这与单因素的分析结果差别较大。这可能是由于因子间的相互作用使得 P_n 表现出与 PAR、CO_2 的显著关系。在对净光合速率与气孔导度的关系的研究中,已经发现光合速率与气孔导度并不是完全的直接相关,非气孔因素也有制约作用[4]。P_n 与 PAR、C_a 的回归方程为:

$$P_n = 2.410\,2 + 0.370\,8PAR + 0.238\,9C_a$$

$$R^2 = 0.6152$$

表1　多因子偏相关、相关分析

项目	P_n	PAR	T_a	RH	C_a	C
P_n	1.000/1.000	0.845/0.835	-0.133/-0.094	-0.091/0.093	0.894/0.887	-0.076/-0.062
PAR	0.845/0.835	1.000/1.000	0.832/0.652	-0.362/-0.513	-0.098/0.123	0.008/-0.186
T_a	-0.133/-0.094	0.832/0.652	1.000/1.000	-0.336/-0.744	-0.038/0.034	-0.054/-0.377
RH	-0.091/0.093	-0.362/-0.513	-0.336/-0.744	1.000/1.000	-0.057/-0.085	-0.298/0.041
CO_2	0.894/0.887	-0.098/0.123	-0.038/0.034	-0.057/-0.085	1.000/1.000	0.051/0.019
C	-0.076/-0.062	0.008/-0.186	-0.054/-0.377	-0.298/0.041	0.051/0.019	1.000/1.000

注:分子是偏相关系数,分母是相关系数。

3　意义

以双裂蟹甲草为材料,研究其净光合速率对生态因子的响应。根据试验所得数据,构建了净光合速率分别与光合有效辐射(PAR)、空气温度(T_a)、空气相对湿度(RH)、空气CO_2浓度(C_a)和气孔导度(C)相应的数学模型。在对净光合速率与气孔导度关系的研究中，发现光合速率与气孔导度并不是完全的直接相关，非气孔因素也有制约作用。

参考文献

[1] 杨清伟，程根伟，罗辑.贡嘎山东坡亚高山森林系统植被光合作用——双裂蟹甲草(*Cacalia davidii*)净光合速率对生态因子的响应.山地学报，2001，19(2)：115-119.

[2] 钟祥浩，吴宁，罗辑，等.贡嘎山森林生态系统研究[M].成都：成都科技大学出版社，1997.

[3] 罗辑，赵义海，李林峰.贡嘎山东坡峨眉冷杉林 C 循环的初步研究[J].山地学报，1999，17(3)：250-253.

[4] 卢从明.水稻胁迫抑制水稻光合作用的机理[J].作物学报，1994，20(5)：601-606.

滑坡危险度的区划公式

1 背景

我国既无统一的滑坡危险度评价理论体系，也无统一的滑坡危险度区划制图方法。由于一些基层部门缺乏保护斜坡的意识和常识，往往为了扩大局部利益，破坏生态环境，造成惨重损失。乔建平和赵宇[1]根据方程的计算对滑坡危险度区划展开了研究。随着城市建设和工业发展，特别是山区地方小企业规模不断扩大，斜坡遭到破坏的速度加快。为有效防止斜坡失稳破坏，有依据、有规模、有措施地开发利用国土资源，应是政府和产业部门普遍关注的问题。

2 公式

滑坡发生后的灾害检验不仅仅是对单个滑坡受灾损失量的统计。区域滑坡危害偏重综合宏观统计，从总体上做出评价，包括分布密度（滑坡的数量），发生时代（老滑坡、新滑坡分类），规模（滑坡体积），受灾程度（典型滑坡的损失量）[2]。

危险度评价中的主控因素和诱导因素、危害因素之间的关系可表达成下式：

$$k_i = \frac{\sum_{i=1}^{h}(d_1 + d_2 + d_3 + d_4)(F_i)}{M}$$

式中，k 为判别指数；$d_1 \sim d_4$ 为主控因素；F_i 为诱导因素、危害因素；M 为评价总数。

该式说明，当主控因素中缺少一项，$d_1 \sim d_4$ 其中任一项为零时，$k_i = 0$，即当评价区的任一种主控因素缺失，都将影响总体结果。而其余两项因素中 F_i 任一项缺少，$k_i \neq 0$，即不会影响总体的统计结果，因此在因子赋值的权重上须有所区别。

滑坡危险度区划不同于一般工程意义上的滑坡稳定性分析。前者涉及一个区域的危险性，后者仅涉及一个工程点的危险性。危险度区划的研究目标如图 1 所示。

滑坡危险度区划的评价指标如图 2 所示，将评价因素进行三级指标分类统计。

3 意义

滑坡危险度区划是滑坡研究发展到一定深度所提出的新课题。到目前为止，我国既无

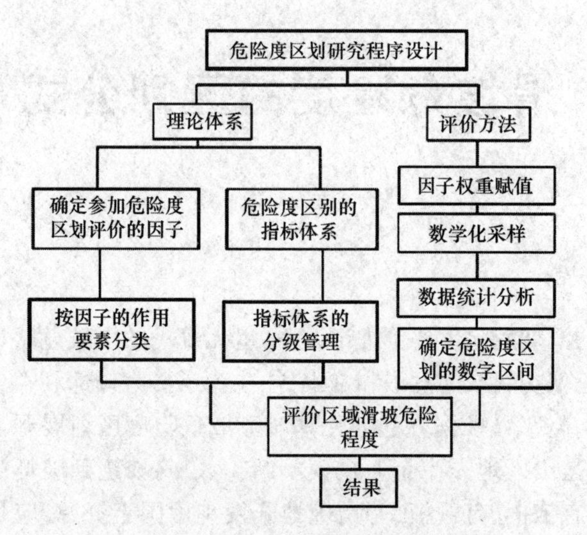

图 1 滑坡危险度区划程序图

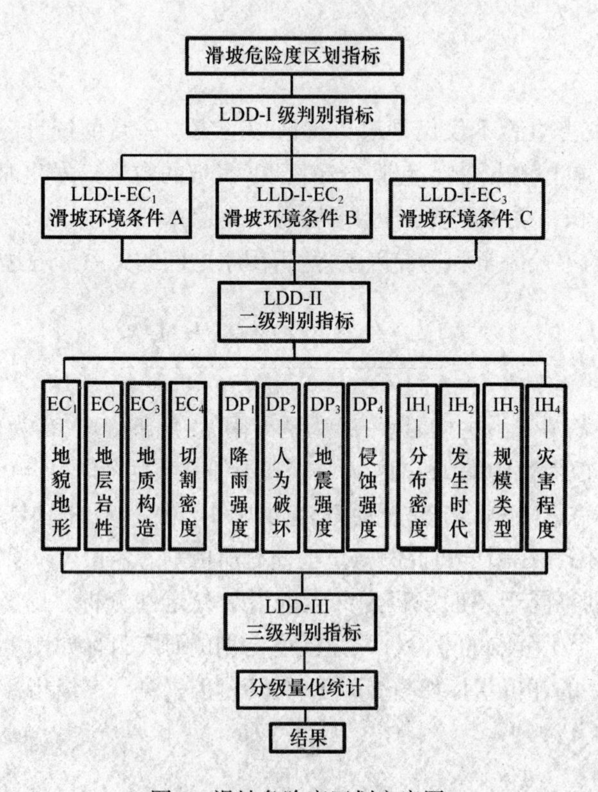

图 2 滑坡危险度区划方案图

统一的滑坡危险度评价理论体系,也无统一的滑坡危险度区划制图方法。因此,该项工作异常薄弱,这是造成预防不及时,措施不力,从而导致广泛、严重滑坡灾害的原因之一。滑坡危险度区划的主要目的是:①建立标准化评价体系;②滑坡信息库;③评价区域滑坡的危险性;④提供标准化危险度区划图件;⑤减灾防灾的决策依据。在对该问题的研究动态评述基础上,在此提出了危险度区划的内涵和研究目标。

参考文献

[1] 乔建平,赵宇.滑坡危险度区划研究述评.山地学报,2001,19(2):157-160.

[2] 中国科学院成都山地灾害与环境研究所.山洪泥石流滑坡灾害防治[M].北京:科学出版社,1994.412-415.

小流域的侵蚀产沙模型

1 背景

目前,对小流域侵蚀产沙经验模型的研究,已从单因子分析向综合因子分析方向发展,新的数理分析方法以及计算机模拟分析方法,越来越多地应用到土壤侵蚀预测研究,并建立了适合于不同地区的经验模型。由于地理信息系统(GIS)具有空间分析和多要素综合分析及动态预测的能力,能产生高层的地理信息,实现对复杂的地理系统进行快速、精确、综合的空间定位和动态分析,因而 GIS 技术已在资源管理、灾害预测等领域获得广泛的应用[1]。GIS 技术与土壤侵蚀的结合,实现 GIS 与侵蚀模型的耦合,本项研究能反映侵蚀空间分布的 GIS 模型,代表了土壤侵蚀模型研究的方向。

2 公式

羊道沟小流域是晋西王家沟的一条支沟,面积为 0.203 km^2,海拔 1 008 m,年平均降雨约 500 mm。由于小流域沟沿线和沟脚线是黄土丘陵沟壑区的重要地貌特征线,可将小流域划分为坡面、沟坡、沟道三个部分;小流域的侵蚀产沙模型主要包括坡面子模型、沟坡子模型和沟道子模型三个部分。

坡面侵蚀产沙子模型中,坡面是指黄土丘陵沟壑区的沟缘线以上的部位,坡面主要是峁顶地、峁梁地等地面坡度大于 30°的地块,其主要的土地利用类型为坡耕地以及少量的荒坡地,坡度相对较缓,土壤类型主要是离石黄土。通过对王家沟综合径流场 1963—1968 年的长年试验资料分析,建立了降雨动能(E,J · m^2/mm)、最大 30 分钟雨强(I_{30},mm/min)、坡度(S,°)、坡长(L,m)与坡面坡耕地的侵蚀产沙模数(M_1,t/km^2);在 148 场天然降雨中,有 $I_{30}<0.25$ mm/min 的降雨有 34 场,其径流量、产沙量分别只占 148 场降雨的 5.59 %、3.14 %;由于 $I_{30}<0.25$ mm/min 的次降雨对侵蚀模数(t/km^2)的贡献不大,故在建模时只选取 $I_{30} \geqslant 0.25$ mm/min 的降雨数据,得到以下次降雨坡面坡耕地侵蚀产沙模型。

$$M_1 = 0.006\,37(EI_{30})^{1.157\,8}L^{0.469\,0}S^{1.626\,5} \quad (\text{样本数 } n=110,\text{相关系数 } r=0.8104)$$

在坡面次降雨的侵蚀产沙子模型中,对于不同地类,可以依据坡耕地侵蚀产沙关系式,用植被覆盖度(η)、耕作措施(Γ)、前期雨量(Q)修正系数进行修正,确定不同地类的侵蚀产沙模数。因此,将坡面侵蚀产沙模型的基本形式确定为:

$$M_2 = M_1 \eta \Gamma Q$$

草地的侵蚀产沙系数关系式如下。

当草地覆盖度 $V \leqslant 5\%$时,草地侵蚀产沙系数为:

$$\eta = 1$$

当草地覆盖度 $V > 5\%$时,草地侵蚀产沙系数为:

$$\eta = 0.929\mathrm{e}^{-0.040\,35(v-5)} \qquad (样本数\ n=8,相关系数\ r=-0.937\,5)$$

林灌地的侵蚀产沙关系式[2]如下。

当林灌地覆盖度 $V \leqslant 5\%$时:

$$\eta = 1.0$$

当林灌地覆盖度 $V > 5\%$时:

$$\eta = \mathrm{e}^{-0.008\,5(v-5)1.5} \qquad (样本数\ n=9,相关系数\ r=-0.965)$$

黄土沟坡侵蚀产沙模数(M_3,t/km^2)与坡面来沙(M_2,t/km^2)、沟坡径流深(H_3,mm)有很好的相关性;由降雨动能(E,J · m^2/mm)、最大 30 min 雨强(I_{30},mm)计算黄土沟坡径流深地块径流(H_3,mm);并以植被覆盖度修正系数(η)和耕作措施修正系数(Γ)对侵蚀产沙进行修正。

$$M_3 = 49.545\, M_2^{0.865} H_3^{30.114} (样本数\ n = 22,相关系数\ r = 0.943)$$

沟道泥沙输移子模型中,对于小流域而言,侵蚀产沙过程主要发生在坡面的沟坡部分,而沟道只是泥沙输移的通道;由于影响泥沙输移的因素错综复杂,加之晋西黄土沟壑区次降雨、年降雨变异大,要确定某一特定流域的次降雨泥沙输移规律相当困难;目前主要采用泥沙输移比表示坡面和沟坡侵蚀至沟底的泥沙输移到沟口的能力。我们主要采用泥沙输移比与汇流网络相结合的方法,推算出每次侵蚀性降雨后输移到沟口的泥沙量。

根据 1963—1968 年 40 次侵蚀性降雨后不同地貌部位的侵蚀产沙量观测值,用前期雨量(Q,mm)、降雨历时(T,min)、平均雨强(I,mm /min)和无量纲雨型因子(E_a/E:其中 E_a 为大于 0.15 mm /min 雨强的降雨动能,E 为每次降雨的动能之和)表征泥沙输移比(S_7)[3]:

$$S_7 = 0.738 Q^{0.065} T^{-0.025} I^{0.660} (E_a/E)^{0.091}$$

通过汇流网络图实现坡面子模型和沟坡子模型的结合,并计算出每次降雨侵蚀下沟的泥沙量;再根据泥沙输移比(S_7),可以计算出每次降雨的泥沙输移到沟口的泥沙总量。

3 意义

根据黄土丘陵沟壑区的侵蚀产沙规律,通过对晋西王家沟小流域 1955—1980 年的多年观测资料及多次人工模拟降雨资料分析,建立了不同地类侵蚀产沙关系式,包括坡面侵蚀产沙、黄土沟坡侵蚀产沙、红土沟坡侵蚀产沙、发育沟壁侵蚀产沙、洞穴侵蚀产沙等黄土丘陵沟壑区丰富的侵蚀产沙类型。利用GIS强大的空间分析功能,从DEM数据中提取出小流域水沙汇流网络,将水沙运移引入到侵蚀产沙模型的计算之中。坡耕地是坡面的主要泥沙来源,陡坡地在全流域侵蚀产沙中占有重要地位,水沙汇流作用对下坡的侵蚀产沙具有重要影响。同时,选用了晋西汾河上游的阳湾小流域进行了模型的推广应用,取得了较好的预测效果。

参考文献

[1] 唐政洪,蔡强国,陈宁.黄土丘陵沟壑区小流域不同地类的侵蚀产沙模型.山地学报,2001,19(2):120-124.

[2] 江忠善,王志强,刘志,等.黄土丘陵区小流域土壤侵蚀空间变化定量研究[J].土壤侵蚀与水土保持学报,1996,1(2):1-9.

[3] 蔡强国,王贵平,陈永宗.黄土高原小流域侵蚀产沙过程与模拟[M].北京:科学出版社,1998.188-199.

泥石流与江河水流的交汇流动方程

1 背景

泥石流与江河水流的交汇是很复杂的自然现象之一。因此,按通常方法进行计算会遇到难以解决的困难。陈春光等[1]首先从经典流体力学和非牛顿流体力学理论出发,建立统一的能反映交汇区流动的控制方程,在此基础上,采用标志网格法(MAC 法)和质点网格法(PIC 法),并结合现有的有关泥石流、泥沙等浆体的流变关系和流变参数,建立局部交汇的耦合方程,把耦合方程的建立与混合区流场的计算过程结合起来。

2 公式

对于水流场,基本方程有连续性方程和运动方程。泥石流体属于非牛顿流体流动,也遵循质量守恒的连续性方程和由牛顿定理推导的运动方程:

$$\partial\rho_2/\partial t + \nabla(\rho_2 u) = 0 \tag{1}$$

$$\partial(\rho_2 u)\partial t + (u \cdot \nabla)(\rho_2 u) = - \nabla\rho + \nabla \cdot t + \rho_2 f \tag{2}$$

对于非牛顿流体也可类似于牛顿流体那样,定义应力张量和应变速率张量的本构关系[2]:

$$T = \eta(\Pi)A_1 \tag{3}$$

式中,A_1 为一阶 Rivlin_Erichsen 张量,$A_1 = 2D$;Π 为一阶 Rivlin_Erichsen 张量的第二不变量;$\eta\Pi$ 为非牛顿流体的视黏度(又称表观黏度)。

这样,泥石流与水流场交汇的基本方程可用一个统一的方程表示(用张量形式表示):

$$\frac{\partial(\rho_{ui})}{\partial x_i} + \frac{\partial\rho}{\partial t} = 0 \tag{4}$$

$$\frac{\partial\rho_{ui}}{\partial t} + \frac{\partial\rho_{uiuj}}{\partial x_j} = - \frac{\partial\rho}{\partial x_j} + \frac{\partial\Gamma_{ij}}{\partial x_j} + \rho f_j \qquad (i,j = 1,2,3) \tag{5}$$

若假设泥石流入汇主河时铅垂方向的所有要素变化均远远小于水平方向的变化,则可以简化为二维流动问题。略去式(5)的第三个方向中所有加速度项和对应的应力项,并积分得到:

$$P = \rho_g(V - x_3) + P_a \tag{6}$$

式中,ζ 为自由液面高度(如图 1 所示)。

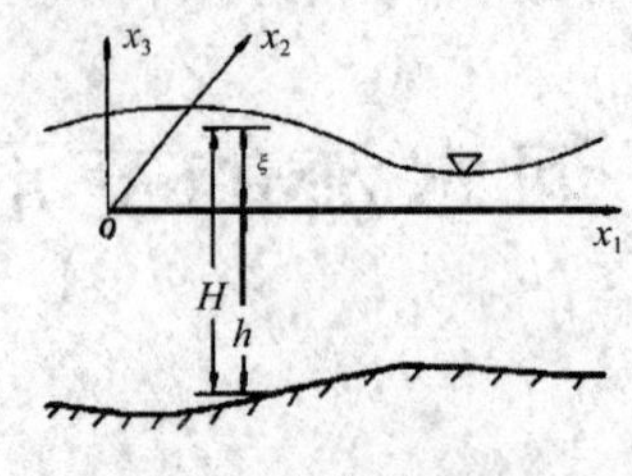

图 1　水深示意图

对方程式(4)进行垂直方向积分,并引入全深度单宽质量流量 $q_1 = \rho\int_{-h}^{\xi} u_i \mathrm{d}x_3$,同时由图 1可知水体总深度 $H=h+S$。由此得到二维流动的连续性方程:

$$\partial q_i / \partial x_i + \partial(\rho H)\partial t = 0 \tag{7}$$

对式(5)沿铅垂方向积分得:

$$\left.\begin{aligned} &\frac{\partial q_1}{\partial t} = -\left[\frac{\partial}{\partial x_1}\left(\frac{q_1^2}{\rho H}\right) + \frac{\partial}{\partial x_2}\left(\frac{q_1 q_2}{\rho H}\right)\right] - \\ &\rho_g H\frac{\partial V}{\partial x_1} + \frac{\partial}{\partial x_1}N_{11} + \frac{\partial}{\partial x_2}N_{12} - T_1^b \\ &\frac{\partial q_2}{\partial t} = -\left[\frac{\partial}{\partial x_1}\left(\frac{q_1 q_2}{\rho H}\right) + \frac{\partial}{\partial x_2}\left(\frac{q_2^2}{\rho H}\right)\right] - \\ &\rho_g H\frac{\partial V}{\partial x_2} + \frac{\partial}{\partial x_1}N_{21} + \frac{\partial}{\partial x_2}N_{22} - T_2^b \end{aligned}\right\} \tag{8}$$

底部摩擦力为:

$$T_i^b = C_f(q_1^2 + q_2^2)^{1/2} q_i / (\rho H^2) \qquad (i = 1,2) \tag{9}$$

若取 $H \approx h$,且假设对时间的变化率近似为零,整理后可得:

$$\nabla(\rho u) = 0 \tag{10}$$

$$\partial\rho u / \partial t = u \cdot div(\rho u) + \rho(u \cdot v)u = -\nabla P + \nabla t - R \tag{11}$$

计算方法使用差分格式。

首先将式(11)从时刻 t 到 $t+\Delta t$ 积分,并注意方程式(10),且在 Δt 很小时,可以写为:

$$(\rho u)^{n+1} = -\Delta t\,\nabla P^{(n)} + B^n\Delta \tag{12}$$

其中,

$$B^n = -\Delta t[u \cdot div(\rho u) + \rho(u \cdot \ )u - T + R]^{(n)} + (\rho u)^{(n)}$$

其 Posson 方程的离散形式为:

$$\left.\begin{aligned}&\frac{P_{j+1,k}+P_{j-1,k}-2P_{j,k}}{(\Delta x_1)^2}+\frac{P_{j,k+1}+P_{j,k-1}-2P_{j,k}}{(\Delta x_2)^2}\\&=\frac{1}{\Delta t}\left[\left(\frac{B_{x_{j+1/2k}}-B_{x_{j-1/2k}}}{\Delta x_1}\right)+\left(\frac{B_{y_{j,k+1/2}}-B_{y_{j,k-1/2}}}{\Delta x_2}\right)\right]\end{aligned}\right\} \tag{13}$$

在用 MAC 法和 PIC 法计算泥石流与主河水流交汇时,最主要是建立两种不同流体混合时的混合流体的密度和流变关系。首先由 PIC 法建立网格内质点的初始分布,对泥石流区质点的种类数可根据计算的耗时及计算机内存的要求确定。当计算出混合网格内各流体质点的数量后,则可得计算网格的混合流体密度为:

$$\rho_{j,k}=\frac{n_{j,k}(\rho_1)_{j,k}+\sum m_{j,k,i}(\rho_{ci})_{j,k}}{\left(n_{j,k}+\sum\limits_{i} mj,k,i\right)} \tag{14}$$

式中,足标 j,k 代表计算网格;n 代表水流的质点数;m 为泥石流不同颗粒的质点数;ρ_1 为水流密度;ρ_c 为泥石流密度。

混合区域的流变关系及其参数,将根据不同适用范围按现已成熟的研究结果来建立:①一般水流(牛顿流体);②高含沙水流(牛顿流体或宾汉体);③泥石流(牛顿流体或宾汉体)。

对于宾汉模式,则有:

$$\left.\begin{aligned}&\eta(\Pi)=\eta+\Gamma_B/\Pi \qquad trT/2>\Gamma_B^2\\&A_1=0 \qquad trT/2\geqslant\Gamma_B^2\end{aligned}\right\} \tag{15}$$

式中,η 为塑性黏度;τ_B 为屈服应力。

混合区流体相对黏滞系数为:

$$\eta'_r=(1-K_S S_{VF}/S_{Vm})^{-2.5}(1-S_{VC}/S'_{Vm}) \tag{16}$$

$$\eta' r=1+1.5\cdot(1-S_{VF}/S'_{Vm})^4 \tag{17}$$

式中:S_{Vm}是混合液浆体的极限浓度;S_{VF}是浆体的固体体积浓度;S_{VC}是粒径大于 0.1~0.3mm 固体体积浓度;S'_{Vm}是混合流体整体的极限浓度。

由于泥石流粗大颗粒对泥石流体的屈服应力 τ_B 影响不大,故可以用剔除粗颗粒后的浆体屈服应力 τ_B 来代表泥石流体的屈服应力 τ_B。同理,可以把交汇区混合流体的屈服应力 τ_B 用相对应的浆体屈服应力 τ_B 代替,这样表达式[3]就为:

$$\tau_B=0.098_{\exp}(B\varepsilon+1.5) \tag{18}$$

式中,B 为系数;$\varepsilon=(S_{VF}-S_{V0})/S_{Vm}$。

混合液浆体的极限浓度 S_{Vm} 与浆体中固体颗粒的级配有关,在一定条件下可认为是一个变化不大的常数。S'_{Vm}与粗颗粒的含量和级配有关,这与 S_{VC}一样均和流动交汇时运动情况有关,应该在模拟计算时加以考虑,按混合区流体浓度的大小再根据已有的经验直接确定。为了简单,可以根据以前研究的结果先定出 S_{VF}与 S_{VT}的比例,设 $S_{VF}/S_{VT}=m$,则有:

$$S_{VC} = S_{VT}(1 - m)/(1 - mS_{VT}) \tag{19}$$

3 意义

根据泥石流与江河水流的交汇流动方程的计算,提出了描述泥石流与主河交汇耦合关系的二维控制方程;然后建立了采用标志网格(MAC)法实施模拟计算的模式,最后进行了实例计算,输出采用计算机动画技术显示泥石流与水流场交汇的宏观耦合效应。通过对质点种类及分布的不同设定,可以提高模拟计算的精度;计算结果容易动画显示,为进一步分析交汇机理提供有力的帮助。

参考文献

[1] 陈春光,姚令侃,禹华谦.泥石流与水流场交汇耦合分析的MAC法.山地学报,2001,19(2):185-188.
[2] 陈文芳.非牛顿流体力学[M].北京:科学出版社,1984.
[3] 钱宁.高含沙水流运动[M].北京:清华大学出版社.1989.38-78.

排导槽中泥石流的流速方程

1　背景

泥石流治理的工程措施主要有排导槽、拦石渣坝、V 形固床槽等。其中排导槽主要用于泥石流堆积区,具有纵坡使用范围大,断面优化程度高,能保证高、中、底水位时的最佳排淤效果与防冲效果,实践证明,排导槽是排泄泥石流的最理想和最具独特功能的防冲防淤技术。周富春等[1]利用公式对排导结构中泥石流的流动形态进行了分析。在排导槽的设计中有一项基本的原则,即泥石流在排导槽中不能发生淤积,而泥石流在排导槽中是冲式是淤主要取决于泥石流的运动速度,因此,拟对泥石流在排导槽中的运动速度进行深入研究,以期完善泥石流的工程治理措施。

2　公式

研究的排导槽横断面为直墙 V 形(尖底槽有改善流速,引导流向,有利于排泄固体物质,有利于防止泥石流淤积,优于平底槽),纵断面为单一的坡降,结构要素如图 1 所示。

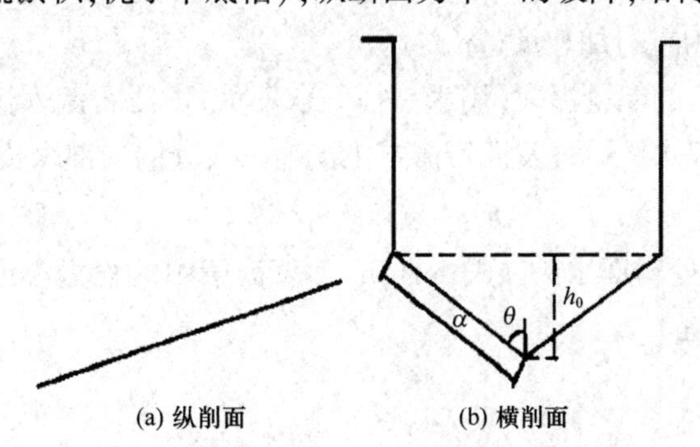

图 1　排导槽的纵横断面及其结构要素图

一般说来,排导槽入口处为一平底束流槽,整个排导槽的平面如图 2 所示。

泥石流是一种特殊的流体,可以借助于流体的运动方程来描述其速度及能量损失,依据此思想,写出断面 1-1 和 2-2 之间的束流槽能量方程:

$$Z_1 + \frac{P_1}{\gamma_c} + \frac{a_1 V_1^2}{2g} = Z_2 + \frac{P_2}{\gamma_c} + \frac{a_1 V_2^2}{2g} + h_{w1} \tag{1}$$

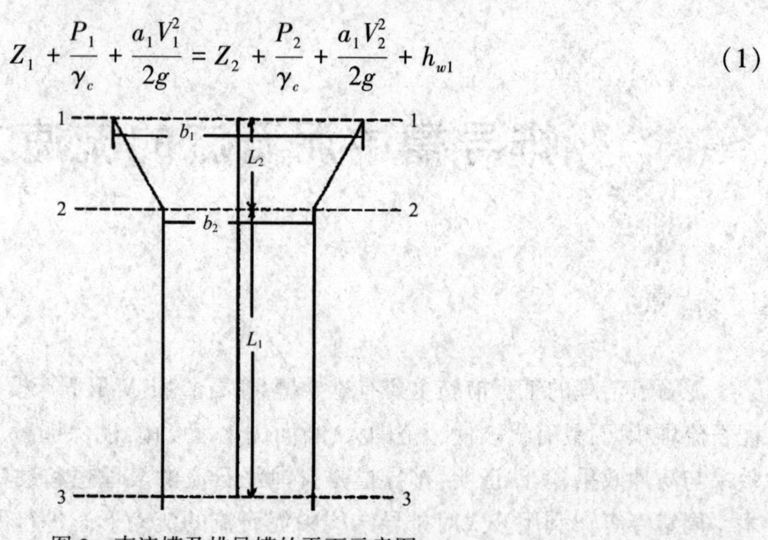

图 2　束流槽及排导槽的平面示意图

同理可以写出断面 2-2 和任意断面 3-3 之间排导槽的能量方程：

$$Z_2 + \frac{P_2}{\gamma_c} + \frac{a_2 V_2^2}{2g} = Z_3 + \frac{P_3}{\gamma_c} + \frac{a_3 V_3^2}{2g} + h_{w2} \tag{2}$$

式中，Z_1、Z_2、Z_3 分别为断面 1-1、2-2及 3-3 的底面高程(m)；α_1、α_2、α_3 分别为断面 1-1、2-2 及 3-3 动能修正系数；P_1、P_2、P_3 分别为断面 1-1、2-2 及 3-3 底面压强(kPa)；v_1、v_2、v_3 分别为断面 1-1、2-2 及 3-3 的平均速度(m/s)；γ_c 为泥石流流体容重(kN/m^3)；hw_1、hw_2 分别为水头损失(m)；g 为重力加速度(m^2/s)。

在束流槽中泥石流的能量损失(用水头损失来表示)由泥石流入口处局部水头损失、泥石流在束流槽中的沿程水头损失及泥石流在束流槽出口处的局部水头损失三部分构成，即

$$h_{w1} = h_{j1} + h_{f1} + h_{j2} \tag{3}$$

式中，h_{j1}为束流槽入口处局部水头损失(m)；h_{f1}为束流槽中沿程水头损失(m)；h_{j2}为束流槽出口处局部水头损失(m)。

$$h_{j1} = V_1 \frac{V_1^2}{2g} \tag{4}$$

$$h_{j2} = V_2 \frac{V_2^2}{2g} \tag{5}$$

式中，ξ_1、ξ_2 代表局部水头损失系数。束流槽中沿程水头损失 h_{f1}可以由谢才—巴甫诺夫斯基公式表示，即

$$h_{f1} = n_1^2 \frac{u_1^2 L_1}{R_1 2.8 \sqrt{n_1 + 1}} \tag{6}$$

式中,n_1 为束流槽的粗糙系数;u_1 为束流槽中沿程的平均速度,$u_1=(v_1+v_2)/2$(m/s);L_1 为束流槽入口沿中心线到出口处的距离(m);R_1 为束流槽中位横断面的水力半径(m);

3 意义

根据能量守恒原理,推导出泥石流在排导槽中的能量方程。根据此排导槽中泥石流的流速方程,可求出泥石流在排导槽中任意横断面的平均流速。对方程涉及的各参数进行了深入讨论,首次引入泥石流对一般水体的修正系数 K。并把该成果应用于平川泥石流的治理。由能量守恒原理,推导出的泥石流在排导槽中的流速分布规律,为排导槽设计找到理论依据,具有重要现实意义。

参考文献

[1] 周富春,陈洪凯,马永泰.排导结构中泥石流的流动形态.山地学报,2001,19(2):165-168.

县城迁建的选址模型

1 背景

巫山县位于四川盆地东部边缘，是一个典型的山地城镇。由于县城平均海拔低于182 m，位于长江三峡库区淹没范围内，所以有必要迁建。根据巫山县特殊的山区地理环境，运用GIS(GeographicInformation System)和RS(Remote Sensing)等技术手段，建立了巫山县县城修建性选址模型[1]。此模型的建立，可以为其他山区城市(城镇)的扩建、改建提供合理的城址选择方案和切实可行措施。

2 公式

根据山地城镇建设的特点和建筑技术的要求，从众多的影响因子中筛选出对选址影响作用突出的地质条件、海拔、坡度等16个因素作为迁建选址适宜指数综合评价的依据。各指标内容见表1。

表1 巫山县城迁建选址影响因子

指标编号	指标内容	单位	指标编号	指标内容	单位
1	地基强度	K_{pa}	9	给水条件	分
2	海拔	m	10	运网发达程度指数	%
3	坡度	°	11	公共设施状况	分
4	灾害情况	分	12	矿产资源开发潜力	分
5	交通通达性	分	13	投资大小	分
6	交通密度	km/km^2	14	城镇发达程度指数	%
7	建筑面积	km^2	15	腹地经济状况	分
8	人口密度	万人/km^2	16	旅游资源开发潜力	分

表1中城镇发达程度指数[2]和运网发达程度指数[3]为复合性指标，其计算公式为：

$$城镇发达程度指数\ D_1 = \sqrt{\frac{np}{A}}\frac{p}{p_0} \times 100\%$$

式中，n 为城镇个数，本次评价中 n 全部取为1；P_0 为城镇辖区总人口(万人)；P 为城镇非农业人口(万人);A 为土地面积(km^2)。

$$\text{运网发达程度指数 } D_2 = \frac{L}{\sqrt{S \cdot P}} \times 100\%$$

式中,L 为交通线路总长度(km),本次评价选取了境内公路通车里程和水路通航里程;S 为区域面积(km^2);P 为区域人口(万人)。矿产资源开发潜力状况、旅游资源开发潜力、交通通达性、给水条件、公共设施状况四项指标均采用专家打分法确定指标值,现列出交通通达性的评价标准(表2)。

表2 巫山县城迁建新址交通通达性评估标准

交通线路等级	得分	说明
有国、省道通过者	6	若选址处有几条路通过,则将各线路得分相加,将各选址处的最终得分以最大值,再乘以10,便得到该处交通通达性指数指标值
有县、乡道通过者	4	
有长江干流航线通过者	6	
有长江支流航线通过者	3	

主成分评价数学模型的建立。

(1)原始数据标准化

计算公式为:

$$Y_{ij} = (X_{ij} - \bar{X}_i) / \sqrt{\frac{1}{n}\sum_{j=1}^{n}(X_{ij} - \bar{X}_i)^2}$$

其中,$i=1,2,\cdots,m$(i 为评价指标);$j=1,2,\cdots,n$(j 为迁建点)。

(2)计算相关系数矩阵 R

$$\sum_{\beta=1}^{n} Y_{\beta i} Y_{\beta j}$$

其中,每个元素 $r^{ij} = \frac{\beta 1}{n}$(其中 $i,j=1,2,\cdots,m;\beta=1,2,\cdots,n$),以获得各指标间的相关系数。

(3)用雅可比法求解相关系数矩阵 R 的非零特征根 $\lambda_1 \geqslant \lambda_2 \geqslant \cdots \lambda_m \geqslant 0$ 以及每个 i 所对应的特征向量 $e_i(i=1,2,\cdots,m)$。

(4)计算贡献百分比和累计贡献百分比,一般当累计贡献率达85%以上时,前 $k(k \leqslant m)$ 个主成分就足以反映原 m 个具体指标的信息。

(5)计算主成分载荷

计算公式为:

$$L_{ki} = \sqrt{\lambda k}\, eki \quad (i,k = 1,2,\cdots,m)$$

(6)计算主成分贡献率

计算公式为:

$$p_i = \lambda_i / \sum_{i=1}^{k} (k \leqslant m)$$

(7)计算主成分得分矩阵

主成分得分矩阵为 $z=(z_{ij})$。

其中,$z_{ij} = \sum_{i=1}^{m} L_{ij}Y_{ij}(i = 1,2,\cdots,m;j = 1,2,\cdots,n)$ 表示第 j 个选址处中第 i 项综合指标得分。

(8)计算城镇迁建适宜指数

$$Q_j = \sum_{i=1}^{p} P_i Z_{ij}$$

式中,i 为评价指标;j 为迁建地数;Z_{ij}表示第 j 个选址处中第 i 项综合指标得分;P_i 为第 i 项指标贡献率;Q_j 表示第 j 个迁建地的迁建适宜指数。

3 意义

根据山地城镇建设的发展现状,运用遥感和地理信息系统技术,在获取、分析三峡库区综合环境指标如自然、技术、经济、城镇发展的区域状况等的基础上,以巫山县为例,建立了巫山县空间环境数据库,并提出了巫山县县城修建性选址模型。此模型的建立可以为其他三峡库区城市迁建综合环境研究提供合理的方案和措施。

参考文献

[1] 唐先明,周万村.山地城镇迁建选址模型研究.山地学报,2001,19(2):135-140.

[2] 曹桂发,陈述彭,林炳耀,等.城市规划与管理信息系统[M].北京:测绘出版社,1991,66-68.

[3] 叶舜赞,马青裕.城市化与城市体系[M].北京:科学出版社,1994,98-102.

物种价值的系数计算

1 背景

太白山地处我国自然地理的南北分界线上，早在1965年陕西省就建立了太白山自然保护区，1986年被确定为国家级自然保护区。太白山自然保护区位于秦岭山脉中段，为我国大陆东半壁的最高峰，区内自然环境复杂多样。该区植物区系丰富，有国家保护的珍稀濒危植物24种。傅志军和张萍[1]对太白山自然保护区23种国家保护植物的优先保护顺序进行定量分析，提出了加强珍稀植物保护的措施。

2 公式

物种受威胁程度可用濒危系数表示[2]。濒危系数可依下式求得：

$$C_{频} = \sum_{i=1}^{n} X_i / X_{i\max} \qquad (n = 1, 2, \cdots, 6)$$ [3]

式中，X_i 为各项评价指标实际得分；$X_{i\max}$ 为各项评价指标最高得分。

物种绝灭后引起的遗传基因损失程度大小可用遗传损失系数表示，可用下式求得：

$$C_{遗} = \sum_{i=1}^{n} X_i / X_{i\max} \qquad (n = 1, 2)$$

遗传损失评价包括如下内容。

(1)特有性。分5级评分：本保护区特有种5分，本省特有4分，区域特有或2~4省连续分布3分，中国特有种2分，国外亦有的种记1分。

(2)种型。分5级评分：单型科种5分，少型科种(2~3种/科)4分，单型属种3分，少型属种(2~3种/属)2分，多型属种(4种以上)1分。

物种价值系数的计算。

物种价值大小用价值系数表示，用下式求得：

$$C_{价} = \sum_{i=1}^{n} X_i / X_{i\max} (n = 1, 2, 3)$$

物种价值包括如下内容。

(1)学术价值。分3级评分：孑遗植物，有重要科研价值5分；非孑遗植物，有一定学术价值3分；学术价值不大1分。

(2)生态价值。分5级评分:建群种5分,共建种4分,除建群种外的优势种3分,亚优势种2分,其他1分。

(3)经济价值。分3级评分:珍贵经济植物3分,有一定经济价值2分,无特殊用途1分。

太白山23种国家保护植物受威胁程度见表1。

表1 太白山23种国家保护植物受威胁程度评价

植物名	国内分布濒度	保护区内存在度	保护区内多度	年龄结构	人为因素	管理水平	濒危系数
太白红杉	3	5	7.00	3	2	2	0.846
杜仲	1	2	6.04	4	3	2	0.694
连香树	1	4	6.84	2	2	2	0.687
水青树	2	2	5.60	2	2	2	0.600
秦岭冷杉	3	4	6.52	1	2	2	0.712
庙台槭	3	1	4.15	4	2	3	0.660
领春木	1	3	5.00	1	2	2	0.538
大果青扦	3	4	6.82	3	2	2	0.801
华榛	2	1	6.00	3	2	2	0.615
金钱槭	2	3	5.63	3	2	2	0.678
山白树	2	2	6.54	2	2	2	0.636
青檀	1	2	5.00	4	4	2	0.692
水曲柳	2	3	5.52	3	4	2	0.751
紫斑牡丹	3	3	5.80	2	3	3	0.723
羽叶丁香	2	3	6.04	2	2	2	0.655
独叶草	3	5	6.50	1	3	2	0.788
桃儿七	2	3	5.80	4	4	3	0.838
延龄草	2	4	5.64	3	3	2	0.755
天麻	1	3	6.63	1	3	2	0.640
星叶草	2	4	6.30	2	4	3	0.819
野大豆	1	4	6.52	1	4	2	0.712
膜荚黄芪	1	3	4.51	3	3	2	0.635
狭叶瓶尔小草	1	2	6.65	1	2	2	0.563

3 意义

在野外调查的基础上,运用濒危系数、遗传多样性损失系数和物种价值系数对太白山自然保护区23种国家保护植物从受威胁程度、遗传多样性损失大小和物种价值三方面进行定量分析,以确定优先保护顺序,为该区的珍稀植物保护提供科学依据。太白山自然保护区还有众多的本地特有珍稀植物和珍贵的经济植物,亟须开展受威胁程度和优先保护顺序的科学研究,建议每5年以相同尺度开展优先保护评价,以监测这些植物的动态变化。

参考文献

[1] 傅志军,张萍. 太白山国家保护植物优先保护顺序的定量分析. 山地学报,2001,19(2):161-164.

[2] 薛达元. 苏浙皖地区珍稀濒危植物分级指标研究[J]. 中国环境科学,1991,11(3):161-166.

[3] 许再富,陶国达. 地区性的植物受威胁及优先保护综合评价方法探讨[J]. 云南植物研究,1987,9(2):193-202.

土质边坡的稳定性模型

1 背景

遗传算法(Genetic Algorithm)[1,2]是近几年发展起来的一种随机全局优化算法,它是基于达尔文生物进化论的自然选择学说和群体遗传学原理而建立的。经典遗传算法是一种多点并行的迭代过程,在每次迭代中都进行如下操作:将每一组以一定基因形式描述的候选解进行交叉和变异操作以适应环境能力的评价,选取参与产生后代的候选解。重复此过程,直到满足某种收敛准则而得到全局最优解。研究拟改进该算法,并用来解决土质边坡的稳定性评价问题,即以坡角、坡高、初始 Sr、孔隙比、透水系数、C 值、φ 值等与土质边坡有关的影响因素作为输入,以土质边坡稳定性状况作为输出,经过交叉和变异实现各种复杂边坡的稳定性评价。

2 公式

进化遗传算法采用实数数码染色体基因以及实数码检查和变异遗传算子。

定义 1 染色体向量:

$$X = (x_1, x_2, \cdots, x_n)^T, \forall x_1 \in R, i = 1, 2, \cdots, n$$

定义 2 种群 U 为染色体的集合,即

$$U = \{X_j\}, j = 1, 2, \cdots, npop$$

式中,$npop$ 为每一代染色体数。

定义 3 交叉操作下面设问题的定义域是由下面向量决定的:

$$A = (a_1, a_2, \cdots, a_i, \cdots, a_n)^T$$

$$B = (b_1, b_2, \cdots, b_i, \cdots, b_n)^T$$

因为 $D^n = A \times B$,即问题的求解域是凸区域,对任意的染色体 X_0 满足:

$$\forall i \in \{1, \cdots, n\}, a_i \leqslant x_i^o \leqslant b_i$$

设父代中将要进行交叉的两个染色体为:

$$X = (x_1, x_2, \cdots, x_i, \cdots, x_n)^T$$

$$Y = (y_1, y_2, \cdots, y_i, \cdots, y_n)^T$$

对任意的 i 如果有 $x_i \leqslant y_i$(如果不满足,则将 x_i 和 y_i 互换),则交叉算法定义如下:

$$C = A \oplus_{\theta} B$$

$$C_i = \begin{cases} aa_i + (1-a)x_i, if & \bmod(\theta,3) = 0 \\ ax_i + (1-a)y_i, if & \bmod(\theta,3) = 1 \\ ay_i + (1-a)b_i, if & \bmod(\theta,3) = 2 \end{cases}$$

$$(i = 1,2,\cdots,n)$$

这里 α 是随机产生的实数,满足 $0\leqslant\alpha\leqslant1$;$\theta$ 是随机产生的非负整数; θ 为交叉操作符。在上式中,后代的取值处于两父代基因之内的几率和其他两种情况的几率相等;其目的是为了使得当问题的解为内点时也有较好的收敛速度。

定义 4 变异操作为:

$$E = \nabla_{\theta} \cdot D$$

$$e_i = \begin{cases} d_j + \delta, if & \bmod(\theta,2) = 0 \\ d_j - \delta, if & \bmod(\theta,2) = 1 \end{cases}$$

$$j \in (1,2,\cdots,n), D \in U, \forall d_j \in D$$

式中,θ 为交叉操作符,θ 是随机选取的非负整数;δ 是随机选取的变异调整量。变异操作能够不断开拓问题解的新空间,体现了算法的全局搜索能力。

进化遗传算法的应用模型结构。土质边坡稳定性的影响因素比较复杂,其稳定性系数(或破坏概率)与诸因素之间实质上是一种多参数相关的非线性关系,可用以下函数表示:

$$K = f(x_1, x_2, \cdots, x_n)$$

式中,K 为土质边坡稳定性系数;$x_i(i=1,2,\cdots,n)$ 为影响因素的值;$f(x)$ 表示非线性函数。

由于函数 $f(\cdot)$ 是非线性的,且其形式是未知的,因此难以用常规的方式模拟。遗传算法数学理论本质上是非线性的理论,它只要求问题是可计算的,无可微性及其他要求。试用遗传算法来解决此问题,计算时采用下面的计算模型:

$$\min_{x\in\Omega}\left\{\sum_{i=1}^{n}\left[f\left(\sum_{j=1}^{n} w_{ij}x_j\right) - y_i\right]^2\right\}$$

式中,$f(x) = 1/(1+e^{-x})$;n 是样本数;m 为参评因素个数;w_{ij} 为每个参评因素的值;x_j 为参评因素的权值,这是本模型的未知量;y_i 是第 i 个样本的期望输出。

3 意义

根据对进化遗传算法进行的改进,提出了新的交叉算子和变异算子,使得改进后的算法具有更好的全局收敛能力。同时,引入与边坡稳定性密切相关的坡角、坡高、土体的抗剪强度等 7 个因子,建立了适用于边坡稳定性评价的多因素相关进化遗传算法边坡稳定性分析模型。实例应用结果表明,该算法应用于边坡的设计和稳定性评价具有较高的可信度。

参考文献

[1] 柴贺军,王忠,刘浩吾. 土质边坡稳定性评价进化遗传算法. 山地学报,2001,19(2):180-184.
[2] 陈明. 基于进化遗传算法的优化计算[J]. 软件学报,1975,11:876-879.

阵性泥石流的周期性模型

1 背景

对具体的泥石流沟而言，泥石流的发生、发展不仅是一个时间过程，而且带有一定的周期性。时间序列分析是数据分析的重要内容，回归分析，相关分析，平稳性分析，周期性分析，频谱分析都是时间序列分析的重要方法。对时间序列的动态分析能够在一定程度上反映系统的动力学性质。胡凯衡和李泳[1]建立了阵性泥石流的周期性模型，粗略反映时间序列有点类似简单的离散动力学过程。近年来，随着复杂性现象研究的深入，时间序列在研究混沌现象本质方面也得到重要的应用。

2 公式

(1)数据预处理

对原始序列中 2×5+1 个相邻数据求其平均值，用得到的平均值做一新序列$\{X^1(tn)\}$(图1)。如新序列的第一项为：

$$X'(t_1)=\frac{1}{2\times5+1}\sum_{t=1}^{11}X_t$$

第二项为：

$$X'(t_2)=\frac{1}{2\times5+1}\sum_{t=2}^{11}X_t$$

如此类推。

(2)去趋势项(主值项)

在一般的处理中，将时间序列 $X(t)$ 分为三部分：

$$X(t)=f(t)+p(t)+a(t)$$

式中，$f(t)$为主值项；$p(t)$为周期项；$a(t)$为随机干扰项。

$f(t)$代表了序列的递增或递减的趋势。在提取隐含周期前必须将趋势项分离出来。趋势项一般用多项式、指数线、双曲线等拟合，系数可用逐步线性回归分析获得。对上面所得的新序列$\{X^1(tn)\}$分离主值项，经逐步回归计算，发现各项系数非常小，以至得到的$f(t)$近于一条直线。所以把主值视为零，直接进行周期性分析。

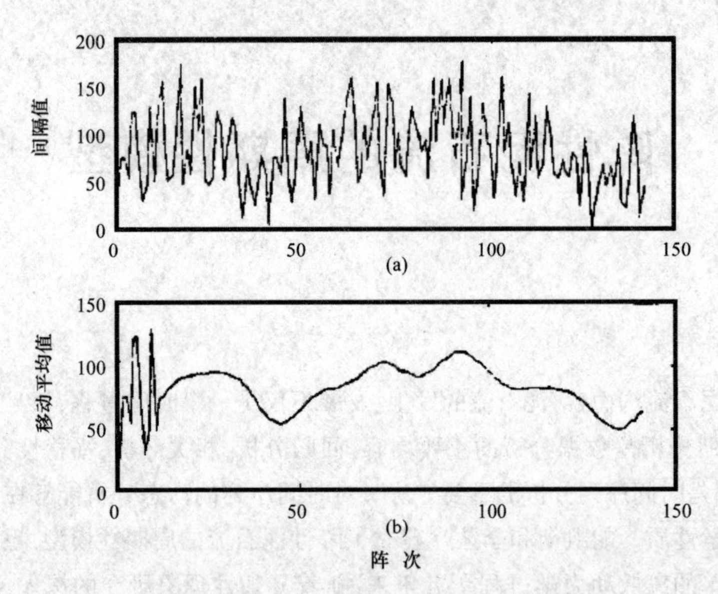

图1　原始序列(a)和5阶移动平均后得到的新序列(b)

(3)周期性分析

周期性分析的主要思想是通过傅立叶变换把数据从时域分析变为频域分析,再画傅立叶系计算周期图。然后进行统计检验,提取隐含周期。周期图的定义和计算公式说明如下。

对时间序列 $X(t)$ 进行傅立叶展开:

$$X(t) = a_o + \sum_{k=1}^{M}\left[a_k\cos\left(\frac{2\eta kt}{N}\right) + b_k\sin\left(\frac{2\eta kt}{n}\right)\right]$$

$$M = \left[\frac{N}{2}\right]$$

式中,$\left[\frac{N}{2}\right] < \frac{N}{2}$的最小整数;$t=1,2,\cdots,N$($N$为时间序列的总长度)。

其中系数为:

$$a_o == \frac{1}{N}\sum_{i=1}^{N}x_t, a_k = \frac{2}{N}\sum_{i=1}^{N}x_t\cos\left(\frac{2\eta kt}{N}\right)$$

$$b_k == \frac{2}{N}\sum_{i=1}^{N}\sum_{i=1}^{N}x_t\sin\left(\frac{2\eta kt}{N}\right), k-1,2,\cdots,[(N-1)/2]$$

当 N 为偶数时:

$$a_{N/2} == \frac{1}{N}\sum_{i=1}^{N}x_t\cos(t\pi) = \frac{1}{N}\sum_{i=1}^{N}(x_{2t} - x_{2t-1})$$

$$b_{N/2} = 0$$

对每一频率 $f_k=\dfrac{k}{N}$ 定义周期图[2]：

$$I(f_k)=N/2(a_k^2+b_k^2) \qquad k=1,2,\cdots,[(N-1)/2]$$

当 N 为偶数时：

$$I(f_{N/2})=Na_{N/2}^2$$

以下简记为 I_k。周期图反映相应周期对序列贡献量的大小。由以上公式计算序列的周期图见表 1。

如果序列存在某个隐含周期,那么与该周期对应的周期图会出现峰值。但周期图上的峰值是否真正是序列的隐含周期,还必须进一步用统计检验的办法来判定。

表 1　序列的周期图($\times 10^4$)

I_1	1. 117 1	I_{14}	0. 008 5	I_{27}	0. 004 3	I_{40}	0. 001 6	I_{53}	0. 001 6
I_2	0. 921 4	I_{15}	0. 010 2	I_{28}	0. 013 3	I_{41}	0. 001 3	I_{54}	0. 000 0
I_3	0. 584 2	I_{16}	0. 011 1	I_{29}	0. 007 1	I_{42}	0. 004 4	I_{55}	0. 000 7
I_4	0. 364 6	I_{17}	0. 001 0	I_{30}	0. 008	I_{43}	0. 006 9	I_{56}	0. 003 4
I_5	0. 067 5	I_{18}	0. 002 9	I_{31}	0. 001 8	I_{44}	0. 000 9	I_{57}	0. 000 1
I_6	0. 071 3	I_{19}	0. 000 3	I_{32}	0. 000 4	I_{45}	0. 000 1	I_{58}	0. 000 3
I_7	0. 070 6	I_{20}	0. 004 3	I_{33}	0. 000 7	I_{46}	0. 000 3	I_{59}	0. 000 2
I_8	0. 001 9	I_{21}	0. 011 9	I_{34}	0. 000 5	I_{47}	0. 000 0	I_{60}	0. 000 4
I_9	0. 008 5	I_{22}	0. 002 5	I_{35}	0. 001 6	I_{48}	0. 000 0	I_{61}	0. 000 1
I_{10}	0. 012 5	I_{23}	0. 002 0	I_{36}	0. 000 8	I_{49}	0. 000 5	I_{62}	0. 001 4
I_{11}	0. 003 1	I_{24}	0. 000 1	I_{37}	0. 000 1	I_{50}	0. 001 0	I_{63}	0. 000 8
I_{12}	0. 001 9	I_{25}	0. 000 1	I_{38}	0. 003 03	I_{51}	0. 003 6	I_{64}	0. 002 9
I_{13}	0. 011 4	I_{26}	0. 002 2	I_{39}	0. 003 3	I_{52}	0. 002 5	I_{65}	0. 000 1

参照 Fisher 统计检验方法[2],先计算下式中第 k 大的值：

$$g_k=I_{jk}/\sum_{j=1}^{M}I_j, I_j \text{ 为} \{I_1,I_2,I_2\cdots\cdots I_k\}$$

由 g_k 再计算：

$$g'=g_1,g_2/(1-g_1)\cdots g'_k=g_k/\left(1-\sum_{j=1}^{k=1}g_j\right)$$

然后计算相应的 Fisher 概率值：

$$p_k=p\{g>g'_k\}=\sum_{j=0}^{r}(-1)^j C_k^{j+1}\times[1-(j+k)g'_k]^{k-1}$$

式中,k 为周期图的个数(在本例中 k=65);r 是使 $1-(r+k)g_k>0$ 成立的最大正整数。计算的结果列在表 2。

表 2　Fisher 概率值

K	g_k	P_k	K	g_k	P_k	K	g_k	P_k
1	0. 333 1	0. 000 0	23	0. 069 1	0. 952 7	45	0. 137 6	0. 782 1
2	0. 412 0	0. 000 0	24	0. 071 6	0. 941 2	46	0. 142 6	0. 781 1
3	0. 444 3	0. 000 0	25	0. 070 8	0. 957 8	47	0. 157 4	0. 691 3
4	0. 474 2	0. 000 0	26	0. 075 3	0. 930 3	48	0. 144 7	0. 852 7
5	0. 185 6	0. 000 0	27	0. 079 3	0. 902 9	49	0. 164 5	0. 741 9
6	0. 225 5	0. 000 0	28	0. 084 7	0. 851 4	50	0. 165 0	0. 794 4
7	0. 278 4	0. 000 0	29	0. 078 6	0. 940 1	51	0. 162 6	0. 862 8
8	0. 075 8	0. 519 9	30	0. 085 3	0. 889 3	52	0. 169 9	0. 866 1
9	0. 077 0	0. 515 2	31	0. 085 1	0. 910 4	53	0. 201 8	0. 715 8
10	0. 800 0	0. 473 0	32	0. 081 3	0. 956 1	54	0. 228 6	0. 619 9
11	0. 083 3	0. 428 0	33	0. 084 8	0. 944 4	55	0. 213 8	0. 790 6
12	0. 085 5	0. 352 4	34	0. 092 2	0. 896 4	56	0. 181 7	0. 970 8
13	0. 089 1	0. 364 6	35	0. 097 5	0. 862 2	57	0. 207 1	0. 942 3
14	0. 081 9	0. 543 3	36	0. 098 3	0. 878 8	58	0. 256 6	0. 824 2
15	0. 088 8	0. 420 1	37	0. 109 6	0. 783 1	59	0. 306 5	0. 708 1
16	0. 081 1	0. 604 2	38	0. 102 7	0. 884 5	60	0. 368 5	0. 583 6
17	0. 086 0	0. 527 0	39	0. 011 26	0. 809 6	61	0. 369 0	0. 745 5
18	0. 093 9	0. 404 8	40	0. 097 3	0. 961 1	62	0. 548 7	0. 367 7
19	0. 065 6	0. 945 0	41	0. 103 6	0. 942 1	63	0. 591 8	0. 499 8
20	0. 069 4	0. 914 5	42	0. 110 5	0. 917 0	64	0. 568 0	0. 864 0
21	0. 074 3	0. 861 1	43	0. 108 7	0. 948 2	65	1. 000 0	1. 000 0
22	0. 067 4	0. 957 1	44	0. 121 7	0. 886 2			

给定显著水平 a,若有 $P_k<a$ 成立,那么可以接受 $T_k=N/j_k$ 为序列的一个周期。

周期项为:

$$P(t)=a_0+\sum_{k=1}^{7}\left(a_k\cos\frac{2\pi kt}{130}\right)+b_k\sin\frac{2\pi kt}{130}$$

最后得到的随机干扰项 $a(t)$ 可进行进一步处理。$a(t)$ 可以认为是由影响泥石流运动的偶然因素产生的。假如将 $a(t)$ 视作平稳过程(即偶然因素影响的均值在每一阵次都相等)的话,那么可以建立 $a(t)$ 的自回归模型[3],给出序列更精确的结果。但是对于序列的周期性分析做到这一步就足够了。

3 意义

根据阵性泥石流的周期性模型,对东川蒋家沟发生的一次阵性泥石流序列进行周期性分析,然后利用阵性泥石流的周期性模型的计算结果,提出了泥石流发生相关的周期。通过对 8909 号和 8911 号等其他几场泥石流进行类似的分析,发现序列的周期分量都集中在开头几个周期,阵性流间歇期的周期性不是很突出;间歇期的周期性不明显,也可能暗示着松散物质和水的补给随机性较大,至于这种周期特征与泥石流的动力机制是否有内在的关联,还要进行进一步的研究。

参考文献

[1] 胡凯衡,李泳.阵性泥石流的周期性分析.山地学报,2001,19(2):145-149.

[2] 中科院计算中心概率统计组.概率统计计算[M].北京:科学出版社.1979.

[3] 项静恬,史九恩,孔楠,等.动态和静态数据处理[M]//时间序列和数理统计分析.北京:气象出版社.1991.

滑坡变形的预测模型

1 背景

滑坡预测预报越来越受到理论界和工程建筑部门的重视,已有多种预测预报方法见诸文献[1,2],现介绍一种新的方法——灰色 GM(1,1)模型法。灰色 GM(1,1)模型在滑坡变形监测中的应用主要表现在对滑坡变形进行中长期预测预报,其新信息模型、新陈代谢模型预报精度较高。但对滑坡短临预测预报精度较差,甚至不能适用,有待改进使之即能用于滑坡变形的中长期预测预报,又能适于短临预测预报。李晓红等[1]利用公式对 GM(1,1)优化模型在滑坡预测预报中的应用进行了分析。

2 公式

设原始数据列为:

$$X^{(0)} = [x^{(0)}(1), x^{(0)}(2), \cdots, x^{(0)}(n)]$$
$$[x^{(0)}(k) \geqslant 0, k = 1,2,\cdots,n]$$

$X^{(0)}$的一次累加(1-AGO)序列为:

$$X^{(1)} = [x^{(1)}(1), x^{(1)}(2), \cdots, x^{(1)}(n)]$$

$X^{(1)}$的紧邻均值生成序列为:

$$Z^{(1)} = [z^{(1)}(2), z^{(1)}(3), \cdots, z^{(1)}(n)]$$

其中,

$$Z^{(1)}(k+1) = 0.5x^{(1)}(k) + 0.5x^{(1)}(k)$$
$$(k = 1,2,\cdots,n-1) \tag{1}$$

若为参数列,且

$$B = \begin{bmatrix} -z^{(1)}(2) & 1 \\ -z^{(1)}(3) & 1 \\ \cdots & \cdots \\ -z^{(1)}(n) & 1 \end{bmatrix}$$

$$Y=\begin{bmatrix} x^{(o)}(2) \\ x^{(o)}(3) \\ \cdots \\ x^{(o)}(n) \end{bmatrix}$$

则 GM(1,1)灰色微分方程为：

$$x^{(0)}(k)+az^{(0)}(k)=b$$

其最小二乘估计参数列满足：

$$\hat{a}=[a,b]=(B^TB)^{-1}B^{-1}Y$$

其白化方程为：

$$\frac{\mathrm{d}x}{\mathrm{d}t}+ax^{(1)}(t)=b \tag{2}$$

对应 GM(1,1)灰色微分方程的时间响应序列为：

$$\hat{x}(k+1)=\left[x^{(0)}(1)-\frac{b}{a}\right]e^{-ak}+\frac{b}{a}$$

$$(k=1,2,3,\cdots,n) \tag{3}$$

对模型值进行累减(差分)运算得原始序列模拟预测值：

$$\hat{x}(k+1)=x^{(1)}(k+1)-x^{(1)}k$$

$$=\left[x^{(0)}(1)-\frac{b}{a}\right](e^{-a}-1)e^{-a(k-1)}$$

$$(k=1,2,3,\cdots,n) \tag{4}$$

由上述建模过程可以看出，拟合和预测精度取决于常数 a 和 b，而 a 和 b 的求解依赖于背景值 $z^{(1)}(k+1)$ 的构造形式。用均值生成 $z^{(1)}(k+1)$ 代替背景值，当时间间隔很小且序列数据变化平缓时，这样构造的 $z^{(1)}(k+1)$ 是合适的，模型偏差较小。但当序列数据变化急剧时，构造出来的 $z^{(1)}(k+1)$ 往往产生较大的滞后误差，模型偏差较大[3]；当 GM(1,1)模型的参数 a 非常小时，用均值生成 $z^{(1)}$ 才合理，模型预测精度才高[4]；当 $-a>1$ 时，不宜采用 GM(1,1)模型[5]。

GM(1,1)优化模型，n 等分区间 $[k,k+1]$ 时，n 个小区间面积之和为：

$$S_n=\frac{1}{2n}[(n+1)x^{(1)}+(n-1)x^{(1)}(K+1)] \tag{5}$$

令

$$z_n^{(1)}(k+1)=S_n=\frac{1}{2n}[(n+1)x^{(1)}(k)+(n-1)x^{(1)}(k+1)]$$

$$(n=2,3,\cdots) \tag{6}$$

则

$$\lim_{n \to \infty} z_n^{(1)}(k+1) = \frac{1}{2}[x^{(1)}(k) + x^{(1)}(k+1)] \tag{7}$$

式中,S_n 为 n 个小区间的面积;$z^{(1)}n(k+1)$ 由优化 GM(1,1) 模型的紧邻均值生成;n 为等分间距的最优值。

可以看出,n 值的确定是该优化 GM(1,1) 模型的关键,文献[6]构造了一个确定等分数 n 的经验公式,即

$$n = \left[\sum_{i=2}^{N} R_i\right]^{\frac{1}{N-1}} + (N-1) \tag{8}$$

式中,N 为序列长度(原始建模数据个数),而

$$R_i = \frac{x^{(1)}(i)}{x^{(1)}(i-1)}, (i = 2,3,\cdots,N) \tag{9}$$

显然,n 值与建模序列长度 N 和 1-AGO 序列 $x^{(1)}(k)$ 有关。

3 意义

灰色模型在社会科学、自然科学的许多方面已得到广泛的应用,并取得了一系列重大成果。在斜坡(滑坡)地质灾害研究方面,灰色模型多用于斜坡(滑坡)变形的中长期预测预报,且精度较高;但对滑坡短临预测预报精度较差。滑坡变形的预测滑坡的实际算例表明,以优化灰色模型背景值为基础的优化 GM(1,1) 模型,具有对建模结果进行优化的能力,即能用于斜坡变形的中长期预测预报,又能适于滑坡短临预测预报,且都能获得较高的模拟和预测精度。应用传统线性 GM(1,1) 模型和非线性 Verhulst 模型进行对比分析,检验了优化 GM(1,1) 模型的正确性和较广泛的适用性。

参考文献

[1] 李晓红,靳晓光,亢会明 . GM(1,1)优化模型在滑坡预测预报中的应用 . 山地学报,2001,19(3):265-269.

[2] 蒋良文,王士天,刘汉超,等 . 岷江上游汶川一较场段滑坡稳定性的神经网络评判及其堵江可能性浅析[J]. 山地学报 . 2000,18(6):547-553.

[3] 谭冠军 . GM(1,1)模型的背景值构造方法和应用(Ⅰ)[J]. 系统工程理论与实践,2000,20(4):98-103.

[4] 宋中民 . 灰色 GM(2)模型[J]. 系统工程理论与实践,1999,19(10):127-129.

[5] 刘思峰,郭天榜,党耀国,等 . 灰色系统理论及其应用(第二版)[M]. 北京:科学出版社,1999.

[6] 吴承祯,洪伟 · 滑坡预报的 BP-GA 混合算法[J]. 山地学报,2000,18(4):360-364.

土壤的退化程度模型

1 背景

金沙江干热河谷地区作为我国典型的生态脆弱区,土壤退化十分严重。有关其退化特征和退化机理的文章近年已多见于相关文献[1,2]。现拟从土壤结构性方面对不同退化类型土壤进行比较研究,以探讨土壤结构对土壤退化的影响机制。有关金沙江干热河谷区概况已有报道,供试土壤采自元谋境内广布的燥红土系列和变性土系列不同退化程度的6种类型。

2 公式

$$分散率=[(<0.05\ mm\ 微团聚体)/(<0.05\ mm\ 机械组成)]\times 100$$

$$侵蚀率=(分散率\times 持水当量)/(<0.001mm\ 胶体含量)$$

$$EVA(受蚀性指数)=(分散率)/[(WSA>0.5)\times 持水当量]$$

式中,$WSA>0.5$ 指大于 0.5 mm 水稳性团粒重量百分数;持水当量指土壤在一个大气压力作用下的持水量,对非砂性土壤,可近似看作田间持水量。

$$结构体破坏率=[>0.25\ mm\ 团粒(干筛-湿筛)]/[>0.25mm\ 团粒(干筛)]\times 100$$

$$团聚状况=(>0.05\ mm\ 微团聚体)-(>0.05\ mm\ 机械组成);$$

$$ELT(不稳定团粒指数)=\frac{W_T-W_{0.25}}{W_T}\times 100$$

式中,W_T 为供试土壤总重量(mg);$W_{0.25}$为大于 0.25 mm 水稳性团聚体重量(mg)。

土壤抗蚀性是指土壤结构体在水中的稳定性,影响因子主要是土壤中的黏粒及腐殖质含量[3],可以用土壤分散率和结构体破坏率来评价。土壤抗冲性表示土壤抵抗雨滴打击和径流机械破坏的能力[4]。元谋土壤侵蚀严重,抗蚀性和抗冲性都很差,相比之下,主要表现为抗蚀性较差。

随退化加剧,0.25 mm~0.05 mm 细砂粒逐渐减少。小于 0.001 mm 黏粒逐步增多(见表1)。表明随退化加重,土壤渐趋黏重化。

表1　不同退化系列的土壤颗粒组成

土样代号	A、B两层土壤不同粒径(mm)土壤颗粒含量(%)													
	1~0.25(mm)		0.25~0.05(mm)		0.05~0.01(mm)		0.01~0.005(mm)		0.005~0.002(mm)		0.020~0.001(mm)		<0.001(mm)	
	A	B	A	B	A	B	A	B	A	B	A	B	A	B
81	13.74	15.87	33.96	35.68	9.10	7.12	2.03	3.07	3.04	4.02	11.01	6.22	27.12	28.02
84	8.88	10.57	30.31	32.57	11.03	7.14	4.05	5.03	3.50	4.06	12.00	7.44	30.23	33.19
71	7.08	8.89	28.13	29.38	12.16	9.37	4.44	5.23	3.58	5.46	12.47	8.15	32.14	33.52
82	6.93	5.16	3.75	2.49	1.04	1.03	5.17	8.37	16.55	14.64	1.87	0.43	64.69	59.88
77	0.72	0.42	16.96	12.03	1.25	3.52	3.75	8.14	8.27	10.51	1.19	4.04	67.86	61.34
76	1.93	1.84	9.68	6.77	2.23	1.38	5.56	9.71	7.73	12.33	1.45	1.84	71.42	66.13

燥红土系列微团聚体以大于0.005 mm为主,尤其是0.25 mm~0.05 mm范围,含量介于30.85%(71B)~52.71%(81A)之间,而小于0.001 mm含量很少,仅占1.06%(81A)~4.94%(71B)(见表2)。随退化加剧,小于0.005 mm微团聚体含量逐步增加。

表2　不同退化系列的土壤微团聚体组成

土样代号	A、B两层土壤不同粒径(mm)微团聚体组成(%)													
	1~0.25(mm)		0.25~0.05(mm)		0.05~0.01(mm)		0.01~0.005(mm)		0.005~0.002(mm)		0.020~0.001(mm)		<0.001(mm)	
	A	B	A	B	A	B	A	B	A	B	A	B	A	B
81	29.19	26.51	52.71	50.91	7.94	7.19	4.18	5.05	2.85	4.11	2.07	3.01	1.06	3.22
84	25.33	23.00	38.41	36.26	14.08	13.42	9.00	10.53	6.01	7.13	4.02	5.39	3.15	4.27
71	2015	18.79	34.84	30.85	16.10	15.12	12.43	41.41	8.42	10.18	4.35	5.71	3.71	4.94
82	4.51	4.70	11.46	6.34	23.78	26.49	1.04	4.18	25.08	32.09	4.14	2.14	29.99	24.06
77	9.43	8.01	12.38	6.82	13.41	5.46	2.23	7.64	31.28	36.04	6.70	9.82	24.57	26.21
76	2.80	2.18	10.38	7.07	29.04	21.76	1.11	5.44	29.04	35.91	8.94	2.18	25.69	30.46

3　意义

云南金沙江干热河谷区是我国典型的土壤退化区域。建立土壤的退化程度模型,通过计算土壤机械组成、团聚体及微团聚体组成、孔隙分布状况等指标,得到土壤结构对土壤退化的影响机制。通过土壤的退化程度模型,计算得到:①采用分散率、侵蚀率、团聚度、团聚状况、结构体破坏率、受蚀性指数E、孔隙度等量化指标可以较好地反映土壤退化程度;②土壤颗粒分散特性、土壤水稳性团聚体稳定性、土壤孔隙度是土壤结构稳定性评价的三个重要方面,也可反映土壤退化特征。

参考文献

[1] 宫阿都,何毓蓉. 金沙江干热河谷典型区(云南)退化土壤的结构性与形成机制. 山地学报,2001,19(3):213-219.

[2] 刘淑珍,黄成敏,张建平. 云南元谋干热河谷区的土地荒漠化特征与原因[J]. 中国沙漠,1996,15(1):1-7.

[3] 王佑民,郭培才,等. 黄土高原土壤抗蚀性研究[J]. 水土保持学报,1994,8(4):11-16.

[4] 陈明华,周伏建,等. 土壤可蚀性因子的研究[J]. 水土保持学报,1995,9(1):19-24.

林地植被的生长判别函数

1 背景

云南元谋低山区(海拔 950~1 350 m)是金沙江流域下游的典型干热河谷区[1,2]。自1991年以来,在国家有关部门的重视下,当地政府根据地方社会经济条件,采用科学的种植管理技术,造建了一批示范林。尽管采取了相同的种植管理技术,但是不同造林片区的植被生长状况却有明显的差别[3]。为进一步较大范围的恢复植被和重建生态,值得对造成这些差别的原因进行总结分析。通过对元谋干热河谷区成片造林地植被生长状况的数值分类,试图探明影响植被恢复的主要自然因素。

2 公式

采用主成分分析将研究样地划分为几个不同类型,但这样的分类对个别散点的归类不可避免地具有一定的主观性。从样地散点图(图 1)可见,对于聚集较集中的点容易对其归类,而对位于两个散点集中区之间的散点的隶属类型则较难确定。凭人为划分的结果则必然影响分类的客观性。因此,需进一步采取判别分析确定个别不确定样地的归属。

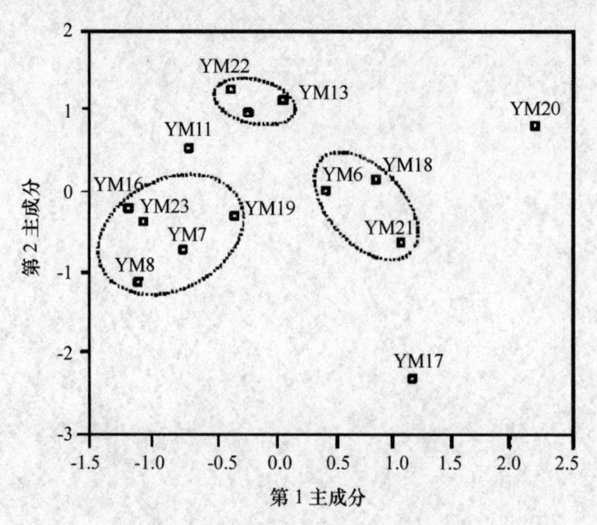

图 1　主成分分析分类散点图

如图 1 所示,样地 YM17、YM20 远离散点集中区,已清晰地自成一类,因而无需对其做判别分析。但样地 YM11 界于Ⅰ类和Ⅱ类之间,其隶属问题具有不确定性,因而需对其加以判别确定归属。对其余 11 个样地按 3 个类型采用 Fisher 准则判别分析方法计算,以组内协方差矩阵为并类依据,得到两个正则判别函数:

$$F_1 = -0.94x_1 - 2.93x_2 + 0.78x_3 + 7.92x_4 - 2.11x_5 + 5.87x_6 - 8.38x_7 \quad (1)$$

$$F_2 = 1.43x_1 - 0.69x_2 + 0.95x_3 + 3.25x_4 - 0.36x_5 + 0.31x_6 - 3.08x_7 \quad (2)$$

第 1、第 2 判别函数 F_1、F_2 的权重系数分别为 80.7 %和 19.3 %,可见第 1 判别函数的判别能力占据了整个判别分析中的绝大部分。

根据正则判别函数式(1)和式(2),以第 1 正则判别函数 F_1 为横坐标,第 2 正则判别函数 F_2 为纵坐标构成样地分类的平面图(图 2),可以看出 3 个区域界限十分明显,类均值(重心)分别位于一个近似正三角形的各个顶点。预测分类(将各观测值回代入建立的判别函数)结果指出各类的观测值无一错判。

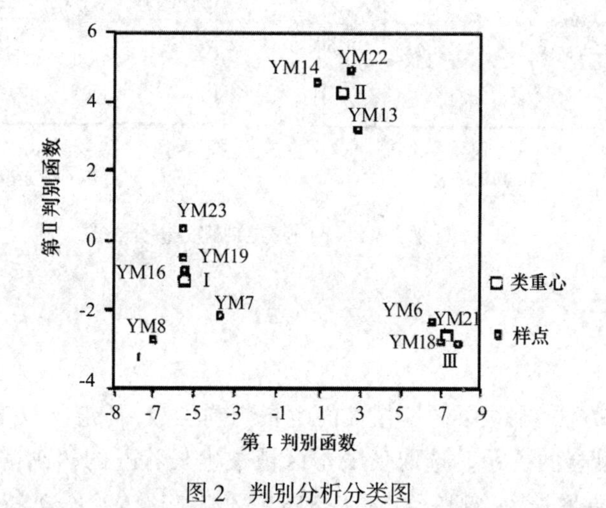

图 2 判别分析分类图

进一步计算各类的线性判别函数,得如下函数。

第Ⅰ类判别函数:

$$F_{\mathrm{I}} = 45.13x_1 - 63.70x_2 - 2.73x_3 + 3.62x_4 - 308.97x_5 + 639.52x_6 - 32.42x_7 - 40.06 \quad (3)$$

第Ⅱ类判别函数:

$$F_{\mathrm{II}} = 45.50x_1 - 111.81x_2 + 5.08x_3 + 10.14x_4 - 467.06x_5 + 1170.23x_6 - 76.16x_7 - 120.26 \quad (4)$$

第Ⅲ类判别函数：

$$F_{Ⅲ} = 29.60x_1 - 131.17x_2 + 3.38x_3 + 19.58x_4 - 541.64x_5 + 1492.79x_6 - 134.75x_7 - 152.16 \quad (5)$$

将待判样点 YM11 的观测值分别代入以上 3 个判别函数式，得各类函数值：$F_{Ⅰ} = 67.30$；$F_{Ⅱ} = 55.64$；$F_{Ⅲ} = 12.94$。比较各类函数值大小可以看出 $F_{Ⅰ} > F_{Ⅱ} > F_{Ⅲ}$，故可以确定样地 YM11 属于第Ⅰ类。YM11 分别人为归入第Ⅰ、Ⅱ类的判别分析结果(图 3)也明确地显示，该样地归入第Ⅰ类较归入第Ⅱ类更合理，因为归入第Ⅰ类时类内样点更集中且类间距离更大。至此。所有样点均有明确的归属；并且判别分析进一步完善了主成分分析的初始分类结果。

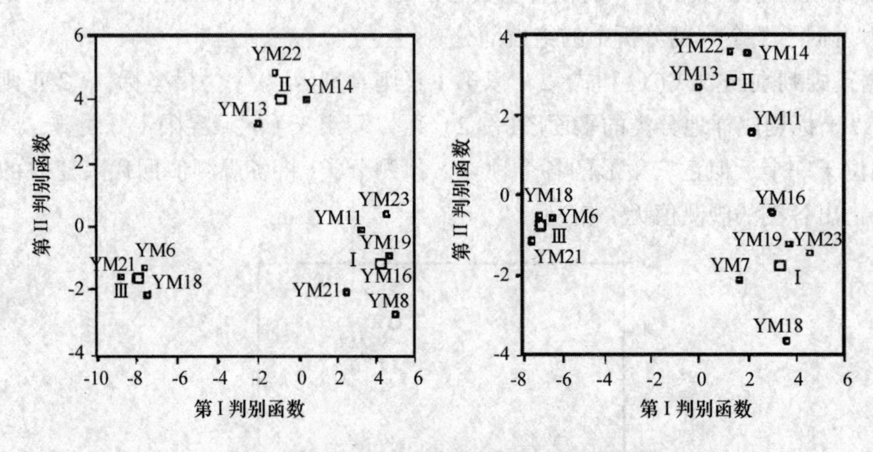

图 3　样地 YM11 不同归类判别分析分类图

3　意义

采用数值分类方法，建立了林地植被的生长判别函数，研究金沙江干热河谷区人工林生长与土壤母质-母岩的关系。选取反映本区植被生长状况的树高、树胸径、树胸高断面积、全林生物量、树高增长率、树胸径增长率和全林净生产量 7 个分类特征指标作为变量，采用主成分分析与判别分析构成的综合分类方法对区域内主要成片造林区 14 个样地的林分生物量和生产力进行归类。

参考文献

[1]　张建辉，李勇，杨忠．金沙江干热河谷区人工林生长与土壤母质-母岩的关系．山地学报，2001，19(3)：231-236.

[2]　张建平．元谋干热河谷土地荒漠化的人为影响[J]．山地研究(现《山地学报》)，1997，15(1)：53-56.

[3]　杨忠，张信宝，王道杰，等．金沙江干热河谷植被恢复技术[J]．山地学报，1999，17(2)：152-156.

地类的损失面积公式

1 背景

地表系统是由各种不同级别子系统组成的复杂巨系统[1]。地表空间数据以其表达地表系统中各部分规模的大小和空间范围的大小分为不同的层次,即不同空间尺度[2]。空间尺度是空间数据的重要特征之一,是指空间数据集表达空间范围的相对大小,不同尺度的数据,其表达的信息密度的差异很大。一般而论,尺度变大,信息密度变小,但不是等比例变化[3]。杨存建等[1]以重庆市为例,分别以 30 m、60 m、100 m、200 m、300 m 和 1 000 m 等不同大小的栅格对土地利用数据进行栅格化,从而详细探讨不同土地利用类型数据随尺度变化的信息损失情况,以便为空间分析的尺度选取和精度估计提供参考。

2 公式

所选试验区为整个重庆市,所使用的数据为“九五 3S”项目“全国宏观资源遥感调查”的成果数据——1∶10 万的土地利用矢量数据。该数据是通过对近期 LANDSAT TM 影像进行人工目视判读所获取的。

所用的方法是,利用 ARC/INFO 的 ARC 模块下的 POLYGRID 命令,将整个市的 1∶10 万的土地利用图栅格化,每个栅格的取值为该栅格内所占面积最大的地类代码值。分别以 30 m、60 m、100 m、200 m、300 m、400 m、500 m、600 m、700 m、800 m 和 1 000m 等不同大小的栅格对其栅格化。并统计不同栅格大小下各土地利用类型的面积。同时,对 1∶10 万的土地利用矢量数据进行各地类的面积和斑块数统计,并将其面积作为基准面积,计算各地类的平均斑块面积。将各尺度下各土地利用类型的面积与其基准面积进行比较,从而得到不同尺度下各地类的损失面积,其公式为:

$$E = A_g - A_b$$

式中,A_g 表示用栅格求算的面积;A_b 表示用 1∶10 万的矢量数据求出的面积;E 表示面积损失,取正值表示比实际的面积大,取负表示比实际的小。

地类的损失精度计算式为:

$$L = 100 \times E/A_b$$

式中,L 表示损失精度。

以矢量数据计算整个区域的面积为 8 238 969 hm^2。对整个区域以不同的栅格大小进行栅格化,其损失面积和精度如表 1。

表 1　整个区域不同网络大小(m)的面积和精度损失表

损失指标	格网大小(m)										
	30	60	100	200	300	400	500	600	700	800	1 000
损失面积(hm^2)	6	78	312	769	2 412	4 841	6 969	9 981	14 123	15 161	18 869
损失精度(%)	$-(7.3\times10^{-5})$	9.5×10^{-4}	3.8×10^{-3}	9.3×10^{-3}	3×10^{2}	6×10^{-2}	8×10^{-2}	1.2×10^{-1}	1.7×10^{1}	1.8×10^{1}	2.3×10^{1}

从图 1 中可以看出,随着栅格由小变大,损失面积、损失精度也由小变大,其趋势为:在 30~200 m 之内,其损失随尺度的变化相对较小;在 200~700 m 相对较大;在 700~1 000 m 之内,其变化幅度有所减小。当栅格大小为 1 000 m 时,面积损失达到 18 869 hm^2,损失精度为 0.2 %。

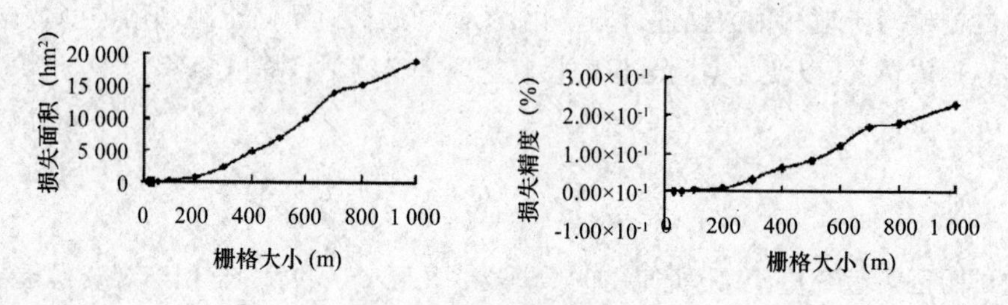

图 1　损失面积和损失精度

3　意义

由于栅格数据便于空间分析,因而通常将矢量数据转化成栅格数据来进行空间分析。在转化过程中,选用不同的栅格大小,其面积和精度损失是不同的。针对这个问题,以重庆市 1∶10 万的土地利用矢量数据为例,探讨了不同栅格大小下,各种土地利用类型在转化过程的面积和精度损失。可知:栅格大小小于 100 m 时,其精度损失均小于 3.3% ;在 1 000 m 时,其精度损失达到 50%以上;在 30~1 000 m,平均图斑大小小于 82 hm^2 的地类随着栅格的由小变大,其面积变得比实际面积小;平均图斑大小大于 101 hm^2 的地类中除高盖度的草地和河渠之外,与此相反。

参考文献

[1] 杨存建,刘纪远,张增祥．土地利用数据尺度转换的精度损失分析．山地学报,2001,19(3):258-261.

[2] NASA,美国国家航空和宇航管理局地球系统科学委员会．地球系统科学[M].陈泮勤等译.北京:中国地震出版社,1992.

[3] 弗特普费尔．制图综合[M]. 江安宁译.北京:测绘出版社,1982.

农户投资的效益公式

1 背景

西藏高原为青藏高原的一部分,属于喜马拉雅山山地,是我国藏族人口最为集中的地区[1,2]。长期以来,由于受经济基础、生产力发展水平、国家和自治区政策、民族习惯、意识形态、地理位置以及环境条件等诸因素的影响,该地区的农户行为与我国其他地区,特别是东南沿海等经济发达地区相比有着很大的不同。王慎强和刘伟[1]以 1997 年 7 月至 1997 年 11 月在西藏达孜县农村所调查的 80 户农户资料和该县计委、农牧局的历年统计资料为基础,对达孜县农户的投资行为(主要包括投资结构、投资资金来源和投资效益三方面)进行了研究。

2 公式

农户投资主要以直接投资为主,间接投资所占的比重较低。在间接投资中,其主要形式为国家税收、提留和包干上缴基金(见表 1),农户储蓄所占的比例很低。

表 1　1988—1996 年达孜县(全县)
农户间接投资构成(万元)

年份	1988	1990	1991	1992	1993	1994	1995	1996
国家税收	0.14	1.06	2.12	2.84	1.92	9.29	8.79	9.44
提留	68.25	43.58	63.97	20.61	16.70	99.58	62.00	68.74
福利事业费	0.88	—	—	—	6.79	29.60	33.84	42.04
包干上缴基金	2.84	—	—	—	4.11	6.16	9.85	11.15
其他	—	—	—	—	5.78	63.81	71.70	15.54

在非农产业中,第三产业所占的比重又高于第二产业(见表 2)。这说明农户的投资行为受农户的资金规模、资金占有量的影响很大。

表 2 被调查户投资结构与家庭经济状况的关系 单位:%

产业类别	贫困户	中等户	富裕户
第一产业	89	81	77
第二产业	5	7	9
第三产业	6	12	14

农户投资效益主要是指农户的直接投资效益。用以评价农户投资效果的指标很多,这里主要采用投资利润率。其计算公式为:

$$P_I = \frac{P_y}{I} \times 100\%$$

式中,P_I 为投资利润率或纯收入(%);P_y 为年利润率或纯收入;I 为投资总额(元)。

3 意义

根据农户投资的效益公式,应用农户调查资料和有关的统计数据对西藏达孜县农户的投资行为进行了计算。得到结果:该县农户的投资主要以直接投资为主,间接投资所占的比重较低;在直接投资中,又以家庭经营投资和固定资产投资为主;农户对科技教育、文化娱乐方面的投资较少,而对宗教信仰方面的投资相对较多;其投资资金来源主要是自有资金。其次是银行贷款和其他资金,国家财政拨款所占的比重不大;受投资结构等因素的影响,该县农户的投资效益基本上呈逐年降低趋势。

参考文献

[1] 王慎强,刘伟. 西藏高原农户的投资行为——以达孜县为例. 山地学报,2001,19(3):243-247.
[2] 杨书章. 西藏的现状与发展趋势[J]. 中国少数民族人口,1996,2:29-35.

滑坡灾害的预测模型

1　背景

香港岛面积为77.1 km^2,约占香港特别行政区的7.17%,位于香港地区的东南部,是香港开发较早且开发程度最高的地区之一,因而存在着各种类型的人工边坡,香港地区的滑坡几乎都与人工边坡有关。1984—1996年(1989年、1990年除外)香港岛地区统计的滑坡灾害共1 012起。滑坡的物质基础不尽相同,其中填土边坡73起、切坡589起、挡土墙65起、自然滑坡58起、岩墙滑坡153起、其他类型滑坡69起。这些滑坡灾害在时间和空间上的分布均有一定的不均衡性,李军等[1]从时间、空间及时空关系上对香港岛地区的滑坡事件进行说明。

2　公式

不论从滑坡的形成机理还是滑坡背景及触发因子分析[2],滑坡灾害出现的空间位置与时间有一定的关联性[3],以下从年际及月份层次说明滑坡聚集状况。

滑坡的积聚中心指统计时段、统计区域内滑坡的相对积聚中心,其计算以滑坡空间密度为基础。滑坡空间密度计算采用公式为:

$$D_{en} = LSN \subset Loc(x,y):R/\pi R^2$$

式中,D_{en}为滑坡空间密度;LSN为滑坡个数;$Loc(x,y)$为输出格网中心点坐标;R为指定的搜索半径。计算过程为:统计以输出格网中心点为圆点、以R为半径圆内的滑坡点个数,然后除以搜索圆的面积,面积的单位可以指定。将滑坡空间密度最高的区域划为滑坡积聚中心,年际滑坡积聚中心变化特征为:多数年份为两个明显的积聚中心(图1),积聚中心大致有以下四种模式:

A　B　C　D

从1984-1996年滑坡积聚中心漂移过程为:B→C→B→B→D→D→B→A→C→A→A。

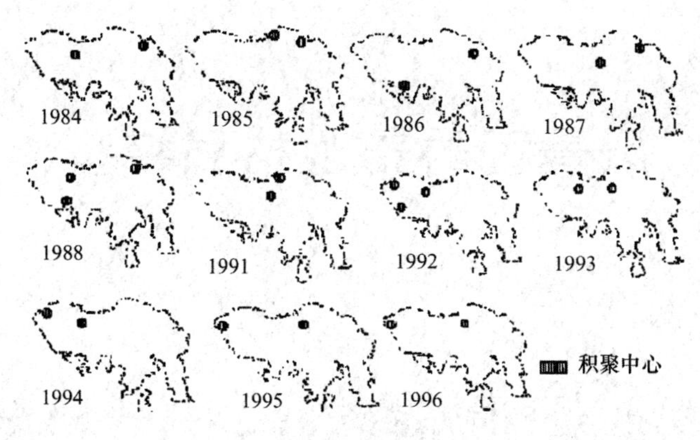

图1　滑坡积聚中心年际漂移

3　意义

香港岛是香港特别行政区开发程度最高的区域,人工滑坡及自然滑坡时常发生。滑坡灾害在时间和空间的分布受多种因素的影响并呈现出一定的规律性,根据滑坡灾害的预测模型,利用GEO发布的近10多年的滑坡资料对香港岛地区滑坡灾害的时间、空间和时空分布模式进行了分析。以香港岛为例说明了滑坡灾害现象的时空分布状况,并没有对其分布的原因做详细说明,其目的在于试图通过现象规则来推测未来滑坡的分布、积聚趋势,是最低层次的滑坡群体预测预报。

参考文献

[1]　李军,周成虎,许增旺. 香港岛地区滑坡灾害的时空分布模式. 山地学报,2001,19(3):248-252.

[2]　Sassa K. The mechanism starting liquefied landslides and debris flows[R]. Proc. 4th Int. Smp. On Landslides,1984,349-354.

[3]　Premchitt J,Brand E W,chen P Y M. Rain_induced landslides in Hong Kong,1972—1992. Asia Engineer, June 1994:43-51.

风景区的景观格局模型

1 背景

景观格局分析受到越来越多的重视，众多农业景观[1]、湿地景观[2]、沙地景观[3]和喀斯特山地景观[4,5]的研究报道，证明了景观格局分析对了解自然、生态过程和社会经济活动之间的关系有重大意义[6]。研究风景名胜区的景观特征有助于探讨旅游价值形成的自然和生态基础，制定合理的风景名胜区景观生态规划，拓展景观生态学的应用领域[7]。李云梅等[1]对浙江仙居风景区景观格局与旅游价值的关系展开了分析。相对于自然景观和人文景观而言，风景名胜区的景观所受到的人工干预程度介于二者之间。

2 公式

分维数(FD)为：

$$FD = 2\log(P/4)\log(A) \tag{1}$$

式中，FD 表示分维数；P 为斑块周长；A 为斑块面积。斑块分维数是表征斑块形状复杂度的指标，它的取值范围一般在 1~2 之间。$FD=1$ 表明它是最规则的正方形，$FD=2$ 表明它为等面积下边长最曲折复杂的图形。

斑块伸长指数(G)为：

$$G = P/\sqrt{A} \tag{2}$$

式中，G 表示斑块伸长指数；P、A 的意义同上。斑块伸长指数也是斑块形状表征的一种，主要表征它的伸长特性。

景观多样性指数(H)为：

$$H = -\sum (P_i)\ln(P_i) \qquad (i = 1,2,\cdots,m) \tag{3}$$

式中，H 表示多样性指数；P_i 是景观类型 i 所占面积的比例；m 是景观类型的数目。景观多样性指数反映了一个景观中不同景观类型分布的均匀化和复杂化的程度。

优势度(D_0)为：

$$D_o = H_{max} - H \tag{4}$$

式中，H_{max} 表示最大多样性指数；D_0 表示景观优势度。优势度是指某一种景观类型在景观中占支配地位的程度，景观优势度越高，表明景观是由少数优势景观类型所控制的。

浙江仙居风景区5个景区的景观多样性指数、格局特征、景观旅游价值得分总和、各景区斑块分维数及伸长指数见表1。

表1　各景区景观多样性、格局与其旅游价值的比较

景区	面积(hm^2)	多样性指数 H	优势度 D_0	旅游价值评分和	FD	G
神仙居景区	3.26	0.6987	0.2555	50	1.2352	6.8269
十三都景区	19.10	0.7857	0.1685	18	1.2566	7.9403
景星岩景区	15.45	0.7157	0.2385	28	1.2368	7.1095
公孟岩景区	5.72	0.7286	0.2256	27	1.1932	6.8701
淡竹景区	37.31	0.6937	0.2605	32	1.1980	7.6871
全景区	120.64	0.8205	0.1337	—	—	—

3　意义

根据风景区的景观格局模型，利用数字化技术，对浙江仙居风景名胜区的几个景观特征指数进行计算和分析发现，其景观具有以林地为主、居民点分散、未利用地面积较大的特征，表明较小的人类活动影响是形成风景名胜区的重要条件。采用VRM系统对研究区域内的5个景区的旅游价值进行了评分，并对景观多样性、景观优势度等指标与旅游价值之相互关系进行了分析，发现旅游价值的形成需要以一定的景观多样性为基础，但景观多样性达到一定程度后，旅游价值的高低与景观多样性呈反向变化关系，在此条件下，旅游价值更依赖于景观优势度。

参考文献

[1]　李云梅，金卫斌，吴元奇．浙江仙居风景区景观格局与旅游价值的关系．山地学报，2001，19(3)：274-277.
[2]　王宪礼，肖宁，布仁仓，等．辽河三角洲湿地的景观格局分析[J]．生态学报，1997，17(3)：317-313.
[3]　常学礼，邬建国．科尔沁沙地景观格局特征分析[J]．生态学报，1998，18(3)：225-232.
[4]　张惠远，蔡运龙，万军．基于TM影像的喀斯特山地景观变化研究[J]．山地学报，2000，18(1)：18-25.
[5]　张惠远，王仰麟．山地景观规划——以西南喀斯特地区为例[J]．山地学报，2000，18(5)：445-452.
[6]　陈利顶，傅伯杰．黄河三角洲地区人类活动对景观结构的影响分析[J]．生态学报，1996，16(4)：337-344.
[7]　唐礼俊．佘山风景区景观空间格局分析及其规划初探[J]．地理学报．1998，53(5)：429-437.

玉米叶片的几何造型函数

1　背景

依托现代信息技术的虚拟植物研究正成为国内外农业科技发展的热点与方向。通过虚拟植物在三维空间中的形态结构及生长发育过程,以可视化的方式反映各种胁迫条件、人工干预条件对这些过程的影响,具有真实感、可交互操作等特点,在农业科研、教学、生产、规划、农业资源配置等方面展示了良好的应用前景。郑文刚等[1]用三次 B 样条方法,对玉米叶片的三维几何形态构建进行了研究。

2　公式

2.1　叶曲线及轮廓描述方法

在叶脉不发生弯曲和扭曲的情况下,叶脉曲线是一条光滑的二维曲线,可以用适当的数学表达式描述,Stewart 应用一般二次方程表征玉米叶曲线函数[2]:

$$Ax^2 + By^2 + Cxy + Dx + Ey + G = 0 \tag{1}$$

坐标原点是叶脉基部,从而简化公式为:

$$Ax^2 + By^2 + Cxy + Dx + Ey = 0 \tag{2}$$

然后将已经测量得到的采样点代入公式(2)求解方程组,可以得到方程系数 A、B、C、D、E,就可以得到曲线上所有点的坐标。这是目前普遍使用的玉米叶脉曲线拟合方程[3]。

三次 B 样条曲线是目前应用最广泛且具有二阶连续导数的三次样条插值函数[4],定义为,如果函数 $S(x)$ 于 $[a,b]$ 有二阶连续导数,且在每小区间 $[x_i, x_{i+1}]$ 上是三次多项式,则称 $S(x)$ 是节点 $x_0, x_1, \cdots, x_n$ 上的三次样条函数。数学描述为,设 P_0, P_1, P_2, P_3 为给定空间的点,称下列参数曲线为 4 阶或三次 B 样条曲线。

$$P(t) = \sum_{i=1}^{4} P_i B_{i,k}(t), t_k \leqslant t \leqslant t_{n+1} \tag{3}$$

为了使曲线通过 P_i,只要使 P_i, P_{i+1}, P_{i+2} 重合,这时曲线就会通过 P_i。公式(3)写成通用公式格式:

$$\begin{aligned} P(t) = [&(1 - 3t + 3t^2 - t^3)P_i + (3t^3 - 6t^2 + 4)P_{i+1} \\ &+ (-3t^3 + 3t^2 + 3t + 1)P_{i+2} + tP_{i+3}]/6 \end{aligned} \tag{4}$$

将测量得到的数据点作为控制点代入公式(4)就可以得到叶脉曲线和叶轮廓曲线上的点坐标,从而可以得到叶脉曲线和叶轮廓曲线,如图 1 所示。

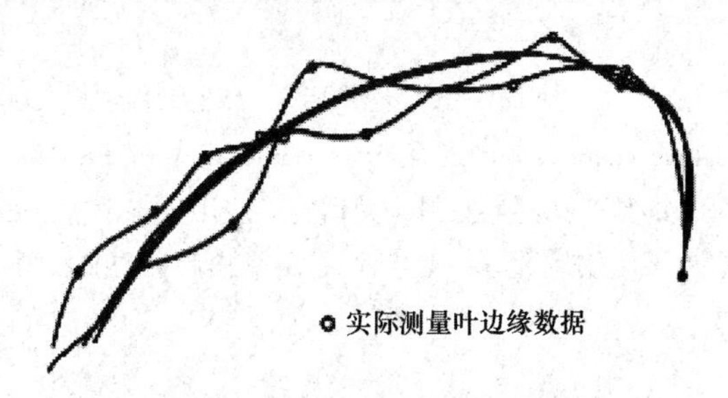

图 1　玉米叶脉与叶轮廓曲线图

2.2　叶片面积求解

通过玉米叶片的模型,可以求取玉米叶片面积。根据每个三角形的定点坐标求出各三角形曲面片面积,任意一个三角面片面积计算公式为:

$$s_i = |(BA \times CA)|/2 \tag{5}$$

BA,CA 分别为三角形的两条边向量,分别如下所示:

$$BA = (x_2 - x_1)i + (y_2 - y_1)j + (z_2 - z_1)k \tag{6}$$

$$CA = (x_3 - x_1)i + (y_3 - y_1)j + (z_3 - z_1)k \tag{7}$$

所有三角形面片面积累加就可以得到玉米叶片的叶面积:

$$s = \sum s_i \tag{8}$$

计算得到的玉米叶面积与通过仪器测量(美国产 CI-203 型植物叶面积仪)所得面积的相对误差不超过 2%,表明通过以上方法重构出的玉米叶片三维形态模型具有较高的精度,完全满足相关科学研究的需要。

3　意义

根据对虚拟作物研究中的作物个体或器官几何造型问题的分析,用三次 B 样条来拟合玉米叶片的三维形态,并用虚拟模型进行玉米叶片几何特征的计算。与其他方法相比,该方法具有精度高,参数少的特点,是一种适合于玉米叶片三维造型的好方法。叶片的几何造型是作物个体几何造型的关键。在叶片虚拟出来后,根据拓扑结构信息精确再现整株的形态结构,实现个体乃至群体的可视化将是下一步研究的方向。

参考文献

[1] 郑文刚,郭新宇,赵春江,等. 玉米叶片几何造型研究. 农业工程学报,2004,20(1):152-154.
[2] Stewarte D W. Mathematical characterization of maize canopies. Agric For Meteorol,1993,66:247-265.
[3] 郭焱,李保国. 玉米冠层的数学描述与三维重建研究. 应用生态学报,1999,10(1):39-41.
[4] 沈永欢,梁在中,许履瑚,等. 实用数学手册. 北京:科学出版社,2002,706-708.

参考作物的蒸散量模型

1 背景

蒸散是地面热量平衡和水分平衡的重要组成部分。区域蒸散过程涉及土壤、植被和大气等与气候密切相关的多种复杂过程，准确计算地表蒸散量目前还存在难度。Penman-Monteith 公式被认为是计算参考作物蒸散量较精确的方法之一。徐新良等[1]应用 Penman-Monteith 公式和 GIS 的空间分析功能，通过建立区域参考作物蒸散量的空间分布模型计算了中国东北地区自 20 世纪 90 年代以来参考作物蒸散量的时空变化特征。

2 公式

计算参考作物蒸散量的 Penman-Monteith 公式如下：

$$ET_0 = \frac{0.408\Delta(R_n - G) + V\dfrac{900}{T+273}u_2(e_s - e_a)}{\Delta + \gamma(1 + 0.34u_2)} \tag{1}$$

式中，Δ 为饱和水汽压—温度曲线斜率；R_n 为作物冠层表面净辐射；G 为土壤热通量；γ 为湿度计常数；T 为日平均气温；u_2 为 2 m 高处的风速；e_s 为饱和水汽压；e_a 为实际水汽压。根据文献[3]，式(1)中各参数的计算过程如下：

$$\Delta = e_s\left(\frac{17.269T}{T+237.3}\right)\left(1 - \frac{T}{T+237.3}\right) \tag{2}$$

$$e_s = 0.61078\exp\left(\frac{17.269}{T+237.3}\right) \tag{3}$$

$$R_n = R_{ns} - R_{nl}$$

式中，R_{ns}为太阳净辐射；R_{nl}为净长波辐射；$R_{ns}=(1-0.23)R_s$，R_s 为日均太阳总辐射。

$$R_{nl} = 4.904\times10^{-9}\times\delta\left(\frac{T_{\max}^4 + T_{\min}^4}{2}\right)(0.34 - 0.14\sqrt{e_a})\left(1.35\frac{R_s}{R_{s0}} - 0.35\right) \tag{4}$$

式中，$e_a = e_s \times RH$，RH 为相对湿度；R_{s0}为晴空太阳辐射，$R_{s0} = (0.75 + 2\times10^{-5}\times A)R_a$，其中 A 为高程，用 DEM 数据表示，R_a 为宇宙辐射，R_a 可根据下式计算：

$$R_a = \frac{24(60)}{c}G_{sl}\cdot d_r\cdot[W_s\cdot\sin(\psi)\sin(\delta) + \cos(\psi)\cos(\delta)\sin(W_s)] \tag{5}$$

式中,G_{sl} 为太阳常数,$G_{sl} = 0.0820\ \mathrm{MJm^{-2}\,min^{-1}}$;$d_r$ 为日地相对距离的倒数,$d_r = 1 + 0.033\cos(2\pi J/365)$;$J$ 为计算当日在一年中的序数,可通过文献[2]查表获得;Ψ 为地理纬度(用弧度表示),$\delta = 0.409 \cdot \sin(2\pi J/365 - 1.39)$;$W_s$ 为日落时角,$W_s = arcos[-\tan(\psi) \cdot \tan(\delta)]$

式(1)中湿度计常数 γ 与当地气压有关,可用下式计算(P 为大气压):

$$\gamma = 0.665 \times 10^{-3} \times P \tag{6}$$

$$P = 101.3\exp\left(\frac{-3.42 \times 10^{-2}A}{T + 273.15}\right) \tag{7}$$

参考作物蒸散量 ET_0 的计算涉及日均温、日均相对湿度、日均风速、日均太阳总辐射以及地理纬度、地表高程等基础数据。

图 1 给出了 1991—2000 年 10 年间东北地区参考作物蒸散量年际变化曲线,从作物生长季(5—9 月)日平均蒸散量变化来看,东北地区作物生长季日平均蒸散量呈稳定上升趋势,年均增长 0.04 mm,其中 1997 年日平均蒸散量为 4.030 26 mm,仅次于 2000 年达到的 4.085 205 mm 的峰值。

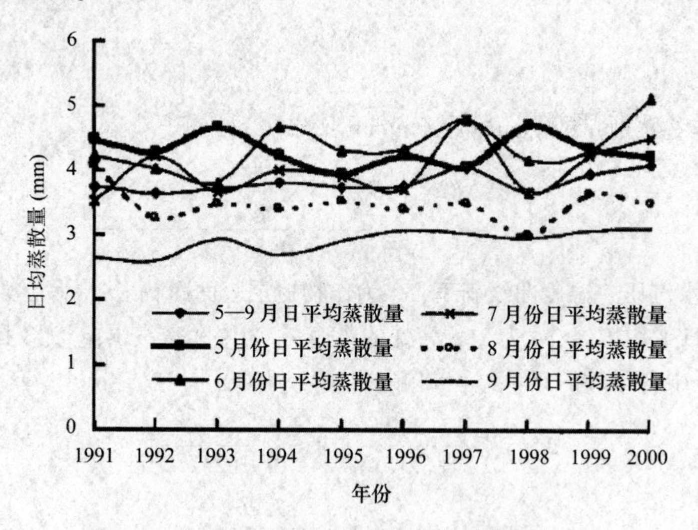

图 1　1991—2000 年东北地区日均蒸散量波动曲线

3　意义

应用 Penman-Monteith 公式和 GIS 的空间分析功能,通过建立区域参考作物蒸散量的空间分布模型计算了中国东北地区自 20 世纪 90 年代以来参考作物蒸散量的时空变化特征。从而可知。日均蒸散量不小于 0.4 mm 蒸散地区的重心呈有规律的波动,5—9 月平均重心年际波动主要位于呼伦贝尔高原和西辽河平原两个地区,5 月、6 月、7 月、8 月、9 月重心的波动轨迹基本为由西北—东北—西南地区,空间上也逐渐由较集中变为较分散。

参考文献

[1] 徐新良,刘纪远,庄大方. GIS 环境下 1999—2000 年中国东北参考作物蒸散量时空变化特征分析. 农业工程学报. 2004,20(2):10-13.

[2] Richard G Allen, Luis S. Pereira, Dirk Raes, et al. Crop evapotran spivation-guidelines for conputing crop water vequirements[2]. FAO Irrigation and drainage paper 56, 1998, http://www.fao.org/docrep/xo49oe/xo49oero.him.

渠道轮灌的优化配水模型

1 背景

“定流量,变历时”方式轮灌优化配水模型的目标是在配水渠道及其下级的被配水渠道过水能力一定的条件下,为满足灌区农作物某次灌水要求,对配水渠道的下级渠道进行轮灌编组,使其总配水时间最小和被配水渠道进水闸调节次数最小。宋松柏和吕宏兴[1]提出了模型,并进行了目标函数的改进,以使各轮灌组引水持续时间最大程度接近。该模型应用遗传算法求解的关键是在决策变量较多的情况下,如何处理出水口一次性约束。因此,针对模型约束条件的特点,本文应用锦标赛选择,通过改进交叉和变异算子,探讨了这一复杂模型的遗传算法求解。

2 公式

2.1 渠道轮灌优化配水模型

设配水渠道的净引水流量为 $Q_{净}$;其上有 N 条出水口(配水渠道),出水口引水流量为 $q_j, j=1,2,\cdots,N$,且满足 $q_1=q_2=\cdots=q_N$,出水口以 q_j 引取水量所需的时间为 $t_j, j=1,2,\cdots,N$。则轮灌组划分数为[2]:

$$M \leqslant \text{int}\left[\frac{Q_{净}}{q}\right] \tag{1}$$

式中,$Q_{净}$为配水渠道的净引水流量,m^3/s,不包含渠道输水损失;q 为出水口引取水量,m^3/s,$q=q_j, j=1,2,\cdots,N$;int 为取整函数。

以轮灌组出水口的开关状态(x_{ij})为决策变量,$i=1,2,\cdots,N; j=1,2,\cdots,N; x_{ij}=\{0,1\}$;$x_{ij}=0$ 表示出水口关闭,$x_{ij}=1$ 表示出水口开启。

宋松柏和吕宏兴[1]以各轮灌组引水持续时间差异最小为目标函数,建立了灌溉渠道轮灌配水优化模型。目标函数为:

$$\Delta T = \min\{\max_{\substack{1\leqslant i\leqslant M\\1\leqslant k\leqslant M\\i\neq k}}(T_i - T_k)\} \tag{2}$$

式中,T_i、T_k 分别为第 i、k 轮灌组的引水持续时间,h。

轮期时间约束:每一轮灌组内所有出水口的轮流引水时间不超过配水渠道最大允许输

水时间。

$$\sum_{j=1}^{N} t_j x_{ij} \leqslant T \quad (i = 1,2,\cdots,M) \tag{3}$$

式中，T 为配水渠道最大允许输水时间，h。

出水口状态约束：任一个出水口在所有轮灌组内只能开启一次。

$$\sum_{i=1}^{N} x_{ij} = 1 \quad (j = 1,2,\cdots,N) \tag{4}$$

决策变量取值约束：

$$x_{ij} = \{0,1\} \quad (i = 1,2,\cdots,M; j = 1,2,\cdots,N) \tag{5}$$

2.2 遗传算法

基于 Fernando Jiménez 和 JoséL[3] 对约束优化问题的研究，根据模型的特点，采用的主要方法为：①采用浮点数编码，适应度采用目标函数值。②选定遗传算法运行参数，包括群体大小 *Popsize*，锦标赛选择个体数 *tourn*，交叉概率 p_c、变异概率 p_m 和遗传终止代数 *Maxgen*。③产生满足约束条件的可行解个体作为初始群体。④利用改变遗传算子法，通过对交叉、变异算子改进，使遗传算子作用后，个体始终保持$[x_{ij}]M \times N$ 在列方向上之和为 1。⑤遗传搜索解的可行性判别条件采用：给定一个小正数 $\varepsilon \geqslant 0$，当问题所有约束均满足时，$i = 1,2,\cdots,m$，则 $V = (x_1, x_2,\cdots,x_j,\cdots,x_n)$ 为可行解，否则，V 为不可行解。⑥个体选优，两个可行解个体，其评价适应度值小的个体优于评价适应度值大的个体；不可行解个体在遗传过程中被淘汰。

模型标准形式为：①目标函数为求解最小值；②约束条件全部为“$\leqslant 0$”约束条件。若目标函数求解最大值，则可用原目标函数的负值求最小值替代。式(2)～式(5)共有 $M \times N$ 个决策变量和 $M+N$ 个约束条件，M 个不等于约束，N 个等于约束条件。

对于 $\sum_{j=1}^{N} t_j x_{ij} \leqslant T$，改写为 $\sum_{j=1}^{N} t_j x_{ij} - T \leqslant 0$。$\sum_{i=1}^{M} x_{ij} = 1$ 用两个不等于约束表示，即 $\sum_{i=1}^{M} x_{ij} - 1 \leqslant 0$，$\sum_{i=1}^{M} x_{ij} - 1 \geqslant 0$，将 $\sum_{i=1}^{M} x_{ij} - 1 \geqslant 0$ 改写为 $-\sum_{i=1}^{M} x_{ij} + 1 \leqslant 0$ 问题可变换为 $M+2 \times N$ 个约束问题，如式(6)所示：

$$\mathrm{Min}\{\max_{\substack{1\leqslant i\leqslant M \\ 1\leqslant k\leqslant M \\ i\neq k}}(T_i - T_k)\}$$

$$\begin{cases} \sum_{j=1}^{N} t_j x_{ij} - T \leqslant 0 & i = 1,2,\cdots,M \\ \sum_{i=1}^{M} x_{ij} - 1 \leqslant 0 & j = 1,2,\cdots,N \\ -\sum_{i=1}^{M} x_{ij} + 1 \leqslant 0 & j = 1,2,\cdots,N \\ x_{ij} = \{0,1\} & i = 1,2,\cdots,M; j = 1,2,\cdots,N \end{cases} \tag{6}$$

式(6)有 $M+2\times N$ 个不等式约束,其中 $2\times N$ 个约束式表示了 N 个等式约束式。从约束来看,要求 $M\times N$ 个变量 $x_{ij}=\{0,1\}$ 在列方向上所有变量值之和为 1,只要个体遗传在求解空间搜寻中保证该条件满足,剩下则为 M 个约束。列方向中取值为 1 的变量所在的位置就成了满足 M 个约束的关键。宋松柏和吕宏兴[1]采用算术交叉进行两个个体基因取值为 1 的行号($i=1,2,\cdots,M$)作为交叉。假定个体 $mate1$ 和 $mate2$,取 $m=5,n=10$。具体交叉运算步骤如下:

$$mate1=\begin{bmatrix}1&0&0&1&0&0&0&0&1&0\\0&0&1&0&1&1&0&0&0&0\\0&1&0&0&0&0&0&0&0&0\\0&0&0&0&0&0&1&1&0&0\\0&0&0&0&0&0&0&0&0&1\end{bmatrix}$$

$$mate2=\begin{bmatrix}0&0&0&1&0&0&1&0&0&1\\0&1&0&0&0&1&0&0&0&0\\0&0&1&0&0&0&0&1&0&0\\1&0&0&0&0&0&0&0&1&0\\0&0&0&0&1&0&0&0&0&0\end{bmatrix}$$

①找出个体 $mate1$ 和 $mate2$ 中变量取值为 1 的行号分别 C_1、C_2。

$$C_1\{1\ 3\ 2\ 1\ 2\ 2\ 4\ 4\ 1\ 5\}\ ;\ C_2=\{4\ 2\ 3\ 1\ 5\ 2\ 1\ 3\ 4\ 1\}$$

②随机产生 N 个界于[1,0]的随机数 $r_j, j=1,2,\cdots,N$。

0.9501 0.2311 0.6068 0.4860 0.8913 0.76210.4565 0.0185 0.8214 0.4447。

③个体 $mate1$ 和 $mate2$ 交叉,产生两个个体 $child1$ 和 $child2$。它们基因取值为 1 的新行号为 C'_1、C'_2 按下式计算。

$$\begin{cases}C'_1=\text{int}(rC_2+(1-r)C_1)\\C'_2=\text{int}(rC_1+(1-r)C_2)\end{cases}\tag{7}$$

则有:$C'_1=\{4\ 3\ 3\ 1\ 5\ 2\ 3\ 4\ 3\ 3\}$; $C'_2=\{1\ 2\ 2\ 1\ 2\ 2\ 2\ 3\ 2\ 3\}$

$$child1=\begin{bmatrix}0&0&0&1&0&0&0&0&0&0\\0&0&0&0&0&1&0&0&0&0\\0&1&1&0&0&0&1&0&0&0\\0&0&0&0&0&0&0&1&1&1\\0&0&0&0&1&0&0&0&0&0\end{bmatrix}$$

$$child2=\begin{bmatrix}1&0&0&1&0&0&0&0&0&0\\0&1&1&0&1&1&1&0&1&0\\0&0&0&0&0&0&0&0&0&0\\0&0&0&0&0&0&0&1&0&1\\0&0&0&0&0&0&0&0&0&0\end{bmatrix}$$

交换变异目的是增加求解的多样性,同时也保证 $M×N$ 个变量 $x_{ij}=\{0,1\}$ 在列方向上所有变量值之和为1。假定对 *child*1 进行交换变异,其步骤如下。

①随机产生2个界于[1,M]的随机数 a 和 b,作为交换变异的行号。假定取 $a=3,b=4$。

②随机产生 N 个界于[1,0]的随机数 $r_j,j=1,2,\cdots,N$,作为变异的列号。

0.1987 0.6038 0.2722 0.1988 0.0153 0.7468 0.4451 0.9318 0.4660 0.4186。

③进行交换变异。若 $int(r_j)=1$,则第 a 和 b 行在第 j 列相互交换基因值,否则,不进行交换基因值。按照此规则,*child*1 和 *child*2 分别产生新的个体 *offspring*1 和 *offspring*2。现以 *child*1 为例,有:

$$offspring1=\begin{bmatrix}0&0&0&1&0&0&0&0&0&0\\0&0&0&0&0&1&0&0&0&0\\0&0&1&0&0&0&1&1&0&0\\1&1&0&0&0&0&0&0&1&1\\0&0&0&0&1&0&0&0&0&0\end{bmatrix}$$

3 意义

以各轮灌组引水时间差异最小为目标函数,改进了“定流量,变历时”方式渠道轮灌优化配水模型;应用GA的基本原理,采用了锦标赛选择、基因取值为1的矩阵行号进行算术交叉和交换变异,研究了约束条件下的0—1整数规划求解,其结果优于常规方法。合理的配水方法对于减少灌溉配水过程中闸门的调节次数,保持渠道水流的相对稳定,减少渠道配水过程的弃水,提高配水精度和灌水质量,具有重要的生产适用价值。

参考文献

[1] 宋松柏,吕宏兴. 灌溉渠道轮灌配水优化模型与遗传算法求解. 农业工程学报. 2004,20(2):40-44.

[2] 吕宏兴,熊运章,汪志农. 灌溉渠道支斗渠轮灌配水与引水时间优化模型. 农业工程学报,2000,16(6):43-46.

[3] Fernando Jiménez,JoséL Verdegay. Evalutionary tech-niques for constrained optimization problem. In Hans-Jürgen Zimmermann,editor,7th European Congress on Intelligent Techniques and Soft Computing(EUFIT'99). Aachen,Germany,1999. Verlag Mainz. ISBN 3-89653-808-X.

田间腾发量的计算模式

1 背景

准确计算农田作物的腾发量对于分析农田供水效益与用水管理有着重要的意义。一般情况下,腾发量的大小无法在田间直接测量获得,比较可靠的方法是利用蒸渗仪通过水量平衡间接获得,但蒸渗仪的结果也不能完全反映农田的实际情况。丛振涛等[1]在 SPAC 水热运移已有研究工作的基础上,总结提出了利用常规田间观测资料计算田间实际腾发量的方法。

2 公式

2.1 基本方程

SPAC 系统分为 4 个层次:参考高度以上、参考高度—冠层、冠层—地表、土壤(见图 1)。

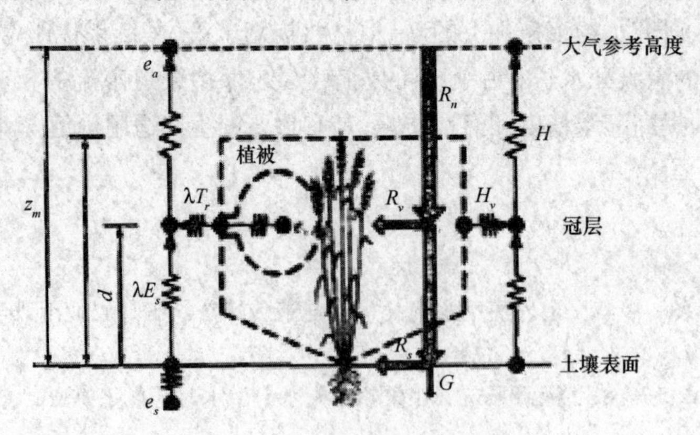

图 1 SPAC 4 层结构示意图

SPAC 冠层水热运动的基本方程为能量平衡方程与空气动力学方程,根据能量平衡,有:

$$R_n = R_v + R_s + G \tag{1}$$

$$R_v = \lambda T_r + H_v \tag{2}$$

$$R_s = \lambda E_s + H_s \tag{3}$$

$$\lambda ET = \lambda E_s + H_s \tag{4}$$

$$H = H_v + H_s \tag{5}$$

一般认为能量在冠层内呈负指数分布,因此有:

$$R_s + G = Rn \cdot e^{-\kappa LAI} \tag{6}$$

以上各式中,R_n 为考虑反射后的太阳净辐射,J/(m^2 · s);R_v 为冠层吸收的太阳净辐射,J/(m^2 · s);R_s 为土壤表面吸收的太阳净辐射,J/(m^2 · s);G 为地表热通量,J/(m^2 · s),向下为正;H 为冠层与大气之间的热通量,J/(m^2 · s);H_v 为植物与冠层之间的热通量,J/(m^2 · s);H_s 为地表与冠层之间的热通量,J/(m^2 · s);ET 为腾发量,mm/d;E_s 为棵间蒸发量,mm/d;T_r 为植物蒸腾量,mm/d;λ 为水热当量的转换系数,28.36(J · d)/(m^2 · s · mm);LAI 为叶面积指数,m^2/m^2;κ 为辐射在植物冠层中的衰减系数,在此取 0.65。

由空气动力学基本原理,有:

$$H = \frac{\rho_{Cp}(T_c - T_a)}{r_a}, H_v = \frac{\rho_{Cp}(T_v - T_c)}{r_{vc}}$$

$$H_s = \frac{\rho_{Cp}(T_s - T_c)}{r_{sc}}, \lambda ET = \frac{\rho_{Cp}(e_c - e_a)}{\gamma r_a}$$

$$\lambda T_r = \frac{\rho_{Cp}(e_v - e_c)}{\gamma(r_v + r_{vc})}, \lambda E_s = \frac{\rho_{Cp}(e_s - e_c)}{\gamma(r_s + r_{sc})}$$

式中,T_a 为大气温度,℃;T_c 为植物冠层内温度,℃;T_v 为叶片气孔内温度,℃;T_s 为土壤表面温度,℃;e_a 为空气水汽压,hPa;e_c 为植物冠层内水汽压,hPa;e_v 为叶片气孔内水汽压,hPa;e_s 为土壤表面水汽压,hPa;ρ 为空气密度,1.29 kg/m^3;c_p 为空气定压比热容,1012.0 J/(kg · K);γ 为温度计常数,0.664 hPa/℃;r_a 为空气动力学阻力,s/m;r_v 为冠层气孔阻力,s/m;r_{vc}为冠层边界层阻力,s/m;r_{sc}为冠层空气动力学阻力,s/m;r_s 为土壤表面阻力,s/m;其他符号同前。

2.2 有关阻力系数的计算

对土壤表面阻力 r_s,林家鼎、孙淑芬根据实测资料给出如下经验公式:

$$r_s = b_1 + a\left(\frac{\theta_s}{\theta}\right)^{b_2} \tag{7}$$

式中,θ_s 为土壤的饱和含水率;θ 为表层 5 cm 土层的平均含水率;a,b_1,b_2 为经验常数。参考取值:$a=3.5$,$b_1=33.5$,$b_2=2.3$。

冠层内空气动力学阻力(冠层阻力)r_{sc}依据动量涡动扩散率理论有:

$$r_{sc} = \frac{\ln\dfrac{z_m - d}{z_{0n}}}{k^2 U} \frac{h_c \exp(\zeta)}{\zeta(h_c - d)}\left[\exp\left(-\zeta\frac{z_{0s}}{h_c}\right) - \exp\left(-\zeta\frac{d + z_{om}}{h_c}\right)\right] \tag{8}$$

式中,z_m 为风速的测量高度,m;z_{0m}为控制动量传输的糙率长度,m;z_{0s}为土壤表面粗糙度,取

0.01 m；d 为风廓线零平面位移高度，m；k 为系数；h_c 为冠层高度，m；U 为高度 z_m 处的风速，m/s；ζ 为衰减系数，lemon 则认为，依植被类型其在 2~4 之间变动，在此取 3.0。Monteith 认为存在近似关系：$z_{0m}=0.123\ h_c$，$d=0.667\ h_c$。

冠层气孔阻力 r_v 的确定。

姚德良等介绍了 Noihan 等提出的冠层阻力 r_v 参数化模型，丛振涛将其中的水分调节因子考虑为土壤表层的体积含水率。模型由下式表示：

$$r_v = r_{\min}/LAI \times (F1 \times F2 \times F3 \times F4)^{-1} \tag{9}$$

其中，

$$F1 = \frac{r_{\min}/r_{\max} + f}{1 + f}$$

$$f = 0.55\frac{Q_t}{Q_{cri}} \times \frac{2}{LAI}$$

$$F2 = \frac{\theta - \theta_w}{\theta_f - \theta_w}$$

$$F3 = 1 - \beta(e_{sat} - e_a)$$

$$F4 = 1 - 1.6(T_0 - T_a)^2/10^3$$

式中，$r_{\min}$，$r_{\max}$ 为最小、最大气孔阻力，对小麦分别取 85 s/m 和 1700 s/m；Q_t 为到达冠层顶的太阳短波辐射，W/m²；Q_{cri} 为辐射临界值，取 100 W/m²；LAI 为整个冠层叶面积指数；$\theta_{5\,cm}$、θ_{s5cm}、θ_{w5cm} 分别为表层 5 cm 土层平均体积含水率、饱和含水率、凋萎含水率；e_a、e_{sat} 分别为空气水汽压、饱和水汽压，hPa；β 为系数，取 0.006 1/hPa；T_0 为叶面温度参考值，取 25℃；T_a 为空气温度，℃。

冠层边界层阻力 r_{vc} 由 Choudhury 等给出：

$$r_{vc} = \frac{1}{LAI\frac{2a}{\beta}\left[\frac{u(h_c)}{W_L}\right]^{1/2}\left[1 - \exp(-\beta/2)\right]} \tag{10}$$

式中，$\alpha=0.01\ \text{m}\cdot\text{s}^{-1/2}$；$\beta$ 为冠层内风速衰减系数，取 3.0；W_L 为叶片宽度，m；$u(h_c)$ 为冠层顶风速，m/s

空气动力学阻力 r_a。假设空气边界层为中性层，根据 Pereira 的定义有：

$$r_a = \frac{\ln\frac{z_m - d}{z_{0m}}\ln\frac{z_n - d}{z_{0n}}}{k^2U} \tag{11}$$

式中，z_n 为温度和湿度的测量高度，m；z_{0n} 为控制水热传输的糙率长度，m；$z_{0n}=0.1z_{0m}$。

2.3 模型求解

一般认为冠层叶片气孔腔接近饱和，因此可以认为 e_v 等于饱和水汽压 e_v^*，则 e_v 与 T_v 之间存在如下的近似关系：

$$e_v = e_v^* = 6.11\exp\left(\frac{17.27T_v}{T_v + 237.3}\right) \tag{12}$$

根据密闭平衡系统中,液态水和气态水自由能相等的平衡水汽压方程为:

$$e_s = h_s \cdot e_s^* = h_s \cdot 6.11\exp\left(\frac{17.27}{T_s + 237.3}\right) \tag{13}$$

$$h_s = \exp\left(\frac{100Mg\Psi_s}{R(T_s + 273.16)}\right) \tag{14}$$

式中,h_s 为土壤表面空气的水汽相对饱和度;M 为水汽摩尔质量,18×10^{-3} kg/mol;g 为重力加速度,9.8 m/s^2;R 为普适气体常数,8.314 J/(mol·K);Ψ_s 为土壤表面水势,m。

在式(12)、式(13)中,出现了 e_v 与 T_v、e_s 与 T_s 的非线性关系,在冠层模型的求解中需要进行迭代或者试算。对于式(12),可以采用下面的方式进行线性化处理:

$$e_v^* - e_c = (e_v^* - e_c^*) + (e_c^* - e_c) = \Delta(T_v - T_c) + (e_c^* - e_c) \tag{15}$$

$$\Delta_c = \frac{17.27\times237.3}{(T_c + 237.3)^2}\times 6.11\exp\left(\frac{17.27T_c}{T_c + 237.3}\right) \tag{16}$$

式中,Δc 为饱和水汽压温度曲线斜率,hPa/℃。

2.4 与其他机理性腾发模式的联系

Penman 模式与 Shuttleworth-Wallace 模式是应用广泛的机理性腾发量计算方法,从丛振涛提供的腾发量计算模式出发,可以分别推导出这两种模式的计算公式。将土壤表面与植物一起假定为饱和的下垫面,可以得到下面的关系:

$$e_0^* - e_a = (e_0^* - e_a^*) + (e_0^* - e_a) = \Delta(T_0 - T_a) + (e_0^* - e_a) \tag{17}$$

式(17)加上能量平衡(类似式 1)与空气动力学方程,可以得到 Penman 模式。类似的,分别假定植物表面、土壤表面饱和,可以得到 Shuttleworth-Wallace 模式。

3 意义

基于 SPAC 理论,从能量平衡方程与空气动力学方程出发,提出了根据气象条件、作物长势与土壤表面温湿度估计田间腾发量的计算模式。该方法假定作物叶片表面饱和并进行线性化处理,同时给出土壤表面水汽压的经验表达,通过冠层模型的求解可以分别计算出作物蒸腾量、棵间蒸发量与腾发量。利用土壤水分运动数值计算的结果,验证了该方法的可靠性。此外,还分析了该方法与 Penman 模式、Shuttleworth-Wallace 模式之间的联系。由于模型所需的输入均可以通过常规的田间观测获得,该方法在生产与科研实践中具有一定的应用价值。

参考文献

[1] 丛振涛,雷志栋,杨诗秀. 基于 SPAC 理论的田间腾发量计算模式. 农业工程学报. 2004,20(2):6-9.

砂质夹层土壤的入渗计算

1 背景

在一个非均质的土壤剖面中,砂质夹层的存在,对水向土中的入渗特性有着重要影响。由于砂质夹层所具有的阻水及减渗作用,在积水入渗条件下,其累积入渗量与时间的变化关系均明显地表现出由非线性变化转为线性的变化关系。张建丰等[1]根据这一思路,在现有各种计算均质土入渗公式的基础上,根据室内系统的试验研究,提出了一个计算进入稳渗阶段的时间 t_1 与稳渗率 f_p 的新方法。该方法经试验数据的检验不仅具有一定的计算精度,而且有着较大的实用性。

2 公式

2.1 Kostiakov 模型

$$F = CT^{\alpha} \tag{1}$$

式中,F 为累积入渗量,cm;T 为入渗时间,h;C、α 为试验拟合参数。

2.2 Philip 模型

$$F = ST^{0.5} + KT \tag{2}$$

式中,S 为吸渗率,$cm \cdot h^{-0.5}$;K 为稳定入渗率,cm/h,在长历时积水入渗情况下,K 约等于饱和导水率 K_s。

2.3 Green-Ampt 模型

$$F = (\theta_s - \theta_i)Z_f \tag{3}$$

$$T = \frac{(\theta_s - \theta_i)}{K_s}\left[Z_f - (S_f + H)\ln\frac{(Z_f + S_f + H)}{S_f + H}\right] \tag{4}$$

式中,θ_s、θ_i 分别为饱和与初始土壤含水率,cm^3/cm^3;Z_f、S_f 分别为湿润锋面的位置与土壤水吸力,cm;K_s 为饱和导水率,cm/h;H 为地表积水深,cm。

2.4 进入稳渗阶段时间 t_1 的计算

在具有砂质夹层的土壤积水入渗过程中,当入渗锋面到达砂层上界面后,即非线性阶段开始进入稳渗阶段的 t_1 时刻,砂质夹层以上的土体基本已达到饱和含水率 θ_s[2]。根据水量平衡原理,采用 Kostiakov 或 Philip 任一模型计算入渗历时 t_1 的累积入渗水量 F_1 均应等

于砂质夹层埋深 Z 以上的土壤水分增量,即

$$F_1 = Ct_1^{\alpha} = (\theta_s - \theta_i)Z \tag{5}$$

$$F_1 = St_1^{0.5} + Kt_1 = (\theta_s - \theta_i)Z \tag{6}$$

由以上两式可见,采用 Kostiakov 模型的式(5),可离变量直接写出 t_1 的函数表达式为:

$$t_1 = \left[\frac{Z(\theta_s - \theta_i)}{C}\right]^{1/\alpha} \tag{7}$$

式中,t_1 为进入稳渗阶段的入渗时间,h。

在采用 Green-Ampt 入渗模型计算进入稳渗阶段时间 t_1 时,则需将式(4)中湿润锋面位置 Z_f 以砂质夹层的埋深 Z 代替,即

$$t_1 = \frac{(\theta_s - \theta_i)}{K_s}\left[Z - (S_c + H)\ln\frac{(Z + S_c + H)}{(S_c + H)}\right] \tag{8}$$

式中,S_c 应为进入稳渗阶段 t_1 时间砂层界面处的吸力值,cm。

2.5 稳渗率 f_p 的计算

将任一砂层埋深下的稳渗率 f_p 与同一均质土壤条件下进入稳渗阶段 t_1 时刻的瞬时入渗率 f_{t1} 之比定义为减渗比 η,即

$$\eta = \frac{f_p}{f_{t1}} \tag{9}$$

在 η 值的计算中,瞬时入渗率 f_{t1} 采用了 Kostiakov 入渗率模型的结果。

η 值有随埋深 Z 的增大而增加的变化规律。经回归分析,两者基本呈线性变化关系,即

$$\eta = \frac{f_{pm}}{f_{t1}} = A + BZ \tag{10}$$

式中:A、B 为拟合系数,其变化关系见表 1。

表 1 η 拟合关系式中的 A,B 系数

中值粒径 d_{50}(cm)	A	B	R^2
0.054	0.304	0.002 19	0.977
0.075	0.270	0.003 28	0.822
0.260	0.174	0.003 59	1.000
0.600	0.190	0.001 17	0.671

将表 1 中 A、B 系数进一步分别与砂质夹层的中值粒径 d_{50} 进行多项式拟合,即可得到以下关系:

$$A = 1.260d_{50}^2 - 0.996d_{50} + 0.347 \quad R^2 = 0.987 \tag{11}$$

$$B = -0.0229d_{50}^2 + 0.0124d_{50} + 0.002 \quad R^2 = 0.889 \tag{12}$$

取得式(10)、式(11)、式(12)式的关系后,可依据砂质夹层的中值粒径 d_{50} 与不同埋深 Z 计算得出不同情况下的减渗比 η_c 值,此后再依据所采用的均质土入渗模型,先后可计算得出进入稳渗阶段时间 t_1 与相应时刻的瞬时入渗率 f_{t1},最后根据式(9)即可得到稳渗率的计算值 $f_{p \cdot c}$。

3 意义

根据室内系统的试验研究,对土壤具有砂质夹层的入渗计算问题,即非线性入渗阶段转为稳渗阶段时间与稳渗率,提出了一个以现有均质土积水入渗公式为基础的计算方法。该方法利用 Kostiakov 入渗模型与砂层以上土体达到饱和所需水量建立水量平衡关系,由该关系可以确定出非线性入渗阶段转为稳渗阶段的时间;再由实验数据回归的方法,将层状土转折后的稳渗率与均质土入渗过程在转折时刻的瞬时入渗率的比值与夹层的埋深及中值粒径建立相关关系,从而可由夹层土壤埋深、中值粒径以及均质土在转折时刻的瞬时入渗率确定出层状土转折后的稳渗率。

参考文献

[1] 张建丰,王文焰,汪志荣,等. 具有砂质夹层的土壤入渗计算. 农业工程学报. 2004,20(2):27-30.
[2] 王文焰,王全九,沈冰,等. 甘肃秦王川地区双层土壤结构的入渗特性. 土壤侵蚀与水土保持学报,1998,4(2):36-40.

抛秧机的输秧运动方程

1 背景

水稻机械化有序抛秧栽培技术是近些年来水稻生产机械研究领域的热点和难点。水稻气力有序抛栽技术是在最近几年开展起来的水稻钵苗移栽新技术。输秧机构是水稻气力有序抛秧机的关键部件之一,其结构是否合理直接影响工作效率和漏秧率等整机性能。王玉兴等[1]建立了输秧机构的运动模型,推导用于输秧机构运动分析和动态模拟的位移方程、速度方程和加速度方程。

2 公式

图1中,OA 为曲柄,AB 为连杆,BC 为摇杆,点 O 和 C 固定在机架上,取坐标原点为 O 点,建立如图所示的绝对坐标系 XOY,并建立对应曲柄、连杆和摇杆的相对坐标系 $X_1O_1Y_1$、$X_2O_2Y_2$ 和 $X_3O_3Y_3$,原点在各自的质心,O_1X_1 与曲柄 OA 重合,O_2X_2 与 AB 线重合,O_3X_3 与 BC 线平行,可推得机构的位移、速度和加速度方程。

2.1 曲柄摇杆机构的位移方程

曲柄铰点 A 的位移方程为:

$$\begin{cases} x_A = R\cos \omega t \\ y_A = R\sin \omega t \end{cases} \tag{1}$$

式中,R 为曲柄长度;ω 为曲柄旋转的角速度;t 为曲柄转动的时间。

连杆与摇杆铰接点 B 的位移方程为:

$$\begin{cases} x_B = x_A + L_2\cos \alpha_2 = x_c + L_3\cos \alpha_3 \\ y_B = y_A + L_2\sin \alpha_2 = y_c + L_3\sin \alpha_3 \end{cases} \tag{2}$$

式中,L_2 为连杆长度;L_3 为摇杆长度;α_2 为连杆的角位移;α_3 为摇杆的角位移。

曲柄质心的位移方程为:

$$\begin{cases} x_{01} = R\cos \omega t \\ y_{01} = R\sin \omega t \end{cases} \tag{3}$$

设曲柄上任意一点在相对坐标系 $X_1O_1Y_1$ 中的位置为(x'_1, y'_1),则其位移方程为:

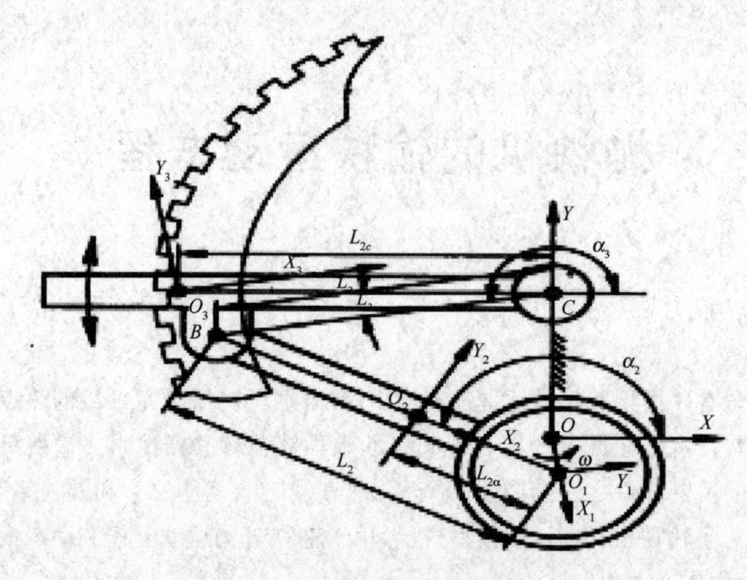

图 1　输秧机构运动模型简化

$$
\begin{cases}
x_q = x_{01} + x'_1\cos \omega t + y'_1\sin \omega t \\
y_q = y_{01} + y'_1\cos \omega t - x'_1\sin \omega t
\end{cases}
\tag{4}
$$

连杆质心的位移方程为：

$$
\begin{cases}
x_{02} = x_A + L_{2a}\cos \alpha_2 \\
y_{02} = y_A + L_{2a}\sin \alpha_2
\end{cases}
\tag{5}
$$

式中，L_{2a}为连杆质心到连杆端点 A 的距离。

设连杆上任意一点在相对坐标系 $X_2O_2Y_2$ 中的位置为(x'_2, y'_2)，则其位移方程为：

$$
\begin{cases}
x_l = x_{02} + x'_2\cos(\pi + \alpha_2) + y'_2\sin(\pi + \alpha_2) \\
\quad = x_{02} - x'_2\cos \alpha_2 - y'_2\sin \alpha_2 \\
y_l = y_{02} + y'_2\cos(\pi + \alpha_2) - x'_2\sin(\pi + \alpha_2) \\
\quad = y_{02} - y'_2\cos \alpha_2 + x'_2\sin \alpha_2
\end{cases}
\tag{6}
$$

摇杆质心的位移方程为：

$$
\begin{cases}
x_{03} = x_c + L_{3c}\cos(\alpha_3 - \alpha_{3c}) \\
y_{03} = y_c + L_{3c}\sin(\alpha_3 - \alpha_{3c})
\end{cases}
\tag{7}
$$

式中，L_{3c}为 O_{3c}的长度；α_{3c}为 O_{3c}与 BC 线的夹角。

设摇杆上任意一点在相对坐标系 $X_3O_3Y_3$ 中的位置为(x'_3, y'_3)，则其位移方程为：

$$
\begin{cases}
x_y = x_{03} + x'_3\cos(\alpha_3 - \pi) + y'_3\sin(-\alpha_2\pi) = x_{03} - x'_3\cos \alpha_3 - y'_3\sin \alpha_3 \\
y_y = y_{03} + y'_3\cos(\alpha_3 - \pi) - x'_3\sin(\alpha_2 - \pi) = y_{03} - y'_3\cos \alpha_3 + x'_3\sin \alpha_3
\end{cases}
\tag{8}
$$

2.2 曲柄摇杆机构的速度和加速度方程

曲柄摇杆机构的速度方程和加速度方程为：

$$\begin{cases} x_l = x_{02} + x'_2\alpha_2\sin\alpha_2 - y'_2\alpha_2\cos\alpha_2 \\ y_l = y_{02} + y'_2\alpha_2\sin\alpha_2 + x'_2\alpha_2\cos\alpha_2 \end{cases} \tag{9}$$

连杆的角速度方程为：

$$\alpha_2 = \frac{x_A\cos\alpha_3 + y_A\sin\alpha_3}{L_2\sin(\alpha_2 - \alpha_3)} \tag{10}$$

连杆上任意一点的加速度方程为：

$$\begin{cases} \ddot{x}_l = \ddot{x}_{02} + x'_2(\ddot{\alpha}\sin\alpha_2 + \alpha_2^2\cos\alpha_2) - y'_2(\ddot{\alpha}_2\cos\alpha_2 - \ddot{\alpha}_2^2\sin\alpha_2) \\ \ddot{y}_l = \ddot{y}_{02} + y'_2(\ddot{\alpha}\sin\alpha_2 + \alpha_2^2\cos\alpha_2) + x'_2(\ddot{\alpha}_2\cos\alpha_2 - \ddot{\alpha}_2^2\sin\alpha_2) \end{cases} \tag{11}$$

连杆的角加速度方程为：

$$\ddot{\alpha}_2 = \frac{C_1\cos\alpha_3 + C_2\sin\alpha_3}{L_2\sin(\alpha_2 - \alpha_3)} \tag{12}$$

其中，

$$C_1 = \ddot{x}_A + L_3\alpha_3^2\cos\alpha_3 - L_2\alpha_2^2\cos\alpha_2, C_2 = \ddot{y}_A + L_3\alpha_3^2\sin\alpha_3 - L_2\alpha_2^2\sin\alpha_2$$

3 意义

根据介绍气力有序抛秧机输秧机构的结构组成和工作原理，建立了输秧机构的运动模型，推导了用于输秧机构运动分析和动态模拟的位移方程、速度方程和加速度方程，利用 Visual Basic6.0 编制了运动模拟软件，利用该软件可以对不同结构尺寸的输秧机构进行运动模拟和分析，模拟结果包括图形动态模拟、数值和运动曲线等，可以为气力有序抛秧机的设计和改进提供了有利的工具和科学的理论依据。

参考文献

[1] 王玉兴，罗锡文，唐艳芹，等．气力有序抛秧机输秧机构动态模拟研究．农业工程学报．2004，20(2)：109-112.

塔里木盆地的潜水蒸发公式

1 背景

潜水蒸发是指潜水向包气带输送水分,并通过土壤蒸发和作物蒸腾进入大气的过程。研究潜水蒸发规律及其计算方法在水资源评价、盐碱土治理、灌区改造及生态需水量的计算等方面都有十分重要的意义。近代土壤水动力学在潜水蒸发的理论分析和计算公式的结构方面均进行了研究,更加确切地反映了潜水蒸发与其影响因素的关系。胡顺军等[1]根据阿克苏水平衡试验站的实测资料,分析了潜水蒸发规律,并对其计算方法进行了深入探讨。

2 公式

2.1 关联函数

关联度是指函数相似的程度,斜率关联度分析法采用斜率作为衡量两个事物关联程度的准则。设 $E_{20}=\{E_{20}(1),E_{20}(2),\cdots,E_{20}(n)\}$,$E=\{E(1),E(2),\cdots,E(n)\}$,则两序列在各时刻的关联函数 $\zeta(t)$ 为:

$$\zeta(t)=\frac{1}{1+\left|\dfrac{\Delta E_{20}(t)}{\sigma_{E_{20}}}-\dfrac{\Delta E(t)}{\sigma_E}\right|} \tag{1}$$

式中,

$$\Delta E_{20}(t)=E_{20}(t+1)-E_{20}(t)$$

$$t=\{1,2,\cdots,N-1\}$$

$$\Delta E(t)=E(t+1)-E(t)$$

$$t=\{1,2,\cdots,N-1\}$$

$$\sigma_{E20}=\left[\frac{1}{N}\sum_{k=1}^{N}(E_{20k}-\bar{E}_{20})^2\right]^{0.5} \tag{2}$$

$$\sigma_E=\left[\frac{1}{N}\sum_{k=1}^{N}(E_k-\bar{E})^2\right]^{0.5} \tag{3}$$

式中,σ_{E20},σ_E 分别为水面蒸发序列 E_{20}和潜水蒸发序列 E 的标准差;E_{20},E 分别为序列 E_{20}、E 的均值。序列水面蒸发强度 E_{20}与潜水蒸发强度 E 的斜率关联度 γ 为:

$$\gamma = \frac{1}{N-1}\sum_{t=1}^{N-1}\zeta(t) \tag{4}$$

2.2 潜水蒸发系数与埋深的函数关系

幂函数：

$$C = 0.1045H^{-0.669} \quad (n = 5, R^2 = 0.9563) \tag{5}$$

指数函数：

$$C = 0.2522e^{-0.6964H} \quad (n = 5, R^2 = 0.8567) \tag{6}$$

对数公式：

$$C = -0.0967\ln(H) + 0.1223 \quad (n = 5, R^2 = 0.9155) \tag{7}$$

张朝新[2]公式：

$$C = 0.4493(H+1)^{-1.8456} \quad (n = 5, R^2 = 0.9303) \tag{8}$$

阿维里杨诺公式：

$$C = 0.2266(1 - H/5)^{2.4949} \quad (n = 5, R^2 = 0.8204) \tag{9}$$

2.3 清华大学公式

清华大学雷志栋等[3]综合考虑大气蒸发力和潜水埋深对潜水蒸发强度的影响，提出如下公式：

$$E = E_{max}(1 - e^{-\eta E_{20}/E_{max}}) \tag{10}$$

式中，E 为潜水蒸发强度，mm/d；E_{max} 为潜水埋深为 H 条件下的潜水极限蒸发强度，mm/d；η 为经验常数，与土质及地下水埋深有关。

2.3.1 E_{max}的确定

均质土壤稳定蒸发时的含水率及吸力分布如图1所示。定水位条件下均质土壤稳定蒸发的定解问题为：

$$E = K(S)\frac{dS}{dz} - K(S) \tag{11}$$

$$S(O) = 0 \tag{12}$$

式中，Z 为垂直坐标，m；$K(S)$ 为非饱和土壤导水率，mm/d；S 为土壤水吸力，m 水柱。

由式(11)和式(12)得：

$$H = \int_0^{Sa}\frac{K(S)}{E + K(S)}dS \tag{13}$$

对于 $K(s)$ 的不同函数表达式可求得不同的 E_{max} 函数表达式。如果非饱和土壤导水率 $K(S)$ 与吸力 S 的关系用 $K(S) = ae^{-bs}$ 表示，a，b 为参数，则有：

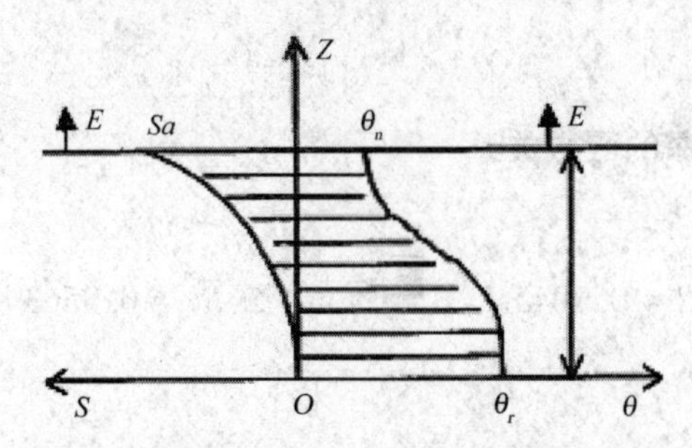

图 1　稳定蒸发条件下土壤水分和吸力分布

$$H = \int_0^{Sa} \frac{\mathrm{d}S}{1 + \dfrac{E}{a \cdot \mathrm{e}^{-bs}}}$$

积分上式并化简得：

$$\frac{a}{\mathrm{e}^{bSa}} + E = \frac{a + E}{\mathrm{e}^{bH}}$$

当 $S_a \to \infty$ 时，$E \to E_{\max}$，即

$$E_{\max} = \frac{a + E_{\max}}{\mathrm{e}^{bH}}$$

$$E_{\max} = \frac{a}{\mathrm{e}^{bH} - 1} \tag{14}$$

根据实验资料，阿克苏水平衡站砂性壤土 $K(S)$ 与 S 的关系可表达为 $K(S) = 6.641\mathrm{e}^{-1.01S}$，故

$$E_{\max} = \frac{6.641}{\exp(1.01H) - 1} \tag{15}$$

2.3.2　η 的确定

文献[3-5]，取 $\eta = 0.85$，清华公式是通过假设 $\eta \mathrm{e}_{20}^{-\sigma E} = \mathrm{d}E/\mathrm{d}E_{20}$ 得到的，即潜水蒸发强度随大气蒸发力的变化速率满足指数函数关系，对应不同的埋深，η 应该是一个变量。当 $E_{20} = 0$ 时，$\mathrm{d}E/\mathrm{d}E_{20} = \eta$，即 η 值是 $E_{20} \to 0$ 时 $E \sim E_{20}$ 曲线上的斜率，当 $H = 0$ 时，$\eta = 1$；$H \to \infty$ 时，$\eta = 0$，所以 η 值应是随埋深增加而减小的变量，而不应为一固定的经验常数，由(10)式可得：

$$\ln(1 - E/E_{\max}) = -\eta E_{20}/E_{\max} \tag{16}$$

根据实测资料，不同埋深下的 η 值见表 1。经拟合得：

$$\eta = 0.1309H^{-0.5215} \quad (n = 5, R^2 = 0.849) \tag{17}$$

表 1　不同埋深 $H(m)$ 下的 η 值

埋深 H(m)	η	埋深 H(m)	η
0.25	0.316 3	1.75	0.098 2
0.75	0.113 2	2.25	0.102 4
1.25	0.111 2		

2.3.3　经验公式Ⅰ

基于前述对 $E \sim E_{20} \sim H$ 关系的分析，拟建立新的经验公式为：

$$E = E_{max}(1 - e^{-mE_{20}}) \tag{18}$$

当 $E_{20} \to 0$ 时，$E \to 0$；当 $E_{20} \to \infty$ 时，$E \to E_{max}$；m 为随埋深而变化的系数，经拟合得：

$$m = 0.0102e^{1.0525H} \tag{19}$$

2.3.4　经验公式Ⅱ

实际资料表明潜水蒸发强度 E 随 E_{20} 的增大而增大是受到极限蒸发强度和临界大气蒸发力制约的，从阿维里杨诺夫公式获得启发，拟建立如下的经验公式：

$$E = aE_{20}^{p}(1 - H/H_{max})^{h} \tag{20}$$

根据实测资料，经拟合得：

$$E = 0.5696E_{20}^{0.5523}(1 - H/5)^{2.7184} \tag{21}$$

2.3.5　经验公式Ⅲ

沈立昌 1979 年利用地下水长期观测资料分析并提出了潜水蒸发双曲型经验公式[6]：

$$E = \mu\Delta h = k\mu E_{20}^{q}(1 + H)^{-\beta}$$

式中，μ 为给水度；k 标志土质、植被、水文地质条件的综合系数；q，β 为指数。该式说明潜水蒸发与埋深和蒸发能力有关，从该公式得到启发，拟建立如下形式的新经验公式：

$$E = kE_{20}^{q}H^{-\beta} \tag{22}$$

对式两边取对数，得：

$$\ln(E) = \ln(k) + q\ln(E_{20}) - \beta\ln(H) \tag{23}$$

根据实测资料，通过回归分析，得 $k=0.2491$，$q=0.5481$，$\beta=0.7390$。

$$E = 0.2491E_{20}^{0.5481}H^{-0.7390} \tag{24}$$

3　意义

根据 1984—1987 年阿克苏水平衡站潜水蒸发量及水面蒸发量资料，分析了潜水蒸发的变化规律，并建立了新的潜水蒸发经验公式。从而可知现有的经验公式均认为潜水蒸发强度跟大气蒸发力的一次方成正比，公式结构不合理。实际上，潜水蒸发强度先是随着大气蒸发力的增大而增大,当大气蒸发力达到临界值后,潜水蒸发强度趋于一定值;原常用的公式中所需参数多且不易准确得到,其中参数 η 值随着埋深增加而减小,而不应为一固定的经验常数。该文建立的经验公式结构合理,物理意义明确,计算较简单。

参考文献

[1] 胡顺军,康绍忠,宋郁东,等. 塔里木盆地潜水蒸发规律与计算方法研究. 农业工程学报.2004,20(2):49-53.

[2] 张朝新. 潜水蒸发系数分析. 水文,1984,(6):35-39.

[3] 雷志栋,杨诗秀,谢森传. 潜水稳定蒸发的分析与经验公式. 水利学报,1984,(08):60-64.

[4] 雷志栋,杨诗秀,谢森传. 土壤水动力学. 北京:清华大学出版社,1988:133-146.

[5] 毛晓敏,李民,沈言利. 叶尔羌河流域潜水蒸发规律试验分析. 干旱区地理,1998,(3):44-50.

[6] 程先军. 有作物生长影响和无作物时潜水蒸发的研究. 水利学报,1993,(6):37-42.

水稻的动态产量模型

1 背景

动态模型通过对作物生长过程中逐时段的模拟及预测干物质的积累过程，结合水分在作物生长环境（SPAC）中的运移模型，可以模拟和预测作物生长对不同的水分水平的响应。研究水稻动态产量模型既具有理论意义，可制定水稻在缺水条件下的优化灌溉制度，同时对实现水资源高效利用也具有十分重要的指导作用，尤其是北方地区。迟道才等[1]通过实验展开了北方水稻动态水分生产函数的研究。

2 公式

2.1 水稻干物质累计过程数学模型

根据沈阳农业大学1998年、1999年水稻干物质累计过程试验资料，水稻干物质累计过程线经过拟合，得到如下数学模型：

$$C_d = -2E - 0.6Et^3 + 0.0003t^2 - 0.0085t + 0.0482 \quad R^2 = 0.9921 \tag{1}$$

式中，C_d 为相对干物质累计量；t 为从插秧算起的天数。

水稻干物质累计量具有明显的阶段性，这与玉米和冬小麦的试验结果相一致[2,3]。第一阶段为生长初期（从插秧到分蘖中期），该阶段缺水会影响植株体发育。这一阶段生物量的生产速率遵循初级动力学规律[4]，即：

$$m = m_0 e^{kt} \tag{2}$$

式中，m 为单位面积在时间 t 内的生物量；m_0 为时间为零时的生物量；k 为平均时间（如10天）内大致稳定的环境常数。

迟道才等[1]得出水稻干物质累计量与籽粒产量之间基本呈线性关系，其回归分析得到的数学模型为：

$$W_g = 0.6482 W_d - 1365.7 \tag{3}$$

式中，W_g，W_d 分别为收获时籽粒产量和干物质产量，kg/hm^2。

2.2 水稻动态产量模型

Hanway[3]认为，在充分供水条件下，作物干物质相对累计量的递推公式为：

$$\frac{C_d(t)}{C_d(t-1)}=\Gamma(t) \tag{4}$$

式中,$\Gamma(t)$为干物质产量增加率;$C_d(t-1)$,$C_d(t)$分别为$t-1$及t时刻干物质相对产量。根据递推公式,可以写出收获时的干物质产量表达式为:

$$Y(T)=Y_0\prod_{t=1}^{n}\Gamma(t) \tag{5}$$

式中,$Y(T)$为最终干物质产量;Y_0为计算起始时刻的干物质产量(亦称初始干物质产量);n为计算时段数(若以1天为1个计算时段,则n为从插秧算起到收割时的天数)。

在土壤养分供应、农业耕作均为正常的情况下,农田水分状况成为影响作物生长的主要因素,某一时期的水分胁迫既影响当时的作物生长,又对后期生长产生影响。为此,就必须对式(4)进行修正:

$$\frac{A(t)}{A(t-1)}=\Gamma(t)\cdot P(Am_t) \tag{6}$$

式中,$A(t)$,$A(t-1)$分别为t及$t-1$时刻实际干物质产量;$P(Am_t)$为修正系数,亦可称为水分亏缺影响函数,它随土壤水分有效性高低而变。

$$Am_t=\frac{\theta-\theta_{\min}}{1-\theta_{\min}}$$

$$(\text{当}\ \theta_t=\theta_s=100\%=1\ \text{时,取}\ Am_t=1) \tag{7}$$

式中,θ_t为t时刻根层土壤含水率的平均值(用占土壤饱和含水率θ_s的百分数表示);$\theta_{\min}$为根系层土壤能够满足水稻生存所允许的最大土壤水分吸力对应的最小土壤含水率(用占土壤饱和含水率θ_s的百分数表示)。

根据式(6)的递推关系,在养分供应及其他农业技术措施均为正常的条件下,不同土壤水分状况条件下的水稻干物质最终产量模型为:

$$Y(T)=Y_0\prod_{t=1}^{n}\Gamma(t)\cdot P(Am_t) \tag{8}$$

根据干物质产量与作物籽粒产量的关系式(3),可以写出作物最终产量的计算式为:

$$W_g=YG_0\prod_{t=1}^{n}\Gamma(t)\cdot P(Am_t)+Y_C \tag{9}$$

式中,YG_0为计算起始时刻的籽粒产量贡献。对于水稻来说,$YG_0=0.6482Y_0$;Y_C为常数,$Y_C=-1365.7$

2.3 构造水分亏缺影响函数

根据前述,修正系数$P(Am_t)$不仅是Am_t的函数,还必须与$\Gamma(t)$建立联系。因此,$P(Am_t)$取为如下幂函数形式:

$$P(Am_t)=\Gamma(t)^{\alpha} \tag{10}$$

Morgan等[5]以分段线性函数的形式构造α,即

$$\alpha = x(Am_t) - 1 \tag{11}$$

$$Y(T) = Y_0 \prod_{t=1}^{n} \Gamma(t)^{x(Am_t)} \tag{12}$$

代入式(8)及式(9),得:

$$W_g = YG_0 \prod_{t=1}^{n} \Gamma(t)^{x(Am_t)} + Y_C \tag{13}$$

式中,$x(Am_t)$为土壤水分响应函数,在某一有效相对土壤水分吸力 Am_t 范围内,呈线性关系,即:

$$x(Am_t) = \begin{cases} a_1 Am_t + b_1 & 0 \leqslant Am_t < Ams_1 \\ a_2 Am_t + b_2 & Ams_1 \leqslant Am_t < Ams_2 \\ \cdots & \cdots \\ a_m Am_t + b_m & Ams_{m-1} \leqslant Am_t < Ams_m = 1 \end{cases} \tag{14}$$

式中,$Ams_i(i=1,2,\cdots,m)$为所取的相对土壤水分吸力界限值,其取值通过计算确定。

根据前述 $P(Am_t)$取值的控制条件,$x(Am_t)$是单调增函数,$Am_t=0$,$x(Am_t)=0$;$Am_t=1$,$x(Am_t)=1$。

再根据式(14),得 a_i、b_i 间的关系式为:

$$\left.\begin{aligned} x \mid Am_t = 0 = a_i \times 0 + b_i = b_1 = 0 \\ x \mid Am_t = Am_s = a_i \cdot Ams_t + b_i \\ i = 1,2,\cdots,m-1 \\ x \mid Am_t = a_m + b_m = 1 \end{aligned}\right\} \tag{15}$$

将方程式(12)和式(13)两边取对数,线性化处理如下:

$$\ln Y(T) = \ln Y_0 + \sum_{1}^{n} x(Am_t)\Gamma(t) \tag{16}$$

方程中由于$x(Am_t)$是分段线性函数,故它们是关于各待求参数($a_i,b_i,i=1,2,\cdots,m$)的线性方程,根据式(14),上述方程的累加项可以表示为:

$$\ln(W_g - Y_C) = \ln YG_0 + \sum_{1}^{n} x(Am_t)\Gamma(t) \tag{17}$$

式中,T_i 表示在全生育期内有 $T_i(i=1,2,\cdots,m)$天的相对土壤水分吸力值属于区间(Ams_{I-1},Ams_i)内,即

$$\sum_{1}^{n} x(Am_t)\cdot\Gamma(t) = \sum_{i=1}^{m}\sum_{t=1}^{T_i}(a_i \cdot Am_t + b_i)\cdot\Gamma(t_i) \tag{18}$$

根据线性最小二乘法及式(14)的关系即可求出参数 a_i,$b_i(i=1,2,\cdots,m)$及 Y_0。

简介两种土壤水分响应函数的连续函数形式。

2.3.1 指数乘子式函数

取 α 值为以下形式:

$$\alpha = e^{Am_t}(Am_t^{\beta} - 1) \tag{19}$$

式(19)写成递推式：

$$W(D) = W(0)\prod_{t=1}^{D}\Gamma(t)^{1+e^{Am_t}(Am_t^{\beta}-1)} \tag{20}$$

式中，D 为所取的计算总天数；$W(D)$ 为计算起始日后第 D 天的累计干物质产量；$W(0)$ 为计算起始日干物质产量。式(20)只有 $W(0)$ 与 β 两个未知数，可根据实测资料推求。对式(20)左右端取对数得：

$$\ln W(D) = \ln W(0) + \sum_{1}^{D}\ln\Gamma(t) - \sum_{1}^{D}e^{Am_t}\ln\Gamma(t) + \sum_{1}^{D}Am_t^{\beta}e^{Am_t}\ln\Gamma(t)$$

将 Am_t^{β} 项展开成级数，得：

$$\ln W(D) = \ln W(0) + \sum_{1}^{D}\Gamma(t) - \sum_{1}^{D}e^{Am_t}\ln\Gamma(t) + \sum_{1}^{D}e^{Am_t}\ln\Gamma(t)[1 + (\ln Am_t)]\beta + \frac{(\ln Am_t)^2}{2}\beta^2 + \frac{(\ln Am_t)^3}{3\times 2}\beta^3 + L$$

令 $\ln W(D) - \sum_{1}^{D}\ln\Gamma(t) = C;\ln W(0) = a;e^{Am_t}\ln\Gamma(t) = F$，经整理得：

$$C = a + \sum_{1}^{D}F\left[(\ln Am_t)\beta + \frac{(\ln Am_t)^2}{2}\beta^2 + \frac{(\ln Am_t)^3}{3\times 2}\beta^3 + \Lambda\right] \tag{21}$$

根据 Am_t 及 β 的可能取值范围及精度要求，很容易确定式(21)中级数所取的计算项，然后采用非线性回归方法确定 α 和 β 值。

2.3.2 α 为三次式函数

其通式为：

$$\alpha = aAm_t^3 + bAm_t^2 + cAm_t + d \tag{22}$$

根据前述 $P(Am_t)$ 取值的控制条件，进一步确定式(22)中各系数的内在关系。

由 $\alpha_{Am_t=0} = -1$，得 $d = -1$；$\alpha_{Am_t=1} = 0$，得 $c = 1 - a - b$。

因此，上述三次式仅须估算两个数。

3 意义

根据采用蒸渗仪和盆栽相结合的方法，在分析水稻干物质生长规律的基础上，提出了干物质随时间累计的数学模型和干物质累计量与籽粒产量之间关系的数学模型，在此基础上，参考前人所得出旱作物动态产量模型，构造了水分亏缺影响函数，对分阶段线性函数、指数乘子式函数和三次式函数进行参数拟合，提出了水稻动态产量数学模型，求出了沈阳地区水稻水分生产函数动态产量模型参数，并利用 1999 年实测资料对模型进行了检验和灵敏度分析。

参考文献

[1] 迟道才,王瑄,夏桂敏,等. 北方水稻动态水分生产函数研究. 农业工程学报. 2004,20(3):30-34.

[2] 石元春,刘昌明,龚元石. 节水农业应用基础研究. 北京:中国农业出版社,1995:172-181.

[3] Hanway J J. Growth stage of corn(Zea maize. L). Agron J,1963,55,487-492.

[4] 刘肇祎,雷声隆. 灌排工程新技术. 武汉:中国地质大学出版社,1993,20-23.

[5] Morgan T H, et al. A dynamic model of corn yield response to water. Water Resour Res, 1980, 16(1):59-64.

发动机的调速特性模型

1 背景

全程式调速器的柴油发动机广泛应用于农业拖拉机和工程机械车辆中。发动机模型的开发有两种方法,一种方法是根据发动机结构并基于热力学、流体动力学和机械动力学建立静态和动态模型,另一种方法是局部线性化。张明柱等[1]把发动机和调速器作为整体对象,用一组简单曲线函数叠加,构造一个全范围连续的两变量函数,表示柴油发动机输出转矩 M_e 随调速手柄位置 α 和发动机转速 n_e 而变化的调速特性模型。

2 公式

2.1 静态调速特性数学模型

如图 1 所示,在连续性静态调速特性模型中,取直线 1 和正弦曲线 2 叠加构成近似外特性部分曲线 4,由曲线 4 减去双曲线 3 构成调速特性段,并对外特性段修正。三条曲线的叠加组成连续的柴油发动机调速特性数学模型。

$$M_1 = \frac{M_{em} + M_{e0}}{2} + 2b \tag{1}$$

直线 1 为数值不随发动机转速 n_e、调速手柄位置 α 变化的常数函数,数值等于发动机最大转矩 M_{em}和额定工作点转矩 M_{e0}的平均值,加上一个修正量 $2b$。b 为调速段的斜率修正系数。

为保证最大转矩点和额定工作点位置,正弦曲线 2 在最大转矩对应转速 n_{em}点为峰值,在额定转速 n_{e0}点为 0 值,当转速 n_e 从 n_{em}变化到 n_{e0}时,正弦函数从 $\pi/2$ 变化到 π。正弦曲线的幅值等于最大转矩 M_{em}和额定工作点转矩 M_{e0}差值的一半,由此得出其函数为:

$$M_2(n_e) = \frac{M_{em} - M_{e0}}{2}\sin\left[\frac{\pi}{2}\left(1 + \frac{n_e - n_{em}}{n_{e0} - n_{em}}\right)\right] \tag{2}$$

双曲线 3 不仅随着转速 n_e 变化,同时随着调速手柄位置 α 变化,由此构成:

$$M_3(n_e,\alpha) = \frac{b \cdot n_{e0}}{\alpha(n_{e\max} - n_e)} \tag{3}$$

式中,b 根据最大调速手柄位置对应的调速段曲线的平均斜率调整,数值在 1~10 的范围内。

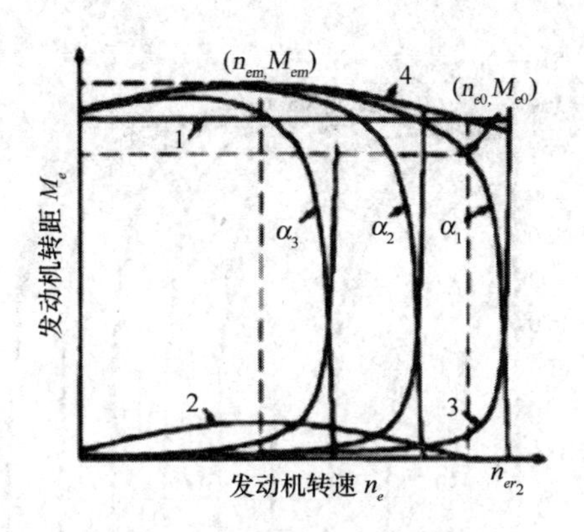

图 1　柴油发动机调速特性

数值越大,调速段越陡直。

α 为调速手柄位置,经归一化处理,α 为 0、1,分别对应发动机的最低怠速 n_{er1} 和最高怠速 n_{er2} 位置。

n_{emax} 为与调速手柄位置 α 对应的发动机最高空载转速,是调速手柄位置的函数。

$$n_{emax}(\alpha) = n_{er1} + (n_{er2} - n_{er1})\alpha^{c} \tag{4}$$

对于线性调速器 $c=1$,非线性调速器 $c=0.5$。

综上所述,连续性柴油发动机调速特性静态数学模型为:

$$M_e(n_e,\alpha) = M_1 + M_2(n_e) - M_3(n_e,\alpha)$$

即

$$M_e(n_e,\alpha) = \frac{M_{em} + M_{e0}}{2} + 2b - \frac{b \cdot n_{e0}}{\alpha(n_{emax} - n_e)} + \frac{M_{em} - M_{e0}}{2}\sin\left[\frac{\pi}{2}(1 + \frac{n_e - n_{em}}{n_{e0} - n_{em}})\right] \tag{5}$$

模型在调速手柄处于低速位置时,误差较大,但拖拉机主要工作于中高速区域,该区域模型与实际调速特性匹配精度较高。在模型函数中加修正项 $\frac{bn_{e0}}{(n_{er2} - n_{er1})\alpha^2}$,可以进一步改善低速区调速特性。

利用上述原理建立的与东方红 1302R 型橡胶履带拖拉机配套的东方红 6RZT8 型柴油发动机调速特性静态模型如式(6)、式(7)所示。

$$n_{emax}(\alpha) = 800 + 1680\alpha \tag{6}$$

$$M_e(n_e,\alpha) = 490 + 48\sin\left[\frac{\pi}{2}\left(1 + \frac{n_e - 1500}{800}\right)\right] - \frac{4.5 \times 2300}{\alpha(n_{emax} - n_e)} \tag{7}$$

该型发动机为直列、水冷、四冲程、六缸结构,直喷燃烧室,额定功率 110 kW,额定转速 2 300 r/min。图 2 为不同调速手柄位置时的模型计算值与试验值,表 1 为反映模型与实际匹配效果的曲线相关系数 R 值,表明在调速手柄位置值大于 0.4(在归一化区间)时模型与实际特性有较好的匹配准确性。

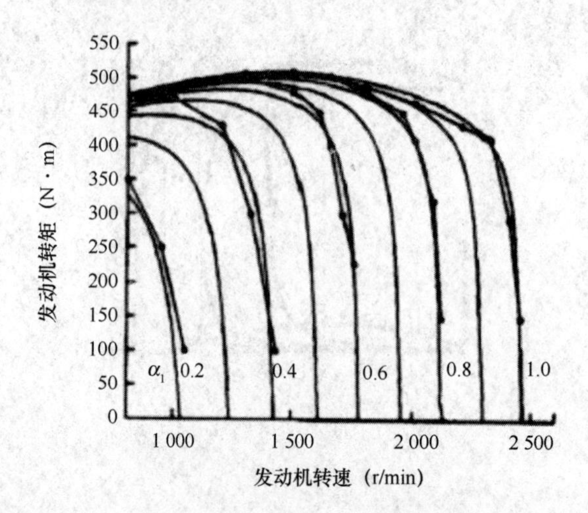

图 2 6RZT8 型发动机静态特性

表 1 模型与实际匹配相关系数 R

手柄位置 α	0.2	0.4	0.6	0.8	1.0
相关系数 R	0.792 9	0.918 4	0.966 6	0.937 9	0.985 7

2.2 动态调速特性数学模型

发动机的动态调速特性模型可表示为：

$$M_{ed}(\omega_e,\alpha)=M_e(\omega_e,\alpha)-J_e\dot{\omega}_e-C_e\omega_e \tag{8}$$

$$\tau_e\dot{\alpha}+K\alpha=\alpha_{com} \tag{9}$$

式中，M_{ed}为发动机动态输出转矩；M_e 为静态输出转矩，由表示发动机静态调速特性模型的式(5)、式(6)求得，具体应用中要将角速度 ω_e 换算为转速 n_e。α_{com} 为调速手柄指令位置，α 为调速器实际动态响应位置；τ_c 为调速器响应阻尼；K 为调速手柄动态响应刚度，机械调速器 $K=1$。

发动机的动态调速模型必须考虑发动机运动部分的惯性负载、阻尼负载以及调速器惯性等因素的作用。采用图 3 的模型表示发动机的动态特性，其中用等效转动惯量 J_e 和等效黏性阻尼 C_e 反映动态转矩下降因素，用由弹簧 K 和黏性阻尼 τ_c 构成的一阶惯性环节反映调速器对调速手柄位置的动态响应。

在动态平衡时，M_{ed}与作用在发动机输出轴上的负载转矩 M_l 相等。因此式(8)也可以表示为：

$$J_e\dot{\omega}_e=M_e(\omega_e,\alpha)-C_e\omega_e-M_l \tag{10}$$

实际应用中，式(8)、式(9)用于计算发动机的动态转矩，式(10)、式(9)用于计算发动机转速随负载和调速手柄位置变化的特性。J_e、C_e、τ_c 的理论计算误差较大，通常由发动机

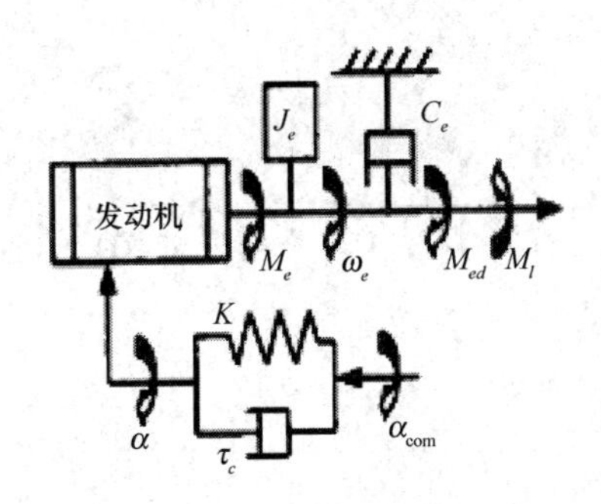

图 3　发动机动态模型

台架试验结果与数值仿真对比修正求得。东方红 6RZT8 型发动机的 $J_e = 1.2\ \text{N} \cdot \text{m} \cdot \text{s}^2$，$C_e = 0.1\ \text{N} \cdot \text{m} \cdot \text{s}$，$\tau_c = 0.1$。

3　意义

试验结果表明这种模型表示发动机调速特性的静态和动态特性具有有效性，尤其在调速手柄处于经常工作的中高速位置时有较高的准确性。张明柱[1]等提出了由简单曲线函数叠加构成柴油发动机连续性调速特性模型的原理以及由实测发动机调速特性典型点的数据方便快捷地直接求出模型主要参数的方法，并为东方红 6RZT8 型发动机建立了静态和动态模型。

参考文献

[1]　张明柱，周志立，徐立友，等．柴油发动机调速特性时连续性数学模型研究．农业工程学报．2004，20(3)：73-76.

柴油机的自动控制模型

1 背景

拖拉机农具机组是一复杂的动力系统,在随机环境和波动载荷条件下工作,传统的静态分析方法不能使拖拉机与柴油机进行最优匹配,而动态分析方法是一有效途径。拖拉机柴油机自动控制系统的频率特性是其主要的动态性能。当柴油机在其平衡位置附近运行时,可将其简化为线性系统,王军等[1]根据柴油机自动控制系统的微分方程导出其传递函数和频率特性,并给出了计算实例,为计算农具机组的动态性能以及实现机组系统的动态匹配奠定基础。

2 公式

2.1 运动方程

柴油机自动控制系统的运动方程由曲轴运动方程和调速器运动方程组成,即

$$I_e \dot{\omega}_e = T_e - T_L \tag{1}$$

$$m_t \ddot{z} + c\dot{z} + Fs - Fc = 0 \tag{2}$$

式中,ω_e 为曲轴角速度;z 为拉杆位移,规定在最大供油位置时 $z=0$;I_e 为曲轴及与其有运动联系的所有零件换算到曲轴中心的转动惯量;m_t 为供油拉杆及与其有运动联系的所有零件换算到拉杆上的运动质量;c 为供油拉杆及与其有运动联系的所有零件换算到拉杆上的黏性阻尼系数;T_e 为柴油机有效转矩,是 ω_e 和 z 的函数[2];F_S 为调速器恢复力,当调速手柄位置一定时,是 z 的函数[3];F_C 为调速器支持力,是 ω_e 和 z 的函数[4];T_L 为柴油机阻转矩,一般与某些外界因素和 ω_e 有关。

柴油机最初处在平衡状态,以平衡位置为运动起始点(平衡点),在平衡点附近小幅运动,则可将系统简化为线性系统,此时微分方程组可以写为:

$$I_e \Delta\dot{\omega} S_e + \Delta\omega_e = \frac{\partial T_e}{\partial z}\Delta z - \Delta T_{Lt} \tag{3}$$

$$m_t \Delta\dot{\omega} + c\Delta\dot{z} + S_t \Delta z = \frac{\partial T_F}{\partial k_e}\Delta\omega_e \tag{4}$$

式中,$\Delta\omega_e$、Δz 分别为 ω_e、z 在平衡点附近的增量;ΔT_{Lt}为除角速度变化以外其他因素引起的

T_L 在平衡点附近的增量；$\frac{\partial}{\partial \omega_e}$、$\frac{\partial}{\partial z}$ 为偏导数运算符；S_e、S_t 分别为柴油机和调速器稳定性因素：

$$S_e = \frac{\partial T_L}{\partial \omega_e} - \frac{\partial T_e}{\partial \omega_e}, S_t = \frac{\partial F_s}{\partial z} - \frac{\partial F_c}{\partial z}$$

令：

$$T_f = \frac{I_e}{S_e}, T_t = \sqrt{\frac{m_t}{S_t}}, T_c = \frac{c}{S_t}, K_k = \frac{1}{S_e}\frac{\partial T_e}{\partial z}, K_L = -\frac{1}{S_e}, K_z = \frac{1}{S_t}\frac{\partial F_c}{\partial \omega_e}$$

则式(3)、式(4)可以写为：

$$T_f \Delta \dot{\omega}_e + \Delta \omega_e = K_k \Delta z + K_L \Delta T_{Lt} \tag{5}$$

$$T_t^2 \Delta \ddot{\omega} z + T_c \Delta \dot{z} + \Delta z = K_z \Delta \omega_e \tag{6}$$

由式(5)解出 Δz，再求其一阶和二阶导数，代入式(6)，且令：

$$T_3 = \sqrt[3]{T_t^2 T_f / (1 - K_k K_z)}$$

$$T_2 = \sqrt{(T_t^2 + T_c T_f) / (1 - K_k K_z)}$$

$$T_1 = (T_c + T_f) / (1 - K_k K_z) \quad K_f = K_L / (1 - K_k K_z)$$

经简化最后运动方程可写为：

$$T_3^3 \Delta \omega_e + T_2^2 \Delta \ddot{\omega}_e + T_1 \Delta \dot{\omega}_e + \Delta \omega_e = K_f [T_t^2 \Delta \ddot{T}_{Lt} + T_c \Delta \dot{T}_{Lt} + \Delta T_{Lt}] \tag{7}$$

式中，T_3、T_2、T_1 分别为各阶时间因素；K_f 为 T_L 做阶跃输入时 k_e 的稳态增益。

2.2 传递函数

对式(7)进行拉普拉斯变换可求得以 ΔT_{Lt} 为输入，$\Delta \omega_e$ 为输出的柴油机自动控制系统线性模型的传递函数：

$$G(s) = \frac{\Delta \omega_e(s)}{\Delta T_{Lt}(s)} = \frac{K_f(T_t^2 s^2 + T_c s + 1)}{T_3^3 s^3 + T_2^2 s^2 + T_1 s + 1} \tag{8}$$

式中，$\Delta \omega_e(s)$，$\Delta T_{Lt}(s)$ 分别为 $\Delta \omega_e$ 和 ΔT_{Lt} 的拉氏变换。

为更清楚地显示系统的特性，将上述函数加以分解，画出系统的传递函数框图，如图 1 所示。

图 1a 是根据曲轴和调速器的运动方程以及两者间的联系画出的传递函数框图。图中框 1 表示曲轴系统的传递函数框图。$\Delta T_e(s)$（柴油机转矩增量的拉氏变换）和 $\Delta T_L(s)$（柴油机阻转矩增量的拉氏变换）之差通过曲轴系统的前向通道传递函数 $1/I_e s$ 产生输出 $\Delta \omega_e(s)$。$\Delta \omega_e(s)$ 又产生双重反馈：一方面通过阻转矩 T_L 对角速度 ω_e 的偏导数产生 $\Delta T_L \omega(s)$，和 $\Delta T_{Lt}(s)$ 相加而成 $\Delta T_L(s)$；另一方面 $\Delta \omega_e(s)$ 乘以柴油机转矩 T_e 对角速度的偏导数产生对 T_e 的反馈，再和因拉杆位移而产生的柴油机转矩增量的拉氏变换相加而成 $\Delta T_e(s)$，$\Delta T_e(s)$ 和 $\Delta T_L(s)$ 相减作为曲轴的输入。图 1a 中框 2 表示调速器系统的传递函数框图。设

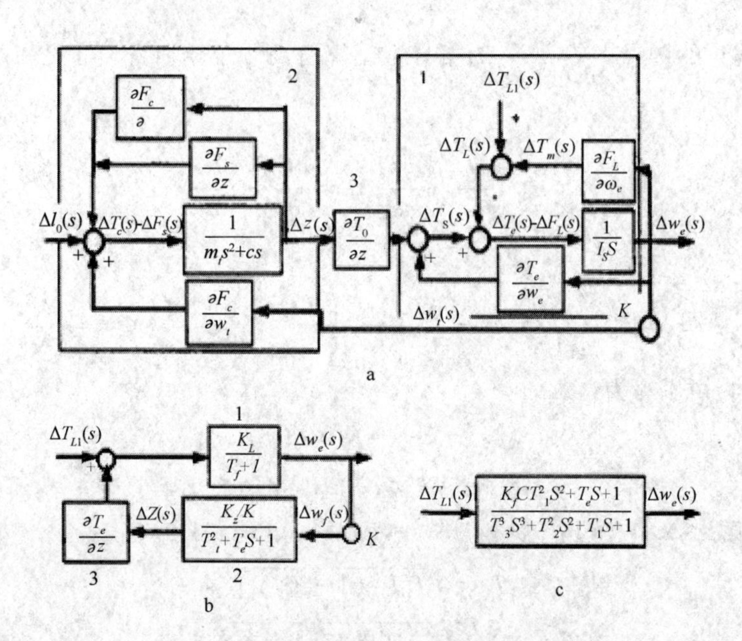

图 1　发动机系统线性模型的传递函数框图

调速手柄位置即 $\Delta t_0(s)$ 一定。支持力增量拉氏变换 $\Delta F_c(s)$ 和恢复力增量拉氏变换 $\Delta F_s(s)$ 之差通过调速器的前向通道传递函数 $1/(m_t s^2+cs)$ 产生输出 $\Delta z(s)$。$\Delta z(s)$ 通过支持力和恢复力对拉杆位移的偏导数产生对支持力和恢复力的反馈传到输入端，同时调速器角速度增量的拉氏变换乘以支持力对角速度的偏导数产生的支持力反馈信号也加到调速器的输入端。图 1a 中框 3 和 K 是两个系统的联系环节，其中 K 是调速器与曲轴的转速比。柴油机输出 $\Delta\omega_e(s)$ 通过比例环节 K 作为调速器的输入，通过框 2，输出 $\Delta z(s)$，$\Delta z(s)$ 乘以柴油机有效转矩 T_e 对拉杆位移的偏导数作为曲轴系统的输入。将图 1a 的传递函数框图加以简化之后可以画出图 1b 所示的框图。图中框 1 也就是曲轴系统的传递函数，框 2 就是调速器的传递函数。曲轴和调速器组成一个反馈控制系统。图 1b 进一步简化可得到整个柴油机自动控制系统的传递函数框图 1c。

2.3　线性模型的频率特性

由式(8)可求得柴油机线性模型的频率函数为：

$$H(\omega) = A(\omega) + jB(\omega) \tag{9}$$

其中，

$$A(\omega) = K_f \cdot \frac{(1 - T_t^2\omega^2)(1 - T_2^2\omega^2) + T_c\omega(T_1\omega - T_3\omega)}{(1 - T_2^2\omega^2)^2 + (T_1\omega - T_3^3\omega^3)^2}$$

$$B(\omega) = K_f \cdot \frac{T_c\omega(1 - T_2^2\omega^2) - (1 - T_t^2\omega^2)(T_1\omega - T_3^3\omega^3)}{(1 - T_2^2\omega^2)^2 + (T_1\omega - T_3^3\omega^3)^2}$$

其幅频特性为：

$$|H(\omega)| = K_f \cdot \sqrt{\frac{(1 - T_t^2\omega^2)^2 + (T_c\omega)^2}{(1 - T_2^2\omega^2)^2 + (T_1\omega - T_3^3\omega^3)^2}} \tag{10}$$

当 $\omega = 0$ 时，$|H(\omega)| = K_f$；当 $\omega = \infty$ 时，$|H(\omega)| = 0$。

其相频特性为：

$$\varphi(\omega) = \mathrm{arctg}\left(\frac{T_c\omega}{1 - T_t^2\omega^2}\right) - \mathrm{arctg}\left(\frac{T_1\omega - T_3^3\omega^3}{1 - T_2^2\omega^2}\right) \tag{11}$$

当 $\omega=0$ 时，$\varphi(\omega)=0°$；当 $\omega=\infty$ 时，$\varphi(\omega)=-90°$。

3 意义

根据对柴油机系统动态的分析，建立了柴油机自动控制系统线性模型的微分方程和以动态载荷为输入、转速为输出的传递函数，导出了系统的频率特性。证明其频率特性不仅与曲轴特性、调速器特性有关，而且取决于两者间的配合。指出柴油机系统的频率特性是其工作点的函数以及在进行柴油机与动态载荷匹配时应注意两者的频率特性，为农具机组的动态匹配奠定了基础。

参考文献

[1] 王军，周志立，杨铁皂，等．柴油机自动控制系统线性模型的频率特性分析．农业工程学报．2004，20(3)：78-80.

[2] 杨铁皂，方在华，周志立，等．柴油机调速器黏性阻尼系数的识别．农业工程学报，2000，16(2)：86-88.

[3] 方在华，周志立，杨铁皂，等．犁耕和旋耕作业发动机载荷的统计特性．农业工程学报，2000，16(4)：85-87.

[4] 孙祖望．柴油发动机动态性能的试验研究．农业机械学报，1991，22(6)：8-14.

平整土方量的计算

1 背景

土地整理项目中土地平整工作占有重要位置，其费用一般占整个土地整理项目投资的一半左右，因此在项目初期如何快速准确地估算出土地整理中平整土方量的大小具有极其重要的意义。土地整理项目前期，要求快速高效地计算平整土方量，柯晓山等[1]在一般现有地形图等高线与高程点的资料基础上，采用不规则三角网(TIN)插值的方式进行等值线插值，基于插值后的等值线，采用不规则三角网剖分插值的方式进行数字高程模型的建立，并计算土方量。

2 公式

2.1 TIN 插值的 DEM 计算土方量

对于任何一个 TIN，例如 ΔABC，求体积即为计算棱柱 $ABCA'B'C'$ 的体积 V，设 A、B、C 点高程各为 H_A、H_B、H_C，平整土地后高程为 H，体积计算公式如下：

$$V_1 = \frac{S}{3} \cdot (\Delta H_A + \Delta H_B + \Delta H_C) \tag{1}$$

$$V_2 = \frac{S}{3} \cdot \frac{\Delta H_{\text{MAX}}^3}{(\Delta H_{\text{MAX}} + \Delta H_{\text{MIN}})(\Delta H_{\text{MAX}} + \Delta H_{\text{MID}})} \tag{2}$$

$$V_3 = \frac{S}{3} \cdot \left[\frac{\Delta H_{\text{MAX}}^3}{(\Delta H_{\text{MAX}} + \Delta H_{\text{MIN}})(\Delta H_{\text{MAX}} + \Delta H_{\text{MID}})}\right] \tag{3}$$

$$S = \frac{-\Delta H_{\text{MAX}} + \Delta H_{\text{MIN}} + \Delta H_{\text{MID}}}{C(C - D_{AB})(C - D_{BC})(C - D_{AC})} \tag{4}$$

$$C = \frac{1}{2}(D_{AB} + D_{BC} + D_{AC})$$

$$D_i = \sqrt{\Delta X^2 + \Delta Y^2} \quad (1 \leqslant i \leqslant 3)$$

式中，S 为 TIN 投影到底面的三角形面积，其计算可采用海伦公式[式(4)]，其中 C 为三角形周长的一半，D_i 为三角形各边长度，ΔX 与 ΔY 为三角形各顶点的 X、Y 坐标差值；ΔH_A、ΔH_B、ΔH_C 分别等于 H_A-H、H_B-H、H_C-H，ΔH_{MAX}、ΔH_{MID}、ΔH_{MIN} 分别等于 ΔH_A、ΔH_B、ΔH_C 三者

绝对值中的最大值、中间值和最小值。

土方量的估计多采用断面法与方格法[2]以及表格法[3]等,这些方法一般基于格网式DEM,在以TIN为模型的DEM中,由于只有三角形的棱柱,可以采用对每个三角形棱柱进行计算的方法。计算的基本原理如图1。

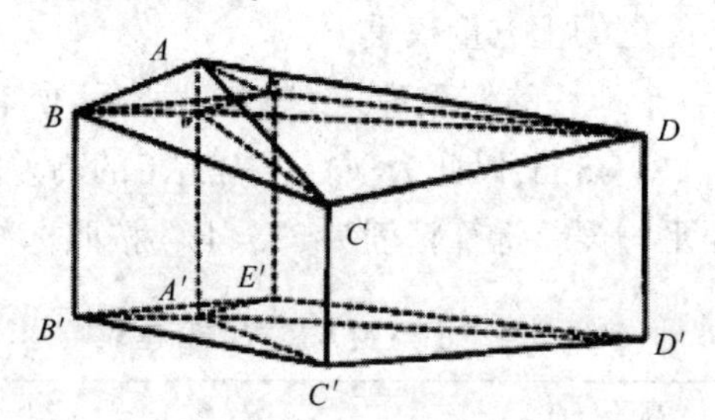

图1 TIN计算土方量示意图

V_1 为全部是填方或者挖方时体积的大小;V_2 是当三角形内部分为挖方,部分为填方时平整面切割得到的三棱锥体积,此时三角形被切割成为一个底面与水平面平行的三棱锥和一个底面为四边形的楔体,楔体体积为 V_3。故单个三角形平整体积可以用公式(5)进行计算:

$$V = \begin{cases} V_1 & H > \mathrm{MAX}(H_A,H_B,H_C) \parallel H < \mathrm{MIN}(H_A,H_B,H_C) \\ V_2 + V_3 & \mathrm{MIN}(H_A,H_B,H_C) < H < \mathrm{MAX}(H_A,H_B,H_C) \end{cases} \tag{5}$$

总体平整的土方量为所有三角棱柱体积和($\sum V$)。对于单个图斑边界线与三角形可能出现相交的情况(图2a),求这个三角形平整体积的大小,采取对图斑边线进行点分割的方式分割成不同的三角形进行计算(图2b),当点分割密集到一定程度的时候就能够逼近真值。

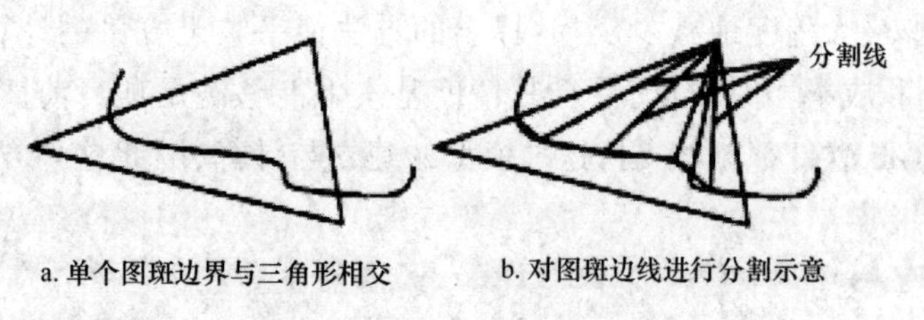

a. 单个图斑边界与三角形相交　　b. 对图斑边线进行分割示意

图2 采用TIN分割图斑计算

2.2 图斑的土方量权重 *P* 的计算

根据高差对土方量的影响,可以考虑以6块图斑土方量为权重进行计算各图斑的权重高差,总体土方量精度可以由DEM误差与权重高差的比值计算出来,设土方量估算的整体平均精度为 a,则各图斑的土方量权重 P 计算为:

$$P = \frac{a \cdot (V_{di} + V_{fi}) \cdot H_i}{\sum_{i=1}^{6} [a \cdot (V_{di} + V_{fi}) \cdot H_i]} \tag{6}$$

式中,V_{di}、V_{fi}分别为各个地块挖平与填满的土方量值,m^3;H_i 为各个地块的高差,m。a 在计算中消去,据此可计算出各图斑的土方量权重 P。

根据权重 P 可以计算各个地块的权重高差,如表 1 所示,所有权重高差之和为总体权重高差,据表 1 计算值为 1.289 48 m,以此为项目区内施工的高差均值。与测量高差比值计算土方量的估算精度,按照平均误差计算精度为 87.44%,按照标准差计算精度为 91.55%。

表 1　各个图斑土方量权重高差表

图斑编号	高差(m)	权重	权重高差(m)
16/71	1.530	0.619 36	0.947 62
21/71	1.155	0.060 87	0.070 31
33/74	0.913	0.154 83	0.141 36
14/74	0.697	0.019 95	0.013 90
25/74	0.785	0.059 71	0.046 87
26-3/74	0.814	0.085 28	0.069 42

3　意义

基于点对等值线进行插值加密的方法,采用 TIN 的方式内插点,然后加密光滑等高线是一种比较广泛而且成熟的方法。构建的 TIN 应当是最优的 Delaunay 三角网,这样插值出现的等高线才能够最大程度地减少反拐;提出的方法使平整土方量的计算原理简单,应用广泛,工作效率高和成本相对较低,并且其精度基本上能够满足项目前期工作的要求。目前绝大多数主流 GIS 软件都能够支持这种模型的建立与计算,因此这种方法具有重要的推广意义。

参考文献

[1]　柯晓山,张玮,王荣静,等.采用不规则三角网插值进行土地整理项目前期平整土方量的计算.农业工程学报.2004,20(3):243-246.

[2]　张光辉.快速计算土方量的方法.测绘通报,1997,(5):23-24.

[3]　刘桦.土方量的表格法测算.测绘通报,2000,(4):64-65.

[4]　彭仪普.Delaunay 三角网与 Voronoi 图在 GIS 中的应用研究.测绘工程,2002,11(3):10-12.

斜齿圆柱齿轮的传动优化模型

1 背景

齿轮传动由于具有传动效率高、工作可靠、寿命长等优点成为机械传动中应用最广泛和重要的一种传动方式。传统的齿轮强度理论不计齿间摩擦,但一系列的研究表明齿间摩擦对齿轮强度的影响不容忽视。人们总希望设计出体积小、承载能力大及传动效率高的齿轮传动。李秀莲等[1]将以一对外啮合斜齿轮传动为研究对象,结合工程实践,应用模糊设计理论和可靠性设计理论,建立摩擦力作用下标准斜齿圆柱齿轮传动的模糊可靠优化模型,然后利用遗传算法对其进行优化处理。

2 公式

2.1 目标函数

以齿轮的分度圆体积近似替代斜齿圆柱齿轮的体积,则目标函数可表示为:

$$F(x)=\frac{\pi b(d_1^2+d_2^2)}{4}=\frac{\pi\varphi_d(1+u^2)m_n^3z_1^3}{4\cos^3\beta} \tag{1}$$

式中,b 为齿宽,mm;d_1 为齿轮 1 分度圆直径,mm;d_2 为齿轮 2 分度圆直径,mm;φ_d 为齿宽系数;u 为齿数比;m_n 为法面模数,mm;z_1 为齿轮 1 齿数;β 为螺旋角,(°)。

2.2 设计变量

取小齿轮的齿数 z_1、法面模数 m_n、螺旋角 β、齿宽系数 φ_d 为设计变量,即

$$x=\{x_1,x_2,x_3,x_4\}^T=\{z_1,m_n,\beta,\varphi_d\}^T \tag{2}$$

2.3 约束条件

2.3.1 齿面接触疲劳强度的模糊可靠性约束

由文献可知,摩擦力作用下斜齿圆柱齿轮齿面接触应力为(具体过程略去):

$$\sigma_H=Z_EZ_H\sqrt{\frac{2KT_1}{\varphi_d\varepsilon_a d_1^3}\frac{u+1}{u}\frac{1+3f^2}{1-f\tan\alpha}}=Z_EZ_H\sqrt{\frac{2KT_1}{\varphi_d\varepsilon_a d_1^3}\frac{u+1}{u}}\rho(f) \tag{3}$$

式中,Z_E 为弹性影响系数,$\sqrt{\mathrm{MPa}}$;Z_H 为区域系数;K 为载荷系数;T_1 为(小)齿轮 1 传递扭矩,N · mm;ε_a 为端面重合度;f 为齿间滑动摩擦因数;α_t 为端面压力角,(°);$\rho(f)$ 为摩擦影

响因子。

假定 u、m_n、z_1、α_t、φ_d 为确定值,其余各参数及系数按随机变量来处理,认为各变量均服从正态分布。得到斜齿圆柱齿轮齿面接触应力的变异系数、均值和标准差分别为:

$$C_{\sigma_H} = \left[C_{Z_H}^2 + C_{Z_E}^2 + C_{\rho(f)}^2 + \frac{1}{4}(C_K^2 + C_{T_1}^2 + C_{\varepsilon_A}^2) \right]^{\frac{1}{2}}$$

$$\overline{\sigma_H} = \overline{Z_H Z_E} \sqrt{\frac{2\,\overline{KT_1}}{\varphi_d d_1^3 \overline{\varepsilon_\alpha}} \frac{u+1}{u} \overline{\rho(f)}}$$

$$S_{\sigma H} = \overline{\sigma H} \cdot C_{\sigma H}$$

式中,$\overline{Z_H}$、C_{Z_H}、$\overline{Z_E}$、C_{Z_E} 分别为相应参数 Z_H、Z_E 的均值和变异系数。

假设齿面接触应力服从正态分布,其概率密度函数为:

$$p\sigma_H(x) = \frac{1}{\sqrt{2\pi} S_{\sigma_H}} \exp\left[-\frac{(x - \overline{\sigma_H})^2}{2S_{\sigma_H}^2} \right]$$

若齿面接触应力的隶属函数为 $\mu_{\sigma H}(x)$ 时,则齿面接触疲劳强度的模糊可靠度为:

$$R_H = \int_{-\infty}^{+\infty} \mu\sigma_H(x) p\sigma_H(x)\,\mathrm{d}x$$

根据设计要求的可靠度 R_{H0},可得齿面接触疲劳强度的模糊可靠性约束为:

$$g_1(x) = R_H - R_{H0} \geq 0 \tag{4}$$

2.3.2 齿根弯曲疲劳强度的模糊可靠性约束

根据文献推导出摩擦力作用下斜齿圆柱齿轮齿根弯曲应力为:

$$\sigma_{Fi} = \frac{2KT_1 Y_{Fai} Y_{sai} Y_\beta \cos^4\beta}{\varphi_d m_n^3 z_1^2 \cos\beta_b} \lambda_i f \tag{5}$$

$$
\begin{cases}
\Delta h_i = \dfrac{m_n}{2}(z_{vi} + 2h_{an}^*)\left(\dfrac{\pi}{2z_{vi}} - inv\alpha_n\right)(\tan\alpha_{Fani} + \mathrm{ctan}\,\alpha_{Fani}) \\
\alpha_{Fani} = \tan\alpha_{avi} - \dfrac{\pi}{2z_{vi}} - inv\alpha_n \\
h_{Fai} = (2h_{an}^* + c_n^*)m_n - \dfrac{m_n}{2}(z_{vi} + 2h_{an}^*)\left(\dfrac{\pi}{2z_{vi}} - inv\alpha_{avi} + inv\alpha_a\right)\tan\alpha_{Fani} \\
\alpha_{avi} = \arccos\left(\dfrac{z_{vi}\cos\alpha_n}{z_{vi} + 2h_{an}^*}\right) \\
\alpha_{ati} = \arccos\dfrac{z_{vi}\cos\alpha_t}{z_i + 2h_{an}^*\cos\beta} \\
\alpha_t = \arctan\left(\dfrac{\tan\alpha_n}{\cos\beta}\right) \\
\lambda_2(f) = \dfrac{1 + f\left(1 + \dfrac{\Delta h_2}{h_{Fa2}}\right)\tan\alpha_{Fan2}}{1 + f\left[\tan\alpha_t + \dfrac{z_2}{z_1}(\tan\alpha_t - \alpha_{at2})\right]} \\
\lambda_1(f) = \dfrac{1 + f\left(1 + \dfrac{\Delta h_1}{h_{Fa1}}\right)\tan\alpha_{Fan1}}{1 + f\alpha_{at1}}
\end{cases}
$$

式中，Y_{Fa1}为齿轮 1 的齿形系数；Y_{Fa2}为齿轮 2 的齿形系数；Y_{Sa1}为齿轮 1 的应力校正系数；Y_{Sa2}为齿轮 2 的应力校正系数；Y_β 为螺旋角影响系数；β_b 为基圆螺旋角，(°)；z_{v1}为齿轮 1 的当量齿数；z_{v2}为齿轮 2 的当量齿数；α_n 为法面压力角(°)；h_{an}^*为法面齿顶高系数($h_{an}^*=1$)；c_n^*为法面齿顶隙系数，($c_n^*=0.25$)；α_{av1}为齿轮 1 当量齿轮的齿顶圆压力角，(°)；α_{av2}为齿轮 2 当量齿轮的齿顶圆压力角，(°)；α_{at1}为齿轮 1 端面齿顶圆压力角，(°)；α_{at2}为齿轮 2 端面齿顶圆压力角，(°)；α_{Fan1}为过齿轮 1 当量齿轮的齿顶渐开线所作切线与轮齿中线相交于 E，两线所夹锐角，(°)；α_{Fan2}为过齿轮 2 当量齿轮的齿顶渐开线所作切线与轮齿中线相交于 E'，两线所夹锐角，(°)；h_{Fa1}为 K(齿轮 1 当量齿轮在齿顶啮合时，其所承受的法向载荷与轮齿中线相交于点 K)至危险截面的距离，mm；h_{Fa2}为 K'(齿轮 2 当量齿轮在齿顶啮合时，其所承受的法向载荷与轮齿中线相交于点 K')至危险截面的距离，mm；Δh_1 为点 K 至点 E 距离，mm；Δh_2 为点 K'至点 E'距离，mm；$\lambda_1(f)$为齿轮 1 摩擦影响因子；$\lambda_2(f)$为齿轮 2 摩擦影响因子。

分析思路同上，可得斜齿圆柱齿轮齿根弯曲疲劳应力的变异系数、均值和标准差分别如下：

$$C_{\sigma Fi} = [C_K^2 + C_{T_1}^2 + C_{Y_{Fai}}^2 + C_{Y_{Sai}}^2 + C_{\lambda_I(f)}^2 + C_{Y_{\beta_I}}^2]^{\frac{1}{2}}$$

$$\overline{\sigma_{Fi}} = \frac{2\,\overline{KT_1 Y_{Fai} Y_{Sai} Y_{\beta i}}\cos^4\beta}{\varphi_d m3nz21\cos\beta_b}\overline{\lambda_i(f)}$$

$$S\sigma_{Fi} = \overline{\sigma_{Fi}} C_{\sigma_{Fi}}$$

式中参数意义同前。假设齿根弯曲应力服从正态分布,其概率密度函数为:

$$\rho_{\sigma_{Fi}(x)} = \frac{1}{\overline{2\pi} S_{\sigma_{F_i}}}\exp\left[-\frac{(x-\overline{\sigma_{Fi}})^2}{2S_{\sigma_{F_i}}^2}\right]$$

若齿根弯曲应力的隶属函数为$\mu_{\sigma Fi}(x)$时,则齿根弯曲疲劳强度的模糊可靠度为:

$$R_{Fi} = \int_{-\infty}^{\infty} \mu\sigma_{Fi}(x) p\sigma_{Fi}(x)\,\mathrm{d}x$$

根据设计要求的可靠度R_{F0},可得齿根弯曲疲劳强度的模糊可靠性约束为:

$$\begin{cases} g_2(x) = R_{F1-}R_{F0} \geqslant 0 \\ g_3(x) = R_{F2} - R_{F0} \geqslant 0 \end{cases} \tag{6}$$

2.3.3 压力角约束

$$\underline{\alpha_0} \leqslant g_4(x) = \alpha_n \leqslant \overline{\alpha_n} \tag{7}$$

式中,$\underline{\alpha_0}$、$\overline{\alpha_n}$分别为压力角α_n的模糊下限及上限。

2.3.4 齿数比约束

$$\underline{u} \leqslant g_5(x) = u \leqslant \bar{u} \tag{8}$$

2.3.5 重合度约束

$$\underline{\varepsilon_\gamma} \leqslant g_6(x) = \varepsilon_\gamma \leqslant \overline{\varepsilon_\gamma} \tag{9}$$

2.3.6 设计变量约束

$$\begin{cases} \underline{z_1} \leqslant g_7(x) = z_1 \leqslant \overline{z_1} \\ \underline{m_n} \leqslant g_8(x) = m_n \leqslant \overline{m_n} \\ \underline{\beta} \leqslant g_9(x) = \beta \leqslant \bar{\beta} \\ \underline{\varphi_d} \leqslant g_{10}(x) = \varphi_d \leqslant \overline{\varphi_d} \end{cases} \tag{10}$$

2.4 模糊约束的隶属函数

2.4.1 性能约束

$$\mu(x)=\begin{cases}1 & (0 \leqslant x \leqslant x^{-L}) \\ \dfrac{x-x^{-U}}{x^{-L}-x^{-U}} & (x^{-L} \leqslant x \leqslant x^{-U}) \\ 0 & (\text{其他情况})\end{cases}$$

2.4.2 几何约束

$$\mu(x)=\begin{cases}1 & (x^{U} \leqslant x \leqslant x^{-L}) \\ \dfrac{x-x^{-U}}{x^{-L}-x^{-U}} & (x^{-L} \leqslant x \leqslant x^{-U}) \\ \dfrac{x^{-u}-x^{L}}{\underline{x}^{L}-\underline{x}^{U}} & (x^{L} \leqslant x \leqslant \underline{x}^{U}) \\ 0 & (\text{其他情况})\end{cases}$$

式中：x^{-U}、x^{-L}、$\underline{x}^{U}$、$\underline{x}^{L}$ 分别为过渡区间的上下界，其取值可用扩增系数法加以确定。

3 意义

李秀莲等[1]以渐开线斜齿圆柱齿轮传动的小齿轮齿数、法面模数、螺旋角、齿宽系数为设计变量，以两齿轮的体积之和为最小目标函数，应用模糊设计理论和可靠性设计理论，建立摩擦力作用下标准斜齿圆柱齿轮传动的模糊可靠性优化设计的数学模型，用遗传算法对其进行优化，建立了更接近于客观实际的数学模型。遗传算法是一种模拟生物进化机制的优化方法，其特点是可以多点同时寻优和收敛速度快，且可获得全局最优解。由于齿轮传动在工程上应用广泛，用此设计方法将产生显著的经济效益。

参考文献

[1] 李秀莲，董晓英，雷良育．采用遗传算法计入摩擦力作用的标准斜齿轮传动模糊可靠优化．农业工程学报．2004，20(3)：97-99.

温室环境的预测模型

1 背景

温室环境模型作为温室内外环境、作物和控制设备之间相互作用和内在关系的定量描述,在温室设计和环境控制中都有重要作用。国内对连栋温室环境模型研究较为薄弱,很大程度上还仅限于对单个环境因子的研究。李树海等[1]以多层覆盖连栋温室作为研究对象,针对温室环境中最基础和最重要的热湿环境问题,建立连栋温室温、湿度环境的动态机理性模型,它能够在给定的室外温度、相对湿度、太阳辐照度、风速和设备(加热器、湿垫、风机、侧窗、天窗、内外遮阳幕)的不同工作状态下,预测室内温度、湿度、能流密度、水汽流密度等的状况和变化趋势。

2 公式

2.1 显热收支平衡

对于内遮阳幕未展开、其上下空间连成一体时的情况,室内空气显热收支平衡表示如下:

$$(V_{a1}+V_{a3})\cdot C_a\cdot d_a\frac{dt_{a1}}{dt}=A_c\cdot h_{c1,d}\cdot(t_{c1}-t_{a1})+A_s\cdot h_{s1,a}\cdot(t_{s1}-t_{a1})$$
$$+A_p\cdot h_{p,a}\cdot(t_p-t_{a1})+A_h\cdot h_{h,a}\cdot(t_h-t_{a1})$$
$$+Q_{vent,a1}\cdot C_a\cdot d_a\cdot(t_0-t_{a1})+A_{side}\cdot h_{a1,0}\cdot(t_0-t_{a1})\qquad(1)$$

式中,t 为时间,s;V_{a3},V_{a1} 分别为内遮阳幕上、下空间体积,m^3;C_a 为空气比热容,J/(kg·℃);ρ_a 为空气密度,kg/m^3;A_c,A_s,A_p,A_h,A_{side} 分别为顶部覆盖材料、地面、作物叶片、加热器、侧墙的面积,m^2;t_a,t_{c1},t_{s1},t_p,t_h,t_0 分别为室内空气、内层覆盖材料、土壤表面、作物叶面、加热器、室外空气的温度,℃;$h_{c1,d}$,$h_{s1,a}$,$h_{p,a}$,$h_{h,a}$,$h_{a1,o}$ 分别为内层覆盖材料与下部空气、土壤表面与空气、作物叶片与空气、加热器与空气的对流换热系数和侧墙的传热系数,W/(m^2·K);$Q_{vent,o\to a1}$ 为 $a1$ 空间与室外的通风量,m^3/s。

室内空气水汽收支平衡表示如下:

$$(V_{a1}+V_{a3})\frac{\mathrm{d}i_{a1}}{\mathrm{d}t}=A_s\cdot g_{trans}\cdot(\chi_p-\chi_{a1})-A_c\cdot g_{cond,a1c1}\cdot(\chi_{a1}-\chi_{c1}^*)$$

$$+ Q_{vent,\sigma\to a1} \cdot (\chi_0 - \chi_{a1}) + A_s \cdot g_{evap} \cdot (\chi_{s1}^* - \chi_{a1}) \tag{2}$$

式中，χ_{a1}为室内空气的蒸汽密度，kg/m³；χ_0为室外空气的蒸汽密度，kg/m³；χ_p为作物叶片的等效水汽密度，kg/m³；χ_{c1}^*，χ_{s1}^*分别为对应于内覆盖材料、土壤表面温度的饱和蒸汽密度，kg/m³；g_{trans}，$g_{cond,a1c1}$，g_{evap}分别为作物蒸腾、壁面凝结、地面蒸发的蒸汽传导率，m/s。

2.2 长波辐射

如图1所示，对于固体壁面i，设它的上下表面分别为表面i和表面$i+1$，它吸收的净热辐射能为：

$$\varphi_{tr,x} = \frac{TR_{i,d} - TR_{i,u} - TR_{i+1,d} + TR_{i+1,u}}{A_i} \quad (i = 1,3,\cdots,9) \tag{3a}$$

及

$$\varphi_{tr,sky} = \frac{TR_{sky,u} - TR_{sky,d}}{A_{sky}} \quad (对天空) \tag{3b}$$

$$\varphi_{tr,s1} = \frac{TR_{11,d} - TR_{11,u}}{A_{11}} \quad (对地面) \tag{3c}$$

式中，$TR_{i,u}$为相对表面i向上热辐射能量，W；$TR_{i,d}$为相对表面i向下的热辐射能量，W；$\varphi_{tr,x}$为i表面吸收的热辐射能，W/m²；A_x为i表面的面积，m²。

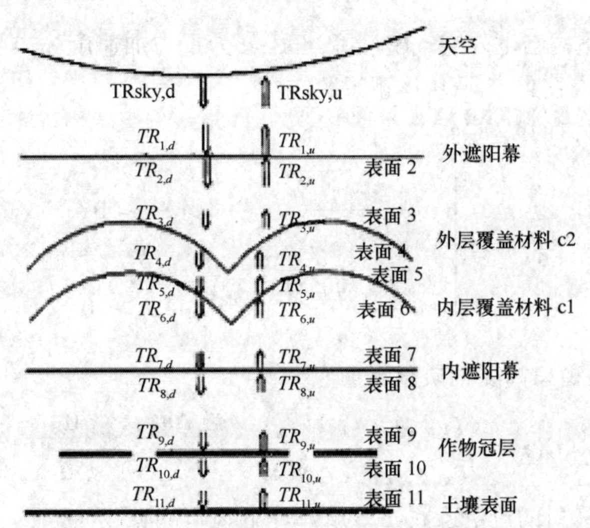

图1　多层覆盖连栋温室热辐射示意图

表面i的有效入射和有效出射可表达为：

$$TR_{i,d} = TR_{i-1,d} \cdot Z_{t-1,j} + TR_{i,u} \cdot Z_{i,j}$$

$$TR_{i,u} = A_i \cdot e \cdot X_i \cdot T_i^4 + TR_{i,d} \cdot d_i + TR_{i+1,u} \cdot f_{i+1} \quad (i = 1,3,5,7,9) \tag{4a}$$

或

$$TR_{i,d} = A_i \cdot e \cdot X_i \cdot T_i^4 + TR_{i,u} \cdot d_i + TR_{i-1,d} \cdot f_{i-1}$$

$$TR_{i,u} = TR_{i+1,u} \cdot Z_{i+1,j} + TR_{i,d} \cdot Z_{i,j} \quad (i = 2,4,6,8,10) \tag{4b}$$

以及

$$TR_{sky,d} = A_{sky} \cdot e \cdot X_{sky} \cdot T_{sky}^4 + TR_{sky,u} \cdot d_{sky}$$

$$TR_{sky,u} = TR_{1,u} \cdot Z_{1,sky} \text{(对天空)} \tag{4c}$$

和

$$TR_{11,d} = TR_{10,d} \cdot Z_{10,11}$$

$$TR_{11,u} = A_{11} \cdot e \cdot X_{11} \cdot T_{11}^4 + TR_{11,d} \cdot d_{11} \quad \text{(对地面)} \tag{4d}$$

式中,T_i 为 i 表面的绝对温度,K;ε_i 为 i 表面的热辐射发射率;τ_i 为 i 表面的热辐射透射率;ρ_i 为 i 表面的热辐射反射率;σ 为斯忒藩-波耳兹曼常数,W/K^4;$\eta_{i,j}$为表面 i 对表面 j 的角系数。

2.3 自然通风量

采用压力分布法求解温室的自然通风量。设温室共有 n 个自然通风窗口,在中和面离地高度 H_n 处,内外静压差为零。对于第 i 个通风洞口,z 高度处的内外压差为:

$$\begin{aligned}\Delta p_i(z) &= (\rho_0 - \rho_{a1}) \cdot g(H_n - z) + \frac{1}{2}CW_i \cdot \rho_0 v_0^2 \\ &= (\rho_0 - \rho_{a1}) \cdot gH_n + \frac{1}{2}CW_i \cdot \rho_0 v_0^2 - (\rho_0 - \rho_{a1}) \cdot g \cdot z\end{aligned} \tag{5}$$

式中,ρ_{a1},ρ_0 分别为室内与室外空气密度,kg/m^3;g 为重力加速度,m/s^2;H_n 为中和面高度,m;v_0 为室外风速,m/s;CW_i 为风压体型系数。

在高度 z 处通风口的风速为:

$$v(z) = \begin{cases} \sqrt{\dfrac{2 \cdot \Delta p_i(z)}{\rho_0}} & \text{当 } \Delta p(z) \geqslant 0 \\ \sqrt{\dfrac{-2 \cdot \Delta p_i(z)}{\rho_{a1}}} & \text{当 } \Delta p(z) < 0 \end{cases} \tag{6}$$

在高度 z 处单位窗口高度的质量流量为:

$$G(z) = \begin{cases} \rho_0 \cdot \mu_i \cdot L_i \cdot v(z) & \text{当 } \Delta p(z) \geqslant 0 \\ \rho_{a1} \cdot \mu_i \cdot L_i \cdot v(z) & \text{当 } \Delta p(z) < 0 \end{cases} \tag{7}$$

式中,μ_i 为第 i 个通风口的流量系数;L_i 为第 i 个通风口的宽度,m。

将式(6)代入式(7),可得:

$$G(z) = \begin{cases} \sqrt{2 \cdot \Delta p_i(z)\rho_0} \cdot \mu_i \cdot L_i & \text{当 } \Delta p(z) \geqslant 0 \\ -\sqrt{-2 \cdot \Delta p_i(z)\rho_{a1}}\mu_i \cdot L_i & \text{当 } \Delta p(z) \leqslant 0 \end{cases} \tag{8}$$

将 $G(z)$ 沿窗口高度方向积分,得到第 i 个通风口的净质量流量为:

$$G_i = \int_{bi}^{ti} G(z)\,\mathrm{d}z \tag{9}$$

在计算温室自然通风量时,首先任意给出中和面高度 H_n,在给定室外风速和室内外温

度的条件下,根据式(5)~式(9)计算温室各个通风口的通风量,然后将各通风口通风量累加:

$$G_{tot} = \sum_{i=1}^{n} G_i \tag{10}$$

若 $G_{tot} \neq 0$,则调节 H_n 的大小,直至 G_{tot} 等于0,然后将各通风口的进风量相加就是温室的自然通风量。

空气层 $a_i(i=1,2,3)$ 的冷风渗透量取为 $Q_{vent,a_i} = V_{ai} \cdot \theta/3600$,其中 θ 为体积换气次数,次/h。内遮阳幕上下两空间的空气交换量 $Q_{vent,a_1} \to a_3 = A_s \cdot v_1$,其中 v_1 为通过遮阳幕的平均渗透风速,m/s。

2.4 机械通风量

假设:①温室有 n 个通风口,面积和流量系数分别为 A_j 和 μ_j;②m 台风机,风量-静压的关系为:$Q_i = \xi_i(\Delta p)$;③湿垫面积为 A_{pad},其风速-过帘阻力的函数关系为:$v = \Psi(\Delta p)$;④温室中没有压降。

根据质量平衡的原则,即风机的排风量等于湿垫和通风口的进风量,应有:

$$\sum_{i=1}^{m} \xi_i(\Delta p) = A_{pad} \cdot \psi(\Delta p) + \sum_{j=1}^{n} \mu_j \cdot A_j \sqrt{\frac{2\Delta p}{po}} \tag{11}$$

在风机、湿垫型号和通风口几何尺寸确定的情况下,式(11)是以 Δp 为未知量的代数方程。可采用牛顿迭代法,求出 Δp,可得机械通风量为:

$$Q_{vent,al} = \sum_{i=1}^{m} f_i(\Delta p) \tag{12}$$

2.5 对流换热

(1)覆盖材料与室外空气间的对流换热系数

$$h_{c2,u} = 7.2 + 3.84 v_0 \quad [\mathrm{W/(m^2 \cdot K)}] \tag{13}$$

(2)内覆盖材料与空气间的对流换热系数

$$h_{c1,d} = 2.21 \mid T_{a1} - T_{c1} \mid \quad [\mathrm{W/(m^2 \cdot K)}] \tag{14}$$

(3)土壤表面与空气间的对流换热系数

$$h_{s1,a1} = 1.86 \mid T_{a1} - T_{c1} \mid \quad [\mathrm{W/(m^2 \cdot K)}] \tag{15}$$

(4)作物叶片与空气间的对流换热的努赛尔数

$$Nu = 1.4 Gr^{0.33} \tag{16}$$

外遮阳幕与空气的对流换热系数按式(13)计算,内遮阳幕与空气、外覆盖材料上、下表面与空气间的对流换热系数按式(14)计算,散热器与空气间的对流换热系数可取为常数。

2.6 水汽传导率

2.6.1 地面蒸发

地面蒸发的水汽传导率 g_{evap} 与土壤含水量有关,表示为:

$$g_{evap} = U \cdot \frac{h_{s1,a}}{C_a \cdot (\rho_a + \chi_{a1})} \tag{17}$$

式中,β 为表征土壤潮湿程度的量。

$$U = \frac{W_g - W_{wilt}}{0.75W_{fc} - W_{wilt}} \tag{18}$$

式中,W_g 为土壤含水量,kg/m^3;W_{wilt} 为萎蔫含水量,kg/m^3;W_{fc} 为田间持水量,kg/m^3。

2.6.2 覆盖材料表面凝结

在温室中,x 空间到 y 表面凝结的水汽传导率 $g_{cond,x\to y}$ 可由下式求得:

$$g_{cond,x\to y} = \begin{cases} 1.64 \times 10^{-3} \mid t_x - t_y \mid & 当\chi_x > \chi_y^* \\ 0 & 当\chi_x \leqslant \chi_y^* \end{cases} \tag{19}$$

2.6.3 作物蒸腾

作物蒸腾的水汽传导率可以表示为:

$$g_{trans} = \frac{2LAI}{(1+\varepsilon) r_b + r_s} \tag{20}$$

式中,LAI 为叶面积指数;r_b 为叶面边界层阻力,s/m;r_s 为叶面气孔阻力,s/m;ε 为蒸汽饱和时潜热显热变化比。

叶片的等效蒸汽密度为:

$$\chi_p = \chi_{a1}^* + \varepsilon \frac{r_b \cdot (\chi_{sr,p} + \chi_{tr,p})}{2LAI \cdot \lambda} \tag{21}$$

式中 χ_{a1}^* 为对应于空气温度的饱和水气密度;$\chi_{sr,p}$、$\chi_{tr,p}$ 分别为植物冠层吸收的太阳辐射和热辐射,W/m^2;λ 为水的蒸发潜热,J/kg。

3 意义

根据温室环境的相关分析,建立了多层覆盖连栋温室的温、湿度动态机理模型,定量描述了温室内的对流换热、土壤热传导、太阳辐射、长波热辐射、植物蒸腾、地面蒸发、水汽凝结、机械通风和自然通风等物理过程,根据质能平衡原理,对覆盖材料、室内空气、作物、土壤等建立了质能平衡方程。利用有效辐射的概念,推导出了内外遮阳幕、内外覆盖材料、作物冠层、地表、室外天空之间的辐射热交换计算方法。利用压力分布法,推导出了具有顶窗、侧窗和湿垫等多个通风口时的风压和热压通风量计算式。与其他研究者提出的温室环境模型相比,本模型具有更为广泛的适用性。

参考文献

[1] 李树海,马承伟,张俊芳,等. 多层覆盖连栋温室热环境模型构建. 农业工程学报. 2004,20(3):217-220.

颗粒饲料的热物性模型

1 背景

热特性参数是饲料加工过程研究中必不可少的参数。饲料加工过程中的诸多过程,如调质过程淀粉的糊化、冷却过程颗粒的冷却等,都伴有热量的传递现象。研究这些热传递问题,用以分析饲料内部温度和水分的变化规律、控制饲料干燥的速率以及设计相关的加工设备。而此时热物性参数是这些研究的基础。为解决目前颗粒饲料热物性参数研究缺乏的问题,宗力和彭小飞[1]以6种典型的颗粒饲料为对象,对其比热做了初步的测定研究。

2 公式

1892年,美国科学家提出[2]:农业物料的比热可以取为物料中水的比热以及物料中固态成分的比热之和。据此假设,农业物料比热和含水率呈线性关系:

$$C = C_d(1 - M) + C_w M \tag{1}$$

式中,C 为农业物料比热,kJ/(kg·K);C_w 为水的比热,kJ/(kg·K);C_d 为固体干物质比热,kJ/(kg·K);M 为湿基含水率,kg/kg。

但试验研究证明[3],物料比热的实测值总是大于上式的计算值,特别是在物料含水率较低时误差更大,其原因可能是物料中结合水比自由水有较高的比热值。

比热实验测定方法主要有混合法、保护热板法、差式扫描量热法和比较热量量热法等。宗力和彭小飞[1]采用混合法。

颗粒的比热根据下式计算[2]:

$$C_s = \frac{m_r C_r(T_r - T_p) - m_c C_c(T_p - T_s)}{m_s(T_p - T_s)} \tag{2}$$

式中,C_s 为颗粒比热,kJ/(kg·K);m_s 为颗粒质量,kg;T_s 为颗粒初温,℃;C_r 为热水比热,kJ/(kg·K);m_r 为热水质量,kg;T_r 为热水初温,℃;T_p 为平恒温度,℃;$C_c m_c$ 为量热器热容量,kJ/K。

上式涉及的量热器热容量 $C_c m_c$ 测定须事先进行测定。通常采用热水与冷水混合法,即首先在量热器中加入质量为 m_l、温度为 T_l 的冷水,然后再加入质量为 m_r,温度为 T_r 的热水,待达到热平衡时,记下平衡温度 T_p。量热器热容量 $C_c m_c$ 采用下式计算:

$$C_c m_c = \frac{C_r m_r (T_r - T_p) - C_l m_l (T_p - T_l)}{(T_p - T_l)} \tag{3}$$

式中，T_l 为冷水温度，℃；m_l 为冷水质量，kg。

用混合法测定物料比热，其误差来源主要是测量过程中热量的损失，这些热损失通常会使计算的比热值偏大，因此须做适当的热量补偿，对其进行修正。参照相关文献的研究方法[4,5]，本试验采用图解法来修正系统热损失，如图 1 所示。

由图可知：

$$T_r = T_c - \Delta T_1, T_p = \Delta T_2 + T_d$$

其中，

$$\Delta T_1 = \frac{1}{2}\tan\alpha \cdot (t_d - t_c)$$

$$\Delta T_2 = \frac{1}{2}\tan\beta \cdot (t_d - t_c) \tag{4}$$

式中，ΔT_1 为热水初温修正量，℃；ΔT_2 为平衡温度修正量，℃；$t_d - t_c$ 为达到热平衡所用时间，s；α 为热水初温处冷却曲线与水平轴的夹角；β 为平衡温度处冷却曲线与水平轴的夹角。

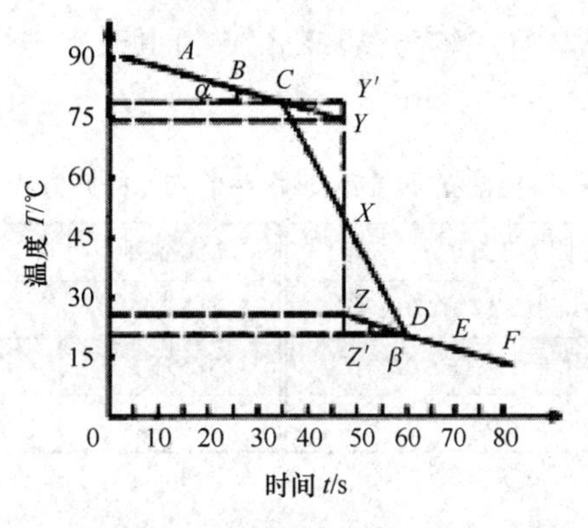

图 1 量热器热损失修正图

根据测定数据，利用 Matlab 及 SAS 软件进行一元线性回归和单因素方差分析，得出在 3 个温度水平下比热 C 关于含水率 W 的回归方程式，如表 1 所示。

表 1 比热关于含水率的回归方程

饲料品种	样品温度 T/(℃)		
	21.0	36.0	50.0
10.3	C=5.206W+1.073	C=5.006W+1.317	C=4.708W+1.485
108	C=5.150W+1.001	C=4.863W+1.255	C=4.649W+1.451
511	C=5.223W+1.035	C=5.086W+1.245	C=4.865W+1.458

续表

饲料品种	样品温度 T/(℃)		
	21.0	36.0	50.0
513	$C=5.112W+1.029$	$C=4.818W+1.270$	$C=4.634W+1.494$
551	$C=5.091W+1.098$	$C=4.932W+1.214$	$C=4.744W+1.464$
655-3	$C=5.265W+1.162$	$C=4.931W+1.325$	$C=4.727W+1.48$

在给定某含水率 W_0 的情况下,可确定相应比热值 C_0 置信区间为 0.99 的预测区间 (C_0-X_0, C_0+X_0)。其中,

$$X_0 = t_{1-\alpha/2}(n-2) \cdot \sigma_{x_0} \tag{5}$$

式中:X_0 为偏移量;$1-\alpha/2$ 为 t 分布分位数;σ_{X0}为标准差。

把每个温度条件下的方程系数平均后,得到比热关于颗粒饲料含水率的数学模型为:

$$\begin{cases} C = 5.176W + 1.049 & (21℃) \\ C = 4.939W + 1.271 & (36℃) \\ C = 4.738W + 1.468 & (50℃) \end{cases} \tag{6}$$

把比热 C 关于温度 T 和含水率 W 进行二元线性回归,并进行双因素方差分析。二元回归方程如表 2 所示。

表 2　比热关于温度、含水率的二元回归方程式

饲料品种	同归方程式	饲料品种	同归方程式
103	$C=0.9611+4.9521W+0.0124T$	511	$C=0.7540+5.0584W+0.0138T$
108	$C=0.7212+4.8853W+0.0144T$	551	$C=0.8363+4.9251W+0.0118T$
513	$C=0.7324+4.8546W+0.0149T$	655-3	$C=0.8388+4.9745W+0.0124T$

把二元回归方程平均化后,得到的颗粒饲料比热模型为:

$$C = 0.8073 = 4.9417W + 0.0133T \tag{7}$$

式中:C 为颗粒饲料比热,kJ/(kg·K);W 为颗粒饲料含水率,kg/kg;T 为颗粒饲料温度,℃。

3　意义

根据以 6 种典型的颗粒饲料为对象的分析,建立了颗粒饲料的热物性模型,解决了目前颗粒饲料热物性参数研究缺乏的问题。利用混合法对其比热做了初步的测定研究,得出了颗粒饲料比热关于含水率和温度的二元数学模型。这些模型的建立将为饲料领域的相关研究提供参考。同一温度和含水率条件下不同颗粒的比热有一定的差别,据 Siebel 的假设,是颗粒组分的差异所造成的。由于在饲料组分及其比热的研究上存在一定的局限,饲料比

热与其组分之间的数学关系有待进一步的研究。

参考文献

[1] 宗力,彭小飞. 混合法测定颗粒饲料比热的初步研究. 农业工程学报. 2004,20(3):201-204.

[2] Mohsenin N N. Thermal Properties of Foods and Agricultural Materials. New York:Gordon and Breach Science Publishers,1980.

[3] 周祖锷. 农业物料学. 北京:农业出版社,1990,134-135.

[4] 谢秀英,刘建学. 高水分农副产品物料比热的研究. 洛阳工学院学报,1993(9),53-58.

[5] 谢奇珍. 谷物干燥特性及应用的研究. 中国农业大学,1991,26-31.

土地利用的变化幅度公式

1 背景

随着信息化技术的发展,遥感和 GIS 技术的运用,区域土地利用/覆盖变化(LUCC)研究正成为全球变化研究的前沿和热点问题,并取得了一定进展。黄土高原地区是我国水土流失最严重的地区,本区生态环境脆弱性的特点、成因、作用机制一直是相关领域研究的重点。李宇和董锁成[1]进行定西地区黄土高原土地利用格局研究,对于揭示其土地利用变化的实质,增加土地的集约化程度和实现土地资源的可持续利用具有较重要的现实意义。

2 公式

2.1 土地利用变化率

应用区域综合土地利用动态度进行定西地区土地利用总体变化的分析[2,3]。定义区域综合土地利用动态度(变化率)LC 公式为:

$$LC = \left[\left(\sum_{i=1}^{n} \Delta A_{ij}\right) / \left(2\sum_{i=1}^{n} A_i\right)\right] \times \frac{1}{T} \times 100\% \tag{1}$$

式中,A_i 为初始时期 i 类土地利用类型的面积;ΔA_{ij}为 T 时段内 i 类土地类型转为非 i 类土地利用类型面积;T 为时间段长度(年)。

2.2 土地分类指数变化模型

土地分类指数变化模型可以定量表达某一类型土地利用在空间上相对于区域土地总面积的利用水平和变化趋势。根据土地利用与覆被各个分类指数定义,土地分类指数变化模型 $dI_{it1-it0}$定义为:

$$dI_{it1-it0} = (\Delta I_{it1-it0}/t)$$
$$\Delta I_{it1-it0} = [(a_{it1} - a_{it0})/A] \times 100 \tag{2}$$

式中,$dI_{it1-it0}$为时间段 t 对应的 i 类型土地分类指数变化率;$\Delta I_{it1-it0}$为区域 i 类型土地分类变化指数;a_{it1}为初始监测时间 i 类型土地面积;a_{it0}为监测期末时间 i 类型土地面积;A 为土地总面积;t 为时间段长度(年)。

2.3 多度和重要度公式

多度和重要度可以分别定量表示土地利用空间分布特征和变化的区域方向[3]。定义多度公式为：

$$D = (N_i)/N \times 100\% \quad (3)$$

式中，D 为 i 类型土地利用变化的多度；N_i 为 i 类型土地利用变化斑块类型的个数，个；N 为监测期末区域土地类型斑块总数，个。

重要度表示土地利用类型对于区域的重要程度，是土地利用变化方向的重要依据。定义重要度公式如下：

$$IV_i = D_i + P_i \quad (4)$$

式中，IV_i 为 i 类型土地变化的重要度；D_i 为 i 类型土地利用变化的多度；P_i 为 i 类型土地利用变化斑块面积与土地总面积的百分比。

2.4 马尔柯夫概率模型

在一个马尔柯夫过程中，系统从 t 时刻的一种状态，发展变化到 $t+1$ 时刻的另一种状态，这种转化要求 $t+1$ 时刻的状态只与 t 时刻的状态有关，这种状态变化的可能性称为状态转移概率[4]。引入有限状态马尔柯夫链的土地利用类型初始系统状态矩阵 S_t^T[5]，空间马尔柯夫概率模型定义为：

$$S_{t+\Delta t}^T = S_t^T[p_{ij}](p_{ij} \geqslant 0, i, j \in n; \sum_{j \in n} p_{ij} = 1, i \in n) \quad (5)$$

$$S_t^T = (LU_1, LU_2, \cdots, LU_n) \quad (6)$$

式中，S_t^T 和 $ST_{t+\Delta t}$ 分别是由 n 个土地利用类型状态组成的 t 时刻初始系统状态和 $t+\Delta t$ 时刻的预测期系统状态；$[p_{ij}]$ 为土地利用类型转化概率矩阵，为 t 时刻到 $t+\Delta t$ 时刻由土地利用类型 i 转变为土地利用类型 j 概率矩阵元素组成；LU_i 为土地利用类型 i 的初始状态；n 为土地利用类型数。

3 意义

运用 GIS 空间分析方法，以 1980 年、1995 年和 2000 年 Landsat TM 影像的土地利用空间数据（1∶100 000）为基础，分析了 1980—2000 年定西地区黄土高原各土地利用类型变化的幅度、空间分布特征、方向以及耕地的主要流向，并应用空间马尔柯夫概率模型对定西地区 2015 年土地利用格局进行了预测。从而可知虽然定西地区退耕还林和还草工作以及生态环境治理取得了一定的成绩，但毁林、毁草开荒，农村居民用地快速扩展大量占用耕地等现象仍大量存在表明，生态环境形势依然很严峻。

参考文献

[1] 李宇，董锁成．基于 GIS 的定西地区黄土高原土地利用变化研究．农业工程学报．2004，20(3)：248-251.

[2] 香宝. 京津塘、长江三角洲、珠江三角洲地区土地利用变化比较研究. 北京:中国科学院地理科学与资源研究所,博士后出站报告,2002.

[3] 朱会义,李秀彬,何书金,等. 环渤海地区土地利用的时空变化分析. 地理学报,2001,56(3):253-260.

[4] Acevedo M F, Urban D L, Ablan M. Transition and gap models of forest dynamics. Ecological Applications, 1995,5(4):1040-1055.

[5] 刘思峰,郭天榜,党耀国,等. 灰色系统理论及其应用. 北京:科学出版社,1999.

苹果的等级判别系统模型

1 背景

苹果的外形特征是评价其品质的一个重要指标,对苹果的形状、颜色以及质量的判别是苹果等级判别检测中不可缺少的内容。随着计算机处理速度的不断提高,计算机模拟人类视觉系统,在图像识别与分析中采用人工神经网络技术已经取得较好效果。包晓安等[1]以富士苹果为例,提出了用计算机图像处理与神经网络以及与改进的学习向量量化神经网络融合技术建立一个苹果等级判别系统,从苹果的色泽、果形指数以及质量三个方面综合对苹果等级进行判别,来提高苹果分选精度和速度。

2 公式

2.1 LVQ 神经网络

在 LVQ 网络的学习中,LVQ 网络第一层的净输入 $n_i^1 = -\| w_i^1 - p \|$,第一层的输出 $a^1 = compet(n^1)$。在网络学习进行之前,把输入层的每个神经元指定给线性层中的神经元以产生矩阵 w^2。在 w^2 矩阵中,如果竞争层神经元 i 是指定给类 k,那么设 $w_{ki}^2 = 1$,其他所有元素都设置为 0。一旦定义了 w^2,它将不再改变。LVQ 学习规则[2]是,假设输出为:

$$a^1 = F(| p - w^1 |)$$

式中,p 为输入向量;w_1 为任一神经元的权向量;F 为当 p 与 w^1 之间的距离最小时,神经元的输出为 1,否则为 0。

训练开始时,随机设置每一神经元 w^1,当 p 与 w^1 之间的距离最小,这一神经元被激活,其输出值为 1,其余神经元则被抑制,输出值为 0。权向量调整按下式进行。

$$\Delta w^1 = Z \cdot a^1 \cdot (p - w^1)$$

2.2 LVQ 神经网络的改进及训练

试验过程中发现,在颜色和其他两个参量同样重要的情况下,苹果错分可能性增大。基于这种情况,在参量输入 LVQ 网络前先对这 3 个参量进行处理,即

$$p = w^0 p^0$$

式中,p^0 为原参量;p 为处理后的参量;w^0 为一个对角阵,其中 w^0 的值根据 p^0 分量和 p^0 的各个分量在其分类中的重要性情况选取不同的值。

2.3 苹果的边缘检测

图像边缘检测采用拉普拉斯算子(Laplace Operator)和高斯低通滤波消除噪声相结合的方法。拉普拉斯算子定义公式为：

$$\nabla^2 f(x,y) = \frac{\partial^2}{\partial_x^2} f(x,y) + \frac{\partial^2}{\partial_y^2} f(x,y)$$

以差分运算来代替微分运算：

$$\nabla^2 f(x,y) = f(x+1,y) + f(x-1,y) + f(x,y+1) + f(x,y-1) - 4f(x,y)$$

高斯滤波表达式为：

$$g(x,y) = G(x,y)f(x,y) = \frac{1}{2\pi\sigma^2}\exp\left(\frac{x^2+y^2}{2\sigma^2}\right)f(x,y)$$

其中，σ 为高斯函数的标准差。

拉普拉斯算子和高斯函数相结合为高斯-拉普拉斯算子。

$$\nabla^2 \frac{1}{2\pi\sigma^2}\exp\left(-\frac{x^2+y^2}{2\sigma^2}\right) = -\frac{1}{\pi\sigma^2} \times \left(1 - \frac{x^2+y^2}{2\sigma^2}\right)\exp\left(-\frac{x^2+y^2}{2\sigma^2}\right)$$

2.4 苹果的面积检测

在得到苹果的边缘后，根据格林定理对闭合曲线进行积分计算形心：

$$x_0 \approx \frac{\sum_{k=0}^{n}[y_k(x_k^2 - x_{k-1}^2) - x_k^2(y_k - y_{k-1})]}{2\sum_{k=0}^{n}[y_k(x_k - x_{k-1}) - x_k(y_k - y_{k-1})]}$$

$$y_0 \approx \frac{\sum_{k=0}^{n}[y_k(x_k - x_{k-1}) - x_k(y_k^2 - y_{k-1}^2)]}{2\sum_{k=0}^{n}[y_k(x_k - x_{k-1}) - x_k(y_k - y_{k-1})]}$$

以(x_0,y_0)为形心坐标，设 R 为半径，则球的曲面方程为：

$$(x-x_0)^2 + (y+y_0)^2 + z^2 = R^2$$

则：

$$dA = R/\sqrt{R^2 - (x-x_0)^2 - (y-y_0)^2}$$

苹果实际面积与苹果面积的比为 $S = 2\int dA$，S 为整个苹果的真实面积，同时利用这一方法可求出符合苹果的成熟颜色的面积，算出其面积占整体比例。

2.5 颜色检测的公式

在实际应用中，色度由以下公式确定：

$$\begin{cases} (90° + \arctan^{-1}\{(2R-G-B)/[\sqrt{3}(G-B)]\} + 180°) \times 255/360 & G > B \\ 255° & G = B \\ (90° + \arctan^{-1}\{(2R-G-B)/[\sqrt{3}(G-B)]\}) \times 255/360 & G < B \end{cases}$$

式中，R、G、B 分别代表红、绿、蓝三原色的刺激值。

3 意义

根据中国苹果等级划分主要依靠人工感官进行识别判断的现状，提出了以应用计算机视觉以及图像处理技术为基础，建立苹果的等级判别系统模型，通过改变传统学习向量量化(LVQ)网络输入层各参数的权重来改变其在竞争层中的竞争能力。采用改进后的LVQ网络算法，对苹果进行等级判别试验，取得了良好的试验结果，识别正确率达88.9%，且具有较好的稳定性。

参考文献

[1] 包晓安，张瑞林，钟乐海.基于人工神经网络与图像处理的苹果识别方法研究.农业工程学报.2004，20(3)：109-111.

[2] 边银菊，邹立晔.学习向量量化在地震和爆破识别中的应用.地震地磁观测与研究，2002，23(1)：10-15.

坡面的入渗模型

1 背景

对坡面入渗规律进行研究,可为减少坡面径流,提高降水利用效率,可为发挥土壤生产潜力和改善生态环境提供科学的理论依据。许多学者对此建立了一系列的经验性统计模型和物理性理论模型等确定性模型及随机性模型,所得模型的复杂性及适用性各异,理性理论模型具有一定的通用性,但参数较多,应用不便。赵西宁等[1]采用新的综合集成方法,来分析坡面入渗的不确定性及复杂性,人工神经网络(ANN)中的BP网络模型提供了有效的处理手段。

2 公式

设输入层节点数为 n,隐含层节点数为 q,输出层节点数为 m,任一节点的输出以 O 表示。设有 M 组学习样本,对于第 p 组样本,其输入 $h_{ip}(i=1,\cdots,n;p=1,\cdots,M)$,在输入层,输入节点仅将输入信息通过激活函数 $f(u)$ 的作用传播到隐含层节点上,因此对于任一第 p 组样本,节点输出与输入相等,有 $O_{ip}=h_{ip}$。对于隐含层第 j 个节点,其输入 net_{jp} 和输出 O_{jp} 分别为:

$$net_{ip} = \sum_{i=1}^{n} w_{ji} O_{ip} \tag{1}$$

$$O_{ip} = f(net_{jp}, \theta_j) = [1 + \exp(-net_{jp} + \theta_j)]^{-1} \tag{2}$$

式中,w_{ji} 为输入层第 $i(i=1,2,\cdots,n)$ 节点和隐含层第 $j(j=1,2,\cdots,q)$ 节点的连接权值;θ_j 为隐含层第 j 节点的阈值。

节点作用的激活函数 $f(u)$ 采用Sigmoid型,其表达式为:

$$f(u) = [1 + \exp(-x + \theta)]^{-1} \tag{3}$$

对于输出层第 k 个节点,其输入 net_{kp} 和输出 O_{kp} 分别为:

$$net_{kp} = \sum_{k=1}^{m} w_{kj} O_{jp} \tag{4}$$

$$O_{kp} = f(net_{kp}, \theta_k) = [1 + \exp(-net_{kp} + \theta_k)]^{-1} \tag{5}$$

式中,w_{kj} 为隐含层第 $j(j=1,2,\cdots,q)$ 节点和输出层第 $k(k=1,2,\cdots,m)$ 节点的连接权值;θ_k

为输出层第 k 节点的阀值。

如果设第 P 组样本的期望输出值为 $g_{kp}(k=1,2,\cdots,m)$,其误差 E_p 和训练样本集误差 E 可分别定义为:

$$E_p=\frac{1}{2}\sum_{k=1}^{m}(g_{kp}-O_{kp})^2 \tag{6}$$

$$E=\frac{1}{M}\sum_{p=1}^{M}E_p \tag{7}$$

BP 算法的学习过程要求 E_p 和 E 达到最小,这可通过反复调节网络中各节点的连接权值和阀值来使网络的实际输出值尽可能接近期望输出值。

误差函数调节的连接权值和阀值分别为:

$$\Delta_p w(t+1)=\eta\sigma_{jp}O_{jp}+\alpha\Delta_p w_{ji}(t) \tag{8}$$

$$\theta_j(t+1)=\theta_j(t)+\frac{1}{M}\sum_{p=1}^{M}\Delta p\theta_j \tag{9}$$

式中,$\alpha\Delta_p w_{ji}(t)$ 为动量项;α,η 分别为冲量因子和学习率,取 0~1 之间的数;t 为训练次数。

3 意义

根据野外人工模拟降雨试验得到的不同耕作措施下坡面土壤入渗实测资料,引入人工神经网络建模方法,建立了不同耕作措施,如等高耕作、人工掏挖、人工锄耕和直线坡条件下坡面入渗 BP 网络模型,并利用实测资料对网络进行了训练和预测,取得了较好的结果,说明该模型的建立与求解为复杂坡面土壤入渗规律的研究提供了一条新途径。

参考文献

[1] 赵西宁,王万忠,吴普特,等.坡面入渗的人工神经网络模型研究.农业工程学报,2004,20(3):48-50.

果蔬呼吸的强度模型

1 背景

MAP 又称薄膜气调包装，是利用塑料薄膜包装中果蔬产品的呼吸作用与薄膜透气性之间的平衡，而达到延长果蔬贮藏寿命的一门技术。由于不同的果蔬具有各自的最佳气体环境和最适宜的贮藏温度，使得 MAP 技术在条件的摸索和确立时耗时多，费用大，贮藏效果的重现性差，缺乏统一的指导性原则。进行 MAP 设计的数学模型，必须首先掌握所用薄膜的透气性以及在 MAP 条件下果蔬的呼吸强度特性。张长峰[1]重点归纳了有关在 MAP 条件下果蔬呼吸强度的模型的研究进展，为 MAP 技术更好地应用于果蔬保鲜提供参考。

2 公式

2.1 果蔬 MAP 设计数学模型

在单位时间内，薄膜透过 O_2 的量和 CO_2 的量分别为：

$$\frac{P_o \cdot A}{L}([O_2]_{atm} - [O_2]_{pkg}) \tag{1}$$

$$\frac{P_c \cdot A}{L}([CO_2]_{pkg} - [CO_2]_{atm}) \tag{2}$$

经过一段时间后包装系统达到平衡，即单位时间内薄膜透过 O_2 和 CO_2 的量分别与果蔬吸收 O_2 的量(R_oW)和释放 CO_2 的量(R_cW)与相等。

$$\frac{P_o \cdot A}{L}([O_2]_{atm} - [O_2]_{pkg}) = R_oW \tag{3}$$

$$\frac{P_c \cdot A}{L}([CO_2]_{pkg} - [CO_2]_{atm}) = R_cW \tag{4}$$

式中，P_o、P_c 为薄膜对 O_2 和 CO_2 透气系数，$m^3 \cdot m/(m^2 \cdot s \cdot Pa)$；$A$ 为薄膜表面积，m^2；L 为薄膜厚度，m；$[O_2]_{pkg}$、$[O_2]_{atm}$ 分别为包装袋内外 O_2 分压，Pa；$[CO_2]_{pkg}$、$[CO_2]_{atm}$ 分别为包装袋内外 CO_2 分压，Pa；R_o、R_c 分别为果蔬 O_2 吸收速率和 CO_2 释放速率，$m^3/kg \cdot s$；W 为包装果实的质量，kg。

式(3)、式(4)是 MAP 包装技术模型建立的理论基础。根据式(3)、式(4)，假如确定其中的某些参数，就可以利用计算机技术来进一步预测适合果蔬最佳 MAP 条件的其他参数。如预测果蔬 MAP 系统平衡时的 O_2 和 CO_2 浓度；预测特定薄膜包装果蔬的最佳量以及选择适合特定果蔬的薄膜和求算 MAP 条件下果蔬的呼吸强度等。

对式(3)、式(4)变形得：

$$R_o = \frac{P_o \cdot A}{L \cdot W}([O_2]_{atm} - [O_2]_{pkg}) \tag{5}$$

$$R_c = \frac{P_c \cdot A}{L \cdot W}([CO_2]_{pkg} - [CO_2]_{atm}) \tag{6}$$

根据式(5)、式(6)，如果确定了薄膜的有关参数和 MAP 系统内的 O_2 浓度和 CO_2 浓度，就可以求出平衡状态下果蔬的呼吸强度值[2]。但是在许多情况下，果蔬包装后需要很长时间系统才能达到平衡，有的甚至在整个贮运期间内包装系统都不能达到平衡状态。鉴于此，许多研究者尝试用具体的模型来描述果蔬呼吸强度与袋内 O_2 浓度和 CO_2 浓度的关系。

2.2 果蔬呼吸强度的一般数学方程模型

Yang 和 Chinnan[3] 以西红柿为试验材料，提出用下面两种模型来描述其呼吸强度与袋内 O_2 浓度和 CO_2 浓度和贮藏时间(T)的关系。

模型Ⅰ：

$$R_o(R_c) = \alpha_0 + \alpha_1[O_2] + \alpha_2[CO_2] + \alpha_3 T + \alpha_4[O_2]^2 + \alpha_5[CO_2]^2 + \alpha_6 T^2 + \alpha_7[O_2][CO_2] + \alpha_8[O_2]T + \alpha_9[CO_2]T$$

模型Ⅱ：

$$R_o([O_2, CO_2]) \text{ 或 } R_c([O_2, CO_2]) = \beta_0 + \beta_1 T + \beta_2 T^2$$

Cameron 等[2] 以处于转色期、粉红期、红色期 3 种不同成熟阶段的西红柿为试验材料，研究了其 O_2 吸收速率与袋内 O_2 浓度的关系。对于不同成熟阶段的西红柿其 O_2 吸收速率随着袋内 O_2 的浓度的降低而降低，其变化趋势可用一条曲线来拟合。该曲线可用如下的指数方程来描述：

$$R_o = q(1 - e^{-r[O_2]})^s \tag{7}$$

将不同 O_2 浓度下测定的呼吸强度值代入方程中，通过线性回归求出各自的 q、r、s 常数，从而确定不同成熟期的西红柿的 O_2 吸收速率与袋内 O_2 浓度的关系。运用该模型可以预测西红柿在 MAP 环境中的呼吸强度。

Beaudry 等[3] 在 Cameron 模型[2] 的基础上，引入温度变量，探讨了不同温度下越橘的呼吸强度同袋内 O_2 浓度的关系。其研究表明：温度对越橘呼吸强度的影响实际上是通过对袋内 O_2 浓度的作用来实现的。对于一定包装量的越橘，其 MAP 环境中的 O_2 浓度随着贮温的上升而下降，其变化趋势可用一曲线来拟合。该曲线可用如下的指数方程来描述：

$$[O_2] = X_1 \cdot e^{X_2 \cdot T} \tag{8}$$

同理，将袋内 O_2 浓度测定值代入模型，通过线性回归求出方程中的常数 X_1、X_2，从而确定出越橘的 MAP 环境中的 O_2 浓度与贮温的关系。联立式(7)、式(8)可以预测越橘在不同的温度和 O_2 浓度下的呼吸强度。

2.3 果蔬呼吸强度的酶动力学方程模型

自从 Lee 等正式运用米氏方程描述果蔬呼吸强度与 O_2 浓度、CO_2 浓度的关系后,果蔬呼吸强度的酶动力学模型相继见报。

2.3.1 果蔬呼吸强度与袋内 O_2 浓度、CO_2 浓度的关系

Peppelenbos 等对几种不同抑制类型的动力学模型进行了总结,并提出 CO_2 作为 O_2 的竞争和反竞争性抑制剂的混合方式来影响果蔬呼吸强度的动力学模型。用动力学方程表示如下:

$$V_{O_2}=\frac{V_{m_{O_2}}[O_2]}{K_{m_{O_2}}(1+\frac{[CO_2]}{K_{mc_{CO_2}}})+[O_2]\left(1+\frac{[CO_2]}{K_{mu_{CO_2}}}\right)}$$

他认为混合模型包括了 CO_2 对底物 O_2 有竞争性抑制、非竞争性抑制和反竞争性抑制和无抑制作用等 4 种动力学模型,它们之间的关系通过 $K_{mc_{CO_2}}$ 和 $K_{mu_{CO_2}}$ 的取值来确定(表 1)。

表 1 混合动力学模型与其他几种动力学模型通过参数 $K_{mc_{CO_2}}$ 和 $K_{mu_{CO_2}}$ 确定

参数[a]	抑制类型	动力学模型[b]
$K_{mc_{CO_2}}=K_{mc_{CO_2}}\to+\infty$	无抑制作用	$V_{O_2}=\frac{V_{m_{O_2}}[O_2]}{K_{m_{O_2}}+[O_2]}$
$K_{mu_{OC_2}}\to+\infty$	竞争性抑制作用	$V_{O_2}=\frac{V_{m_{O_2}}[O_2]}{K_{m_{O_2}}\left(1+\frac{[CO_2]}{K_{mc_{CO_2}}}\right)+[O_2]}$
$K_{mc_{CO_2}}\to+\infty$	非竞争性抑制作用	$V_{O_2}=\frac{V_{m_{O_2}}[O_2]}{K_{m_{O_2}}+[O_2]\left(1+\frac{[CO_2]}{K_{mc_{CO_2}}}\right)}$
$K_{mc_{CO_2}}=K_{mu_{CO_2}}=K_{mn_{CO_2}}$	反竞争性抑制作用	$V_{O_2}=\frac{V_{m_{O_2}}[O_2]}{(K_{m_{O_2}}+[O_2])\left(1+\frac{[CO_2]}{K_{mn_{CO_2}}}\right)}$

注:a. $K_{mc_{CO_2}}$ 为二氧化碳作为氧气抑制剂的米氏常数(%);$i=c$:竞争;$i=u$:非竞争;$i=n$:反竞争;

b. V_{O_2} 为 O_2 的消耗速率[μmol/(kg·s)];$V_{m_{O_2}}$ 为 O_2 的最大消耗速率 $K_{m_{O_2}}$ 消耗的米氏常数(%);$[CO_2]$,$[O_2]$:浓度(%)。

2.3.2 果蔬呼吸强度与温度的关系

温度对果蔬呼吸强度的影响实际上是通过影响果蔬最大 O_2 吸收量(V_{mO_2})和米氏常数

(K_{mO_2})来实现的。

Cameron 等[4]提出用如下的指数方程来描述温度(T)与 V_{mO_2}、K_{mO_2}的关系：

$$V_{m_{O_2}} = a \cdot e^{b \cdot T} + c$$

$$K_{m_{O_2}} = q \cdot e^{r \cdot T} + s$$

将其代入(11)得：

$$V_{O_2} = \frac{(a \cdot e^{b \cdot T} + c)[O_2]}{q \cdot e^{r \cdot T} + s + [O_2]}$$

他应用该模型分析了 Beaudry 等[3]研究的 0~20℃5 种不同温度下越橘的 O_2 吸收速率与袋内 O_2 浓度的关系，发现在某一特定温度下，随着 O_2 浓度的上升，果蔬的 O_2 吸收速率呈上升趋势，而对于不同的温度，温度越高，O_2 吸收速率上升的趋势越明显。当温度从 0℃上升到 25℃时，V_{mO_2}增大到原来的 19 倍，K_{mO_2}上升到原来的 12 倍。

Andrich 对“金冠”苹果的研究结果进行分析发现，随着温度的上升，V_{mO_2}呈下降趋势，而K_{mO_2}则相反。他提出用阿伦纽斯方程来描述温度与 V_{mO_2}、K_{mO_2}的关系：

$$V_{m_{O_2}} = V_m^0 \cdot e^{-\frac{\Delta E_{v0}}{R \cdot T}}$$

$$K_{m_{O_2}} = K_m^0 \cdot e^{-\frac{\Delta E_{k0}}{R \cdot T}}$$

式中：V_{0m}、K_{0m}分别为某一特定温度下的最大 O_2 吸收值[μmol/(kg · s)]和米氏常数(%)；ΔE_{v0}、ΔE_{k0}分别为呼吸作用能，J · mol；R 为理想气体常数；T 为任意温度，K。

2.3.3　计算机技术进行果蔬 MAP 的最佳设计

根据 MAP 设计理论原理，借助计算机高速运算能力就可以预测适合果蔬的最佳 MAP 条件和 MAP 系统达到平衡的时间。

从图 1 中可以确定出在一定 O_2 浓度范围内某一特定的薄膜可包装的西红柿量的范围，其最大包装量几乎是最小包装量的 2 倍。

3　意义

根据国内外近几十年来气调包装(MAP)条件下果蔬呼吸强度模型的研究情况，探讨了在一定的贮藏时间内果蔬呼吸强度与袋内 O_2 浓度、CO_2 浓度和温度的关系以及利用计算机技术进行 MAP 的最佳设计等方面的问题，从而为 MAP 技术更好地应用于果蔬保鲜提供参考。利用计算机技术为预测其包装袋内的气体浓度和系统达到平衡的时间，或选择薄膜，确定果蔬的包装量和包装尺寸等从而实现不同气体浓度的包装环境以满足特定果蔬所需要的最佳 O_2 和 CO_2 浓度，这是今后 MAP 技术研究的方向。

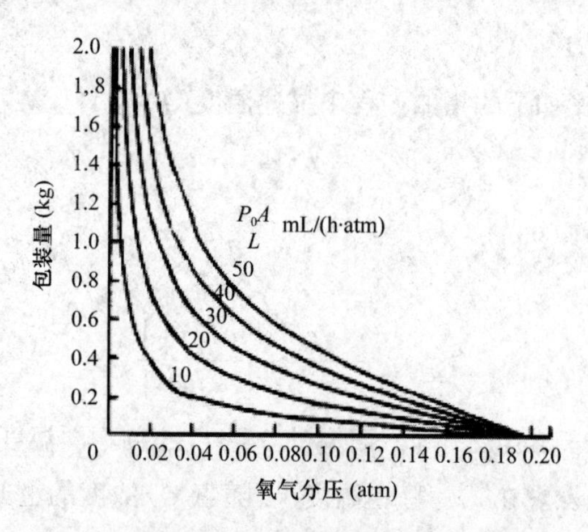

图 1　对于特定的薄膜,利用计算机技术预测的包装量同袋内 O_2 浓度的关系

参考文献

[1]　张长峰．气调包装条件下果蔬呼吸强度模型的研究进展．农业工程学报,2004,20(3):281-284.

[2]　Cameron A C, BoylanPett W, Lee J. Design of modified atmosphere packing systems: modeling oxygen concentrations within sealed packages of tomato fruits. J Food Sci, 1989, 54: 1413-1421.

[3]　Beaudry R M, Cameron A C, Shirazi A, et al. Modified-atmosphere packing of blueberry fruit: Effect of temperature on package O_2 and CO_2. J Am Soc HorticSci, 1992, 117: 436-441.

[4]　Cameron A C, Beauclry R M, Banks N H, et al. Modified atmosphere packing of blueberry fruit: Modeling respiration and package oxygen partical pressures as a function of temperature[J]. J Am Soc Hortic Sci, 1994, 119: 534-539.

皮棉的杂质纤维检测函数

1 背景

由于棉花在采摘、收购、加工等过程中管理不善，导致皮棉中混入大量的异性纤维，俗称“三丝”，如化纤丝、头发丝、麻丝等。这些异性纤维杂质的混入，影响棉花的价格和棉花的后续加工质量。为有效检测皮棉中与棉纤维外观极其相似的异性纤维杂质，提出了使用一种显微近红外成像方法用于检测皮棉中异性纤维。郑东耀和丁天怀[1]在分析异性纤维与棉纤维红外吸收特性差别的基础上，利用显微近红外成像方法获取异性纤维灰度和形态图像特征来识别异性纤维杂质。

2 公式

2.1 红外成像机理

定义某种物质材料在光照射条件下的反射比：

$$\rho_{\lambda} = \frac{\varphi_{\lambda r}}{\varphi_{\lambda i}} = \frac{\varphi_{\lambda r}}{\varphi_{\lambda a} + \varphi_{\lambda r}}$$

式中，$\varphi_{\lambda i}$，$\varphi_{\lambda r}$，$\varphi_{\lambda a}$分别代表单位面积的入射，反射和吸收的光通量。

在红外 CCD 成像系统中，反射光通量的一部分被 CCD 吸收，转化为一定数量的光生电荷，由此产生的单位面积光电流强度与目标图像中单个像素灰度值满足单调函数关系。令单位面积元 ΔS，反射吸收比例为 K，图像中对应像素的灰度值为 g，则光通量与像素灰度满足的函数关系为：

$$K \cdot \varphi_{\lambda r} \cdot \Delta S = f(g) \tag{1}$$

$$\varphi_{\lambda r} = \varphi_{\lambda i} - \varphi_{\lambda a} \tag{2}$$

由式(1)，式(2)可知，对于图像中单个像素的灰度值为：

$$g = f^{-1}[K \cdot (\varphi_{\lambda i} - \varphi_{\lambda a}) \cdot \Delta S] \tag{3}$$

从式(3)可以看出，像素灰度值与物质材料的吸收比仍满足单调函数关系：

$$g = F(\varphi_{\lambda a}) \tag{4}$$

其中，

$$f[F(\varphi_{\lambda a})] = K \cdot (\varphi_{\lambda i} - \varphi_{\lambda a}) \cdot \Delta S \tag{5}$$

即不同纤维材料的吸收率差别,反映在红外图像中表示为像素灰度值的不同,因此图像中不同异性纤维的灰度特征及形态特征存在差别。

在显微近红外图像中(图1),异性纤维特征仍不明显,由此提出一种自适应的异性纤维图像增强方法。变换函数曲线如图2所示。$g_{\mathrm{MAX}}\left(\frac{n_r}{N}\right)$ 则表示具有最大概率的像素点灰度值。采用的图像灰度变换函数变换式为:

$$y-\frac{255}{2}=\frac{255}{\pi}\cdot\arctan\left[x-g_{\mathrm{MAX}}\left(\frac{n_r}{N}\right)\right] \tag{6}$$

对捕获的图像采用中值滤波衰减噪声;然后进行上述的自适应灰度增强,以增大杂质和皮棉的灰度差。最后设定阈值对目标图像进行二值化处理,利用形态学种子填充法提取清晰、连续异性纤维目标,图3a为经过图像增强后的异性纤维图像。图3b为经过二值化处理后的图像。

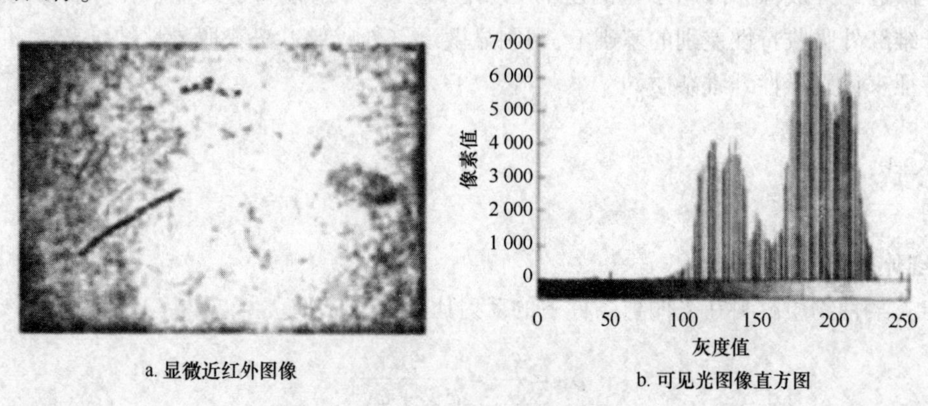

a. 显微近红外图像　　b. 可见光图像直方图

图1　显微近红外图像及其直方图

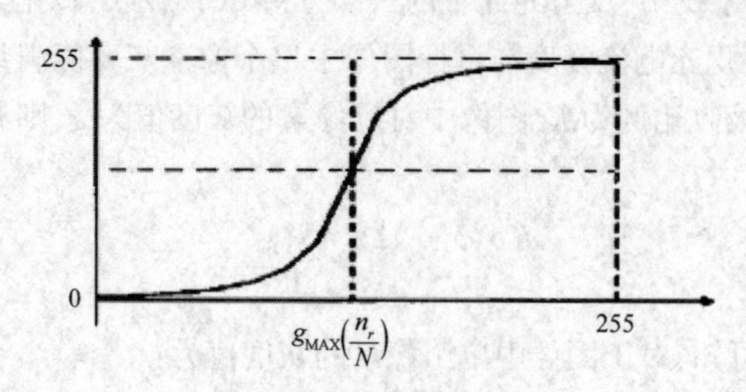

图2　图像增强函数曲线

2.2　异性纤维的动态定位

首先利用图像处理技术获取异性纤维的二值化图像,在二值化图像中,每一单个异性纤维是一簇像素联合体,此像素联合体在8邻域范围内相互连接。利用像素边缘搜索法确

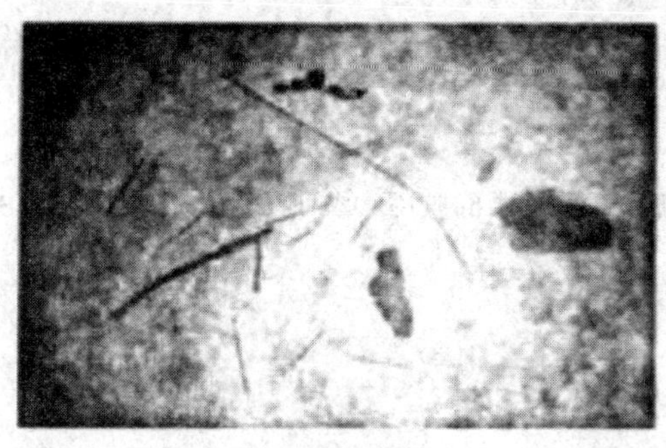

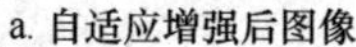

a. 自适应增强后图像　　b. 二值化图像

图 3　异性纤维目标提取

定杂质所在面积区域。计算像素联合体内异性纤维纵横坐标平均值,作为异性纤维的质心坐标,即用公式所示为:

$$x_m = \frac{1}{N} \cdot \sum_{i=1}^{N} x_i, y_m = \frac{1}{N} \cdot \sum_{i=1}^{N} y_i \tag{7}$$

式中,N 为代表异性纤维的像素个数;x_i,y_i 分别代表异性纤维像素点的横坐标、纵坐标。

式(7)只能确定瞬间获取图像中异性纤维质心坐标。而传送带上的异性纤维实际位置是不断变化的。根据异性纤维质心坐标和皮棉传送速度,可确定异性纤维的动态位置坐标。

利用皮棉传送速度,确定某一时刻杂质所在的位置为:

$$x = x_m + v \cdot t = v \cdot t + \frac{1}{N} \cdot \sum_{i=1}^{N} x_i \tag{8}$$

$$y = y_m + v \cdot t = v \cdot t + \frac{1}{N} \cdot \sum_{i=1}^{N} y_i \tag{9}$$

上式计算出的坐标位置(x, y)即为异性纤维的动态位置。把计算出的动态位置信息传送给剔除系统,作为异性纤维剔除的位置控制信号。

3　意义

为有效检测皮棉中与棉纤维外观极其相似的异性纤维杂质,提出了一种显微近红外成像方法用于检测皮棉中异性纤维。该方法将棉纤维与异性纤维在特定红外波段的吸收特性差别,转化为近红外光谱成像系统中两者的灰度、形态图像特征差别,通过显微光路对图像特征差别放大,利用图像分割技术将异性纤维目标分割出来。在采用显微近红外成像方法捕获的图像中,异性纤维灰度、形态特征明显,其检测结果与实际相符,此方法可有效识别皮棉中异性纤维杂质。

参考文献

[1] 郑东耀,丁天怀．纤维红外吸收特性及其在皮棉杂质检测中的应用．农业工程学报,2004,20(3)：104-108.

排种器的护种模型

1 背景

球勺内窝孔垂直圆盘排种器适合于单粒点播或定粒穴播作物,根据该排种器的排种原理,不应有种籽损伤,但是实际试用结果伤种率超过国家标准,因此降低其伤种率成为该排种器的重要改进关键。刘俊峰等[1]主要从运动学角度对排种器工作过程进行运动过程仿真分析,并利用模拟结果分析影响伤种的主要因素,对于提高排种器的性能、进行参数优化设计均有重要意义。

2 公式

2.1 清种过程中被清种子的数学模型

清种过程中被清种子的受力如图 1 所示。包括重力 $G=mg$,离心力 $P=mr\omega^2$,支反力 N,摩擦力 F。大孔中种子向下滑落的条件是:

$$\begin{cases} G\sin\alpha \geqslant P + F \\ F = N\text{tg}\varphi \end{cases} \tag{1}$$

式中,α 为清种角;r 为种子中心到排种盘回转中心的距离;φ 为种子与排种器的摩擦角。

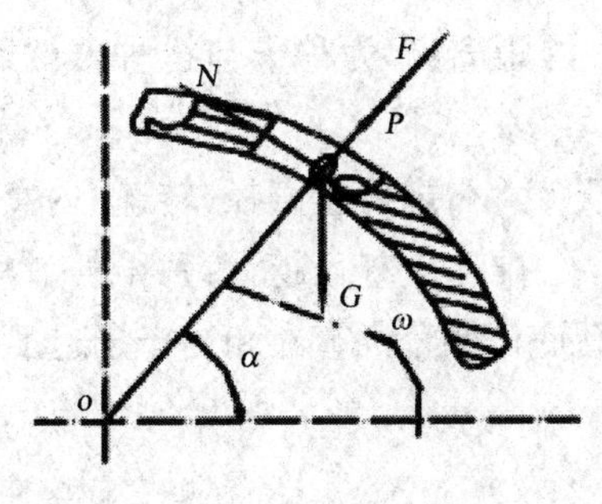

图 1 大孔中种子受力

在种子开始滑落的瞬间,存在种子的动态平衡,此时令 $\alpha=\alpha_1$,由 $\dfrac{r\omega^2}{g}-\sin\alpha_1\text{tg}\varphi=0$ 解得清种始角为:

$$\alpha_1 = \sin^{-1}(\frac{r\omega^2}{g}\cos \varphi) + \varphi \tag{2}$$

令种子沿大孔的径向位移为 L,则有:

$$L = \iint_{\alpha_1}^{\alpha}(g\sin \alpha - r\omega^2 - g\cos \alpha tg\varphi)\mathrm{d}\alpha = - g\sin \alpha - \frac{r\omega^2\alpha^2}{2}$$

$$+ g\cos \alpha tg\varphi + g\sin \alpha_1 + \frac{r\omega^2\alpha_1^2}{2} - g\cos \alpha_1 \mathrm{tg}\varphi \tag{3}$$

当 $L=L_{\alpha 2}$($L_{\alpha 2}$为种子脱离大孔时所走过的路程),清种结束,即此时清种结束角为 α_2:

$$L_{\alpha 2} = \delta - c/2 \tag{4}$$

式中,δ 为排种轮壁厚;c 为种子厚度。若清种始角 α_1 已知,即 r,ω,φ 为某一确定量时,令 con 为一常量有:

$$con = L - g\sin \alpha_1 - \frac{r\omega^2\alpha_1^2}{2} + g\cos \alpha_1 \mathrm{tg}\varphi$$

因此,令函数有:

$$L(\alpha_2) = con + g\sin \alpha_2 + \frac{r\omega^2\alpha_2^2}{2} - g\cos \alpha_2 \mathrm{tg}\varphi \tag{5}$$

由上述分析可知:清种结束角 α_2 受种子尺寸、排种盘尺寸、转速、种子与排种盘的摩擦角的影响。

2.2 内窝孔中种子的数学模型

清种过程中内窝孔中种子的受力如图 2 所示。包括重力 $G=mg$,离心力 $P=mr\omega^2$,摩擦力 $F=N\mathrm{tg}\varphi$,支反力 N。内窝孔中种子沿窝孔外滑所受的力为:

$$T = P\sin \beta - G\sin(\beta - \theta) - F \tag{6}$$

式中,r 为种子中心到回转中心的距离;φ 为种子与排种器的摩擦角;β 为内窝孔底面的倾角;θ 为窝孔的转角。

窝孔内种子外滑角与种子尺寸和排种盘直径、转速、内窝孔底面倾角及种子与排种盘的摩擦角相关。转速、种子尺寸、排种盘直径越大,种子外滑角越小;内窝孔底面倾角和摩擦角越大,外滑角越大。内窝孔底面倾角的存在相当于延迟了窝孔内种子的滑动。

3 意义

根据球勺内窝孔垂直圆盘排种器的排种原理,不应有种子损伤。但实际试用结果伤种率高于国家标准规定。因而如何降低其伤种率成为研制该排种器的难点。在此建立了种子的运动数学模型和力学数学模型,利用模拟方法,从运动学角度对排种器工作过程进行模拟,为排种器参数的优化提供依据,降低排种器的伤种率。计算机模拟缩短了排种器新

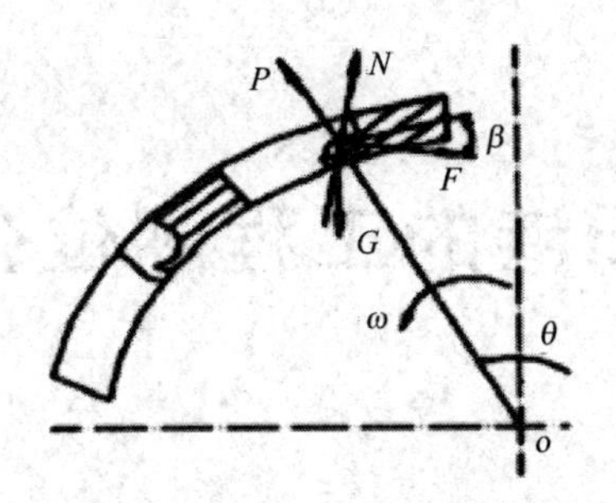

图2　内窝孔中种子受力

型元件的设计和创新研究周期,解决了农机工作对象和作业条件复杂所造成的综合设计问题。

参考文献

[1]　刘俊峰,冯晓静,吴晓萍,等.球勺内窝孔垂直圆盘排种器伤种过程计算机模拟.农业工程学报.2004,20(3):93-96.

射阳港的工程潮位公式

1 背景

潮位是指受潮汐影响而涨落的水位。射阳港位于苏北沿海中部,射阳河入海处,分为南、北两个港区。南港区由于射阳河闸下河口段裁弯取直,港区及内港航道淤积严重,已无发展前途。北港区位于射阳河入海处,自然条件较好,是射阳港的重点发展港区。栾家友[1]收集了港区多年来的全部潮位资料,用以分析和推算射阳港工程潮位。

2 公式

选用射阳港站与射阳河闸下站 1993 年 4 月,5 月,7 月,8 月逐日高潮位(每日两潮)计算出相关公式。

设射阳河闸站潮位为 X,射阳港站为 Y;均值:$\bar{X}=1.574$ m,$\bar{Y}=1.449$ m,统计高潮次数$n=216$。

均方差:

$$\sigma_X=\sqrt{\frac{\sum(X_i-\bar{X})}{n=1}}=0.321(\mathrm{m})$$

$$\sigma_Y=\sqrt{\frac{\sum(Y_i-\bar{Y})}{n=1}}=0.303(\mathrm{m})$$

回归方程斜率 m 和截距 b 分别为:

$$m=\frac{\sum(X_i-\bar{X})(Y_i-\bar{Y})}{\sum(X_i-\bar{X})^2}=\frac{20.781}{22.205}=0.936$$

$$b=\bar{Y}-m\bar{X}=1.449-0.936\times1.574=-0.02(\mathrm{m})$$

回归直线方程为:

$$Y=0.936X-0.02$$

相关系数为:

$$\gamma = \frac{\sum (X_i - \bar{X})(Y_i - \bar{Y})}{\sqrt{\sum (X_i - \bar{X})^2 (Y_i - \bar{Y})^2}} = \frac{20.781}{\sqrt{22.205 \times 19.767}} = 0.944$$

$$S = \sigma_\gamma \sqrt{1 - \gamma^2} = 0.303\sqrt{1 - 0.944^2} = 0.10(\mathrm{m})$$

利用射阳河闸下站1972—1995年间连续24年的年最高潮位资料,推算出射阳河闸下50年和100年一遇高水位(校核高水位),将资料依递减次序排列,用公式:

$$P = [m/(n+1)] \times 100\%$$

$$\bar{X} = \frac{1}{n}\sum_{i=1}^{n} X_i = \frac{1}{24} \times 6697 = 279.04(\mathrm{cm})$$

$$S_X = \sqrt{X_i^{\ 2} - (\frac{1}{n}\sum_{i=1}^{n} X_i)^2} = \sqrt{\times 1894311 - 279.04^2} = 32.65$$

依据$n=24$和重现期T查第Ⅰ型极值分布律的λ_{pm}值表,求λ_{pm}。$T=50$年,查得$\lambda_{pm}=3.104$;$T=100$年,查得$\lambda_{pm}=3.747$。

当$T=50$年:

$$X = \bar{X} + \lambda_{pm} S_x = 279.04 + 3.104 \times 32.65 = 380(\mathrm{cm})$$

当$T=100$年:

$$X = \bar{X} + \lambda_{pm} S_x = 279.04 + 3.744 \times 32.65 = 401(\mathrm{cm})$$

即射阳河闸下50年一遇高水位(校核高水位)为3.80 m,100年一遇高水位为4.01 m。根据相关公式($Y = 0.936X - 0.02$),可求出射阳港工程潮位。

当$T = 50$年时:

$$Y = 0.936 \times 3.80 - 0.20 = 3.54(\mathrm{m})$$

当$T = 100$年时:

$$Y = 0.936 \times 4.01 - 0.20 = 3.73(\mathrm{m})$$

利用射阳河闸下站1972—1995年间连续24年的年最低潮位,推算出射阳河闸下50年和100年一遇低潮位(校核低水位)。

将资料依递减次序排列,用公式($P=[m/(n+1)]\times100\%$)计算出相应于各项的经验频率,并求各项的平方值。

均值:

$$X = \frac{1}{n}\sum_{i=1}^{n} X_i = \frac{1}{24} \times (-3\,912) = -163\ \mathrm{cm}$$

S_X值:

$$S_X = \sqrt{X_i^{\ 2} - (\frac{1}{n}\sum_{i=1}^{n} X_i)^2} = \sqrt{\times 642084 - 163^2} = 13.58$$

3 意义

根据射阳港站 1986 年 7 月至 1995 年 5 月的潮位资料,与附近的射阳河闸下站潮位进行相关分析,建立了射阳港站 1972—1995 年较长时期的潮位序列。以此推算出射阳港工程潮位。直接用射阳港连续 8 年(短期)资料推算的工程潮位,与用相关法推算的工程潮位比较,相差较小,说明射阳港的潮汐比较稳定。

参考文献

[1] 栾家友. 射阳港工程潮位的推算和分析. 海岸工程,1997,16(4):36-43.

集装箱船舶的抵港模型

1 背景

从港口使用者的角度考虑,集装箱船舶在港口的待泊时间应该是最小的,即港口应该提供较多的集装箱泊位,然而从港口本身的角度考虑,集装箱泊位不应该过多,否则那些昂贵的机械设备将不能充分发挥效用。张维中[1]以6个集装箱泊位和162个待泊的集装箱船作为实例,介绍如何应用排队理论使二者利益的矛盾得到一个折中的解决。

2 公式

图1是162条集装箱船舶抵港模型,从模型看非常接近于泊松分布,泊松抵港模型可以利用 x^2 护适线检验确认。

对于泊松抵港模型和集装箱船舶间隔时间是负指数分布,有:

$$f(x) = a\,e^{-ax}, x > 0, \gamma > 0$$

例如平时到达间隔时间为:

$$\frac{1}{a} = \frac{31 \times 24\text{h}}{162\text{只}} = 4.59\text{h/只}$$

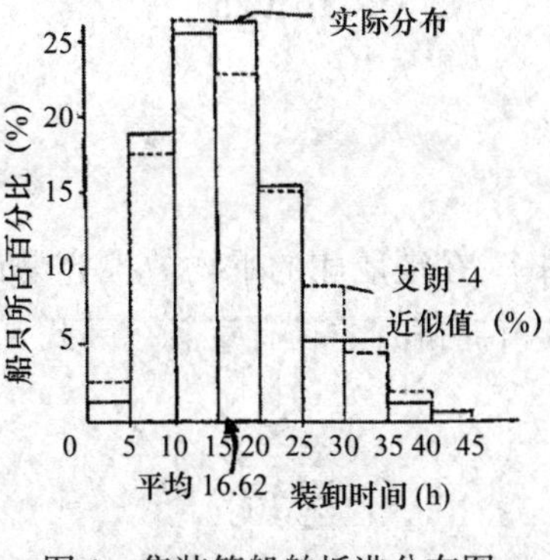

图1 集装箱船舶抵港分布图

如图2所示,162只集装箱船舶的作业时间接近于 $r=4$ 的艾朗分布:

$$f(x) = \frac{a^r xr - 1}{(r-1)} e^{-ax}, x \geqslant 0, a > 0$$

平均值为：

$$F(x) = \frac{r}{a} = 16.62h$$

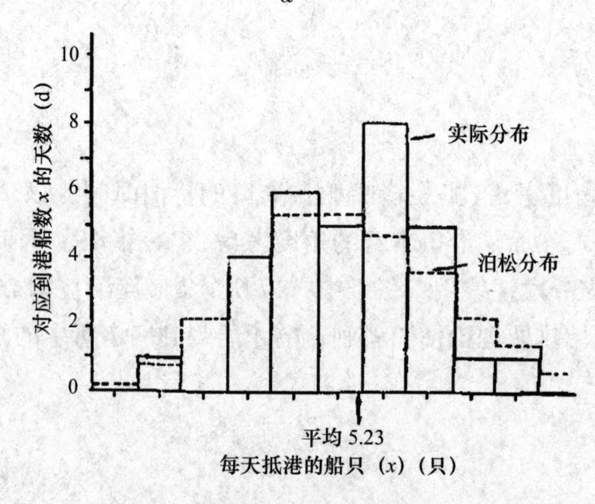

图 2　集装箱船舶作业时间分布图

在排队系统中,集装箱泊位占用率用交通密度 ρ 表示,即 $\rho = \frac{\lambda}{s}$,对于实例则有：

$$\lambda = 到港率 = \frac{162\ 只}{31 \times 24\text{h}} = 0.22\ 只/\text{h}$$

$$\mu = 作业率 = \frac{1\ 只}{16.62\text{h}} = 0.06\ 只/\text{h}$$

s = 泊位数 = 6；

泊位占有率 = $\frac{\lambda}{s\mu} = 0.61$

对于不同水平的泊位占用率,在港船舶的平均数很容易计算出来,然而,这个平均数只有当许多船舶同时抵港引起港口拥挤时才具有意义。因此 $P(j)$ 即 j 条船在港口概率是非常有用的,用下式表示：

$$\sum_{j=7}^{\infty} P(j)$$

3　意义

根据集装箱船舶的抵港模型,当泊位使用率为 65 %时,系统运转的效率最高。当确定了集装箱码头最佳吞吐能力,港口的规划者可以通过港口的最佳吞吐能力和预测确定的货物量的比较,来确定下一个泊位何时建设。港口抵港模型可以提高集箱码头的最佳吞吐能力,以便更好利用现有的设备和推迟另外的泊位建设的需求。集装箱码头最佳吞吐能力的提高,可以通过提高船舶周转生产率,而不降低服务水平来实现。

参考文献

[1] 张维中. 排队理论在确定集装箱码头吞吐能力中的应用. 海岸工程,1998,17(1):67-71.

桩柱周围的海底冲刷模式

1 背景

海洋平台桩柱的冲刷问题随着我国海洋石油事业的兴起,逐渐成为海洋工程的安全问题。对桩柱冲刷深度的研究,从20世纪60年代就开始了,直到80年代才获得稍许满意的成果,并提出了相应的计算模式。但这些在实验室条件下获取的计算模式,怎样才能适用于自然条件下的实际冲刷状况,还是值得探讨的问题。王文海和陈雪英[1]通过大量分析对桩柱周围海底冲刷深度的计算及动力参数的选取进行了初步探讨。

2 公式

自20世纪60年代以来,各国学者均在海洋工程方面给予了很大的注意,通过现场观察和室内试验,先后提出了一些冲刷深度的计算模式,如Shen等提出的模式纯系经验模式,可表达为:

$$Z = 1.4K B^{0.75}$$

式中,Z为最大冲刷深度;B为结构物水下部分垂直水流方向的投影宽度;K为系数。

贝斯金模式为:

$$D_0 = \frac{0.12 H^{3/2}}{\varepsilon d^{1/9}}$$

式中,D_0为波浪冲刷作用的最大深度;ε为波陡,$\varepsilon = H/L$;L为波长;H为波高;d为泥沙的中值粒径。

天津大学模式为:

$$D_0 = \frac{L}{4\pi} \mathrm{arcsh} \frac{2H^2\rho}{\mathrm{d}L(\rho_1 - \rho)(\cos\phi - \sin\phi + \cos\phi\tan\beta)}$$

式中,ρ_1为泥沙相对密度;ρ为水的相对密度;ϕ为海底坡度;β为泥沙内摩擦角。

还有一些研究者则提出了波浪作用下泥沙起动流速模式,根据泥沙起动速度和波浪底部最大流速来判断冲刷深度,天津大学启动流速模式具有一定代表性。

$$V = 0.0698 \times 10^{4\Delta\varepsilon} \left(\frac{L}{d}\right)^{0.4} \sqrt{\left(\frac{\rho_1 - \rho}{\rho}\right) gd}$$

$$V_{max} = \frac{n\pi H}{\sqrt{sh}}$$

式中，$\Delta\varepsilon = \varepsilon_m - \varepsilon$，表示为底面泥沙的隙比差，当 $d_{50} \geqslant 0.2$ 时，$\Delta\varepsilon = 0$；ε 为起动时床面泥沙隙比；$\varepsilon_m = 0.245 - 0.222\lg d_{50}$，为床面泥沙最大隙比；$n$ 为经验系数。

研究者根据多组实验结果建立了冲刷深度计算模式。该计算模式表明，冲刷深度 S_u 为下列因子的函数：

$$S_u = f(V_{f\omega}, h, \rho, H, L, T, d_{50}, \rho_s, D, v, t)$$

式中，$V_{f\omega}$ 为流、浪合成速度；h 为水深；ρ 为水的密度；H 为波高；L 为波长；T 为周期；d_{50} 为泥沙中值粒径；ρ_s 为泥沙密度；v 为动力黏滞系数；t 为产生冲刷的时间。

在自然界中，并非在海底打桩之后便产生冲刷，各要素之间的关系只有达到一定程度之后才能产生冲刷，因此提出了冲刷判数这一概念。冲刷判数 α 可用下式计算：

$$\alpha = N_f \frac{H}{L} U_r N_s = \frac{H^2 L V^2 [V + (1/T - V/L) HL/2h]^2}{[(\rho_1 - \rho)/\rho] g^2 g^4 d_{50}}$$

式中，N_f 为流的 Froude 数，$N_f = \frac{V^2}{gh}$；$\frac{H}{L}$ 为波陡；U_r 为 Ursell 数，$U_r = HL^2/h^2$，N_s 为 sediment 数，$N_s = V_{f\omega}^2/[(\rho_1 - \rho)/\rho] g^2 g^4 d_{50}$。

当 $\alpha > 0.02$ 时，则产生普遍冲刷，其深度 S_{u0} 用下式计算：

$$\lg\left(\frac{S_{u0}}{h} + 0.05\right) = -0.663 + 0.3649\lg\alpha$$

当 $\alpha < 0.02$ 时，将不产生普遍冲刷，但不管产生不产生普遍冲刷，局部冲刷总是存在的，其计算方法如下：

$$\lg\left(\frac{S_{u1}}{h}\right) = -1.2935 + 0.1917\lg\beta$$

其中，

$$\beta = N_f \frac{H}{L} U_r N_s N_{rp} = \frac{H^2 L V^3 D [(1/T - V/L) HL/sh]^2}{[(\rho_1 - \rho)/\rho] g^2 g^4 d_{50}}$$

式中，N_{rp} 为桩的 Roynolds 数，$N_{rp} = VD/\upsilon$

总冲刷深度 S_u 则由下式给出：

$$\lg\left(\frac{S_u}{h}\right) = -1.4071 + 0.2667\lg\beta$$

3 意义

通过 20 世纪 60 年代以来研究的桩柱周围海底冲刷深度计算模式的对比分析，可知我国学者王汝凯等人提出的“普遍冲刷深度”、“局部冲刷深度”和“总冲刷深度”的计算模式在科研和生产实践中是可行的,能给设计和施工提供科学的和有价值的参数。为了工程安全起见,建议用重现期为10年的动力参数来进行冲刷深度的计算,特别要注意实测底流速的重要性。

参考文献

[1] 王文海,陈雪英. 桩柱周围海底冲刷深度计算及动力参数的选取. 海岸工程,1998,17(1):1-8.

海浪及水质点的运动模型

1 背景

Ringing 是一种近年发现并引起人们高度重视的海上结构物在海浪作用下产生的高频共振现象。且海上结构物 ringing 现象的发生与海浪的局部(local)或瞬时特征有密切的联系。局部频率和波面水质点局部速度是分析海浪对海上结构物作用荷载的重要海浪局部特征。于定勇等[1]通过计算分析了海浪局部频率及波面水质点局部速度的统计分布。

2 公式

一般地,在固定点处随机海浪波面水质点局部垂直位移可以用下式表示:

$$\zeta(t) = A(t)\cos\phi(t)$$

在窄谱假定下,上式的 Hilbert 变换可近似表示为:

$$\eta(t) = A(t)\sin\phi(t)$$

其中,Hilbert 变换的定义为:

$$\eta(t) = \frac{P}{\pi}\int_{-\infty}^{\infty}\frac{\zeta(t)}{t-\tau}\mathrm{d}t$$

式中,P 为当 $t = \tau$ 时的柯西主值。

由此给出以下海浪局部特征量的定义:

$A(t)$ 为海浪局部振幅;

$\phi(t)$ 为海浪局部位相;

$\gamma(t) = \dfrac{\omega}{2\pi} = -\dfrac{\phi(t)}{2\pi}$ 为海浪局部频率;

$\zeta'(t)$ 为波面水质点局部垂直速度;

$\eta'(t)$ 为波面水质点局部水平速度;

$q(t) = [\zeta^2(t) + \eta^2(t)]^{1/2}$ 为波面水质点局部速度。

其中,各符号上面的一撇表示其对时间的一阶导数。

根据 Hilbert 变换的定义及傅氏变换的性质可以得到下面的关系式[2]:

$$F\{\zeta(t) + i\eta(t)\} = \begin{cases} 2F\{\zeta(t)\} & \omega \geq 0 \\ 0 & \omega < 0 \end{cases}$$

其中,“$F\{\}$”表示傅氏变换。

进而得到下面各局部特征量的值:

$$A(t)=[\zeta^2(t)+\eta^2(t)]^{1/2}$$
$$\phi(t)=\mathrm{arctg}[\eta(t)/\zeta(t)]$$
$$q(t)=[A'^2(t)+A^2(t)\phi'^2(t)]^{1/2}$$

以下所做的推导均针对深水、二维波浪场,并假定随机波面过程 $\zeta(t)$ 为平稳、窄谱正态过程,即

$$f(\zeta)=\frac{1}{(2\pi m_0)^{1/2}}\exp\left\{-\frac{\zeta^2}{2m_0}\right\}$$

其中, $m_r=\int_0^\infty \omega^r S(\omega)\mathrm{d}\omega$ 是波面谱 $S(\omega)$ 的 r 阶谱矩。

依概率论的知识,其联合概率分布分别为:

$$f(\zeta',\eta')=\frac{1}{2\pi m_2}\exp\left\{-\frac{\zeta^2+\eta^2}{2m_2}\right\}$$

$$f(\zeta,\eta,\zeta',\eta')=\frac{1}{(2\pi)^2D^{1/2}}\exp\left\{-\frac{1}{2D}\sum_{i=1}^{4}\sum_{j=1}^{4}D_{ij}x_ix_j\right\}$$

$$=\frac{1}{(2\pi)^2\Delta}\exp\left\{-\frac{1}{2\Delta}[m_2(\zeta^2+\eta^2)+m_0(\zeta^2+\eta^2)+2m_1(\eta'\zeta-\zeta'\eta)]\right\}$$

其中, $x_1=\zeta$, $x_2=\eta$, $x_3=\zeta'$, $x_2=\eta'$; $D=|R_{ij}|(i,j=1,2,3,4)$, R_{ij} 表示相关函数 $\overline{x_i(t)x_j(t)}$; D_{ij} 是行列式 D 的余子式。

对平稳正态过程,利用 Hilbert 变换的性质有以下的结果:

$$R_{12}=R_{21}=R_{13}=R_{32}=R_{24}=R_{42}=R_{34}=R_{43}=0$$
$$R_{11}=R_{22}=m_0,\ R_{14}=R_{41}=m_1,\ R_{23}=R_{32}=-m_1,\ R_{33}=R_{44}=m_2$$
$$\Delta=m_0m_2-m_1^2$$

由雅可比变换 $\frac{\partial(\zeta,\eta,\zeta',\eta')}{\partial(A,\phi,A',\phi')}=A^2$ 及边缘积分的定义经适当的运算可依次得到以下各关系数:

$$f(A,\phi,A',\phi')=\frac{A^2}{(2\pi)^2\Delta}\exp\left\{-\frac{1}{2\Delta}[m_2A^2+m_0(A'^2+A^2\phi'^2)+2m_1A^2\phi']\right\}$$

$$f(A)=\frac{A}{m_0}\exp\left\{-\frac{A^2}{2m_0}\right\}$$

$$f(\gamma)=\frac{\pi\Delta}{m_0^{\frac{1}{2}}(m_2-4\pi m_1\gamma+4\pi^4m_0\gamma^2)^{3/2}}$$

以上得到的即是海浪局部振幅和局部频率分布。

此处,由 $\zeta'(t)=q(t)\sin\theta(t)$, $\eta'(t)=q(t)\cos\theta(t)$ 及雅可比变换 $\dfrac{\partial(\zeta',\eta')}{\partial(q,\theta)}=q$ 得:

$$f(q)=\frac{q}{m_2}\exp\left\{-\frac{q^2}{2m_2}\right\}$$

此即为波面水质点局部速度的概率分布。

Xu DeLun 等由雅可比变换 $\dfrac{\partial(A,\phi,A',\phi')}{\partial(A',\phi',\zeta',\eta')}=\dfrac{1}{A\,\phi'^2}$ 近似推得了下面的关系式:

$$f(q,\phi')\approx\frac{q^2}{(2\pi\Delta)^{\frac{1}{2}}\,(2\,m_1\,\phi'-m_2)^{\frac{1}{2}}\,\phi'^2}\exp\left\{-\frac{1}{2\Delta}\left(\frac{m_2}{\phi'^2}+\frac{2\,m_1}{\phi'}+m_0\right)q^2\right\}$$

从而由局部频率 $\gamma(t)$ 的定义可以变换得到其与波面水质点局部速度 $q(t)$ 的联合概率分布,即

$$f(q,\gamma)\approx\frac{q^2}{2\pi\,\gamma^2\,(2\pi\Delta)^{\frac{1}{2}}\,(4\pi\,m_1\gamma-m_2)^{\frac{1}{2}}}\exp\left\{-\frac{1}{2\Delta}\left(\frac{m_2}{4\,\pi^4\,\gamma^2}-\frac{m_1}{\pi\gamma}+m_0\right)q^2\right\}$$

得到波面水质点局部速度 $q(t)$ 在给定局部频率 $\gamma(t)$ 的值时的条件概率分布为:

$$f(q|\gamma)\approx\frac{q^2\,m_0^{1/2}\,(m_2-4\pi\,m_1\gamma+4\,\pi^4\,m_0\,\gamma^2)^{3/2}}{2\pi\,\gamma^2\,\Delta(2\pi\Delta)^{\frac{1}{2}}\,(4\pi\,m_1\gamma-m_2)^{\frac{1}{2}}}\exp\left\{-\frac{1}{2\Delta}\left(\frac{m_2}{4\,\pi^4\,\gamma^2}-\frac{m_1}{\pi\gamma}+m_0\right)q^2\right\}$$

对充分成长状态的海浪可以用 Pierson-Moscowitz 谱来表示,其表达式为:

$$S_{PM}(\omega)=\frac{\alpha\,g^2}{\omega^5}\exp\left\{-\beta\left(\frac{g}{U\omega}\right)^4\right\}$$

其中,$\alpha=8.10\times10^{-3}$,$\beta=0.74$,U 为波面以上 19.5 m 处的平均风速。

将上式代入谱矩的定义式得:

$$\left.\begin{aligned}m_0&=2.85\times10^{-5}\,U^4\\m_1&=3.18\times10^{-4}\,U^3\\m_2&=4.17\times10^{-3}\,U^2\\\Delta&=1.80\times10^{-8}\,U^6\end{aligned}\right\}$$

3 意义

根据采用将海浪的特征表示为时间函数的方法来描述海浪,并借助于 Hilbert 变换的技巧计算出海浪的局部特征。结合平稳正态随机过程和 Hilbert 变换的性质,推导了海浪局部频率及波面水质点局部速度的统计分布,以 Pierson-Moscowitz 谱为例进行了讨论。虽然 ringing 现象表现出很强的非线性特征,但由于目前非正态分布在数学处理上困难极大,甚至难以给出解析结果。因此,上述工作为进一步从理论上解释与 ringing 发生有关的海浪事

件提供了一种可能的参考依据和基础。

参考文献

[1] 于定勇,徐德伦,韩树宗,等. 海浪局部频率及波面水质点局部速度的统计分布. 海岸工程,1998,17(2):1-7.

[2] Papoulis A.Probabillity,Random Variables,and Stochastic Processes,McGraw—Hill,Inc. ,1965.

海浪谱的高阶谱矩计算

1 背景

海浪谱的谱矩在随机海浪研究中使用比较广泛,有时还用到海浪谱的高阶谱矩。而常用的海浪谱中的计算比较复杂,简化后的计算结果又不够精确。近来 Glazman[1] 采用过滤的方法对海浪谱的高阶矩问题进行了研究,取得了一些有益的结果。于定勇等[2] 在 Glazman 研究结果的基础上分析现行海浪谱高阶矩不存在的原因,并分别给出目前工程上常用的 PM 谱和 JONSWAP 谱的 0~8 阶谱矩,以方便实际工程中的应用。

2 公式

对海浪谱 $S(\omega)$ 来说,其第 i 阶谱矩定义为:

$$M_i = \int_0^\infty \omega^i S(\omega)\,\mathrm{d}\omega$$

目前工程上常用的海浪谱多采用 Neumann[3] 最早提出的海浪谱的形式,即

$$S(\omega) = \frac{A}{\omega^p}\exp\{-B\,\omega^p\}$$

设波面是一平均值为零的平稳随机过程,对于固定点其波面可表示为 Fourier-Stiejies 积分形式:

$$\xi(t) = \int_{-\infty}^\infty \exp(i\omega t)\,\mathrm{d}z(\omega)$$

进行时间平均得:

$$\xi(t) = \frac{1}{T}\int_{i+T/2}^{i+T/2} \xi(t')\,\mathrm{d}t'$$

即

$$\bar{\xi}(t) = \int_{-\infty}^\infty V(\omega T)\exp(i\omega t)\,\mathrm{d}z(\omega)$$

其中,$V(x)$ 即是过滤函数,该函数的形式是:

$$V(x) = \frac{\sin(x/2)}{(x/2)}$$

还可得其协方差函数:

$$\bar{R}_{\xi}(\tau) = \{E[\bar{\xi}(t)]\bar{\xi}^*(T+\tau)\}$$
$$= \int_{-\infty}^{\infty} V^2(\omega T)\exp(i\omega t)\Phi(\omega)\mathrm{d}\omega$$
$$= \int_{-\infty}^{\infty} \bar{\Phi}(\omega)\exp(i\omega t)\mathrm{d}\omega$$

为了满足 Wiener-Khintehine 定理,显然应有:

$$\bar{\Phi}(\omega) = V^2(\omega T)\Phi(\omega) = \frac{1}{2} S_{\xi}(\omega)\ V^2(\omega T)$$

此处 $S_{\xi}(\omega)$ 为单侧海浪谱。

PM 谱形式为:

$$S(\omega) = \frac{a\,g^2}{\omega^5}\exp\left\{-\beta\left(\frac{g}{U\omega}\right)^4\right\}$$

式中, $a = 8.10 \times 10^{-3}$;$\beta = 0.74$;U 为风速。

引入无量纲频率 $\Omega = \omega/\omega_0$ 可得:

$$S(\Omega) = a\,g^2\,\omega_0^5\,\Omega^{-5}\exp(-1.25\,\Omega^{-4})$$

式中, ω_0 是谱峰频率。

由谱与协方差函数的关系及谱矩的定义可得经低通过滤处理后的谱矩为:

$$\bar{M}_{\xi,i} = \int_0^{\infty} V^2(\omega T)\ \omega^i\ S_{\xi}(\omega)\mathrm{d}\omega$$

依 Lebnitz 定律:

$$\frac{\partial\bar{\xi}}{\partial t} = \frac{1}{T}\left[\xi\left(t+\frac{T}{2}\right) - \xi\left(t-\frac{T}{2}\right)\right]$$

$$\frac{\partial^2\bar{\xi}}{\partial t^2} = \frac{\partial}{\partial t}\left(\frac{\partial\bar{\xi}}{\partial t}\right) = \frac{1}{T}\left[\frac{\partial\xi}{\partial t}\bigg|_{t+T/2} - \frac{\partial\xi}{\partial t}\bigg|_{t-T/2}\right]$$

Glazman[1]引入了下面的定义:

$$\frac{\partial^2\bar{\xi}}{\partial t^2} = \frac{1}{T}\left[\frac{\partial\xi}{\partial t}\bigg|_{t+T/2} - \frac{\partial\xi}{\partial t}\bigg|_{t-T/2}\right]$$
$$= T^{-2}[\xi(t+T) - 2\xi(t) + \xi(t-T)]$$

代入可得:

$$\frac{\partial\bar{\xi}}{\partial t} = i\int\omega\exp(i\omega t)V(\omega T)\mathrm{d}z(\omega)$$

$$\frac{\partial^2\bar{\xi}}{\partial t^2} = -\int\omega^2\exp(i\omega t)\ V^2(\omega T)\mathrm{d}z(\omega)$$

其一般形式应为:

$$\frac{\partial^n \bar{\xi}}{\partial t^n} = i^n \int \omega^n \exp(i\omega t)\ V^n(\omega T)\, dz(\omega)$$

类似地按协方差的定义及其与谱矩的关系还可得：

$$\bar{R}_{\xi}^{(n)}(\tau) = E[\bar{\xi}^{(n)}(t)\ \bar{\xi}^{*(n)}(t+\tau)]$$

$$= \int \omega^{2n}\ V^{2n}(\omega T) \exp(i\omega t) \Phi(\omega)\, d\omega$$

$$\bar{M}_{\xi,2n} = \int_0^{\infty} V^{2n}(\omega T)\ \omega^{2n}\ S_{\xi}(\omega)\, d\omega$$

$$\bar{M}_{\xi,2n+1} = \int_0^{\infty} V^{2n}(\omega T)\ \omega^{2n+1}\ S_{\xi}(\omega)\, d\omega$$

Glazman 依据以上的分析分别计算了 PM 谱和 JONSWAP 谱的 0 ～ 8 阶无量纲谱矩。PM 谱和 JONSWAP 谱的无量纲形式分别为：

$$S(\Omega) = \Omega^{-5} \exp(-1.25\ \Omega^{-4})$$

$$S(\Omega) = \Omega^{-5} \exp(-1.25\ \Omega^{-4})\ \gamma^{\exp[-(\Omega-1)^2/2\sigma^2]}$$

无量纲谱矩的定义为：

$$\bar{M}_i = \int S(\Omega)\ \Omega^i d\Omega$$

常用的有量纲的普矩值为：

$$M_i = a\, g^2\ \omega_0^{i-4}\ \bar{M}_i$$

3 意义

根据对 Glazman 研究结果的分析，计算了目前工程上常用的 PM 谱和 JONSWAP 谱的 0 阶到 8 阶的谱矩值，以方便实际工程的应用。分析了海浪谱高阶谱矩不存在的原因。依 Glazmn 方法得到的无量纲谱矩值与其精确结果比较，其 0 阶矩的误差对 PM 谱和 JONSWAP 谱虽然分别仅为 7.62 %和 7.65 %，但其 2 阶矩就分别达到了 17.66%和 16.84 %。这说明该方法虽然在一定程度上解决了这个问题，但很不完善，有待进一步的改进。

参考文献

[1] Glazmn R E. Staistieal characterieation of sea surface geometry for awaves lope field diseontinuous in the mean square. J. Geophys. Res. 1986, 91(5): 8629-8641.

[2] 于定勇，徐德伦，韩树宗，等．海浪谱高阶谱矩的计算．海岸工程，1998, 17(2): 14-20.

[3] Neumann G. On ocean wave spectra and a new method of forecasting wind-generated sea. Beach Erosion Board, U. S. Army Corps of Engineers, Tech. Me m, 1953, 43: 42.

海上建筑物的硬化弹性模型

1 背景

非线性动力分析是许多海上建筑物设计的基本部分,不仅对遭受大的变形的结构系统要进行数值分析,而且当通常的固定基础建筑物构件或基础的非弹性特性需要时,也应考虑进行数值分析。对于给定系统而言,只能分析少量的典型情况,然后将所得的数值结果视为此系统的典型非线性响应。许多学者对典型的系统参数进行时间序列分析,便可预报非线性系统的典型特性这一观点提出了质疑。Liaw 和 Koh[1] 对海上建筑物分析中某些新发现的非线性现象进行了展开讨论。

2 公式

通常用于计算作用在运动中的小物体上的波力方程为修正的 Morison 方程:

$$F = 0.5\rho C_d A_p \left| U - \dot{x} \right| (U - \dot{x}) + \rho V(1 + C_n) \left[\frac{\partial U}{\partial t} + (U - \dot{x}) \frac{\partial U}{\partial x} \right] - \rho V C_a \ddot{x}$$

式中,ρ 为水的密度; C_d 和 C_a 分别是阻力系数和附加质量系数; A_p 为在与来流垂直平面上的投影面积;V 为物体体积;U 为来流速度; $\dot{x}$ 和 $\ddot{x}$ 分别为物体的速度和加速度。

海上建筑物非线性结构的刚性可有多种不同的形式,许多非线性构件的共性是构件恢复力的"硬化"弹性,这种硬化弹性效应可用一个具有高阶项的刚性来模拟,这种受谐波负载模式的控制运动方程为:

$$\ddot{x} + C\dot{x} + K_1 x + K_2 x^3 = P_0 \cos Pt$$

式中,x 为侧向位移;C 为阻尼系数; K_1 和 K_2 为弹簧常数; P_0 为外力的振幅;P 为强迫频率。

图 1 显示了同一系统的非浑沌情况($\rho/\omega = 0.5$)。虽然噪声是与浑沌情况相同,但此时不同初始条件的两条迹线很快就收敛于同一迹线。

3 意义

根据受谐波负载模式的控制运动方程,可得出海上建筑物某些基本的非线性情况。由于波力—建筑物相互作用和建筑物刚性引起的非线性,在数值分析中均可引起浑沌和次谐

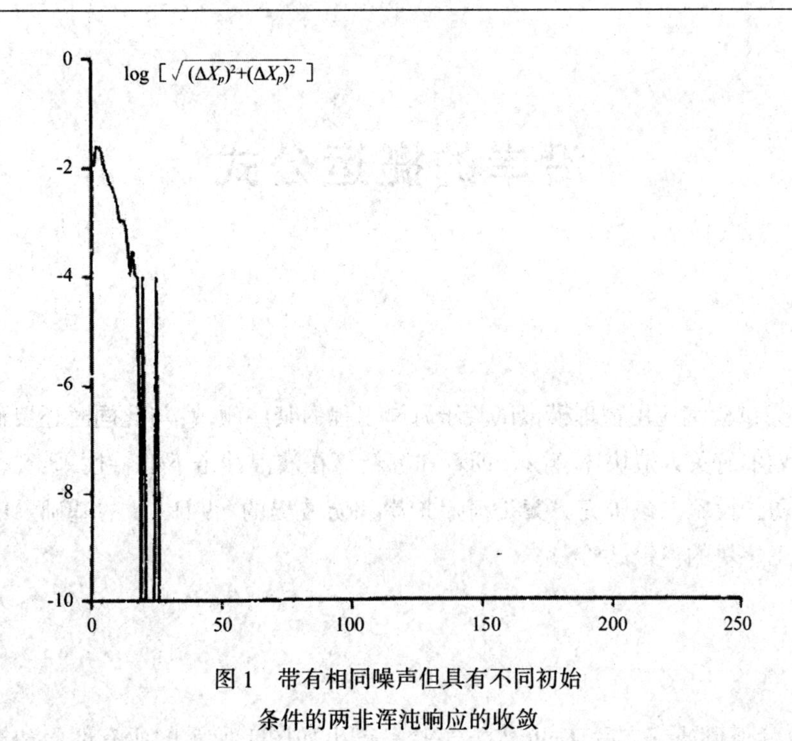

图 1　带有相同噪声但具有不同初始
条件的两非浑沌响应的收敛

波响应,但至今浑沌响应的存在仅是数值的。一简单的分段线性系统的数值研究已经表明,当在系统中存在小的窄频率噪声时,浑沌响应可以保持其浑沌性质。这就间接证明,浑沌在这一系统中可以是一真实的现象。

参考文献

[1]　Liaw C Y,Koh C G. 简单海上建筑物分析模式中的浑沌. 海岸工程,1998,17(2):74-78.

沿岸的搬运公式

1 背景

Delft 水力试验室应用物理模拟试验于海岸工程的某些领域,与此同时还要研究正在进行的和已计划的有关人造块体、碎石、沥青和沉箱等在波浪冲击下的特性,研究范围包括从砂粒到人工防护设施。该研究方案是海岸护岸和防波堤的“设计书”的基础。E. Van [1]研究从植草到工字块的模拟试验。

2 公式

经过 10 年基础研究之后,Delft 水力实验室得出如图 1 所示的所有剖面和搬运参数的数值。

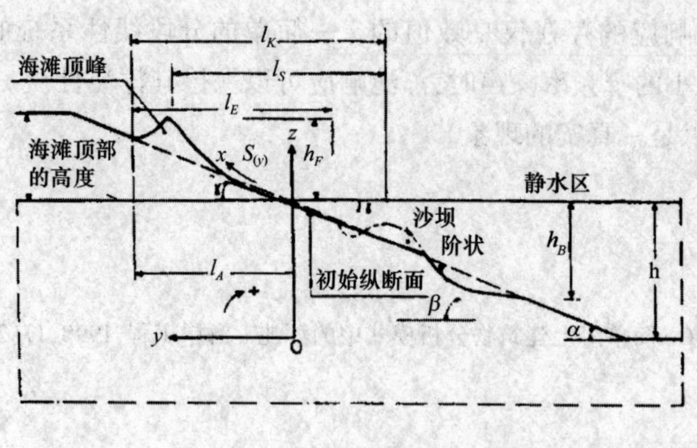

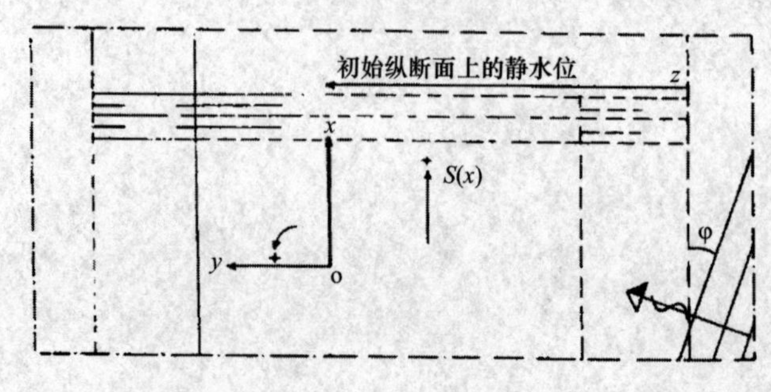

图 1 砾石海滩

在两个参数组都是高值时,粒径的影响好像逐渐消失,求出砾石适用的公式为:

$$S(x) = \frac{3.5 \times 10^{-3}}{\delta_1^{\ 2}} T_s H_{sd}^2 \sin 2\phi (\mathrm{m}^3/\mathrm{g})$$

式中, $S(x)$ 为沿岸搬运; D_{90} 为砂粒直径(90%以上); T_s 为有效波周期; H_{sd} 为在深水中的有效波高; ϕ 为深水波浪入射角; $\delta_1 = \left[\frac{D_{90}}{D}\right]^{1/2}$;$D = 6 \times 10^{-3}\mathrm{m}, D_{90} > D$ 则$\delta_1 = 1$。

表1　程序参数表

相位	负荷				静水头损失(m)	波浪		说明
	K_H (kN)	Kv(kN)(平均有效)	M (kNm)	K_H/K_y		H(m)	T(s)	
a1	–	–	–	–	–	–	–	下层上的调整
a2	–	–	–	–	–	–	–	使模型向下沉降
a3	130	680	70	0.20	–	0.6	3	预加负荷以确保底部和砾石间良好接触
b	175	790	630	0.22	0.5	1.1	3	一半设计负荷,规则波
c1	40	790	1 210	0.43	1	1.5	4	设计负荷,不规则波
c2		700			1	$H_s=1.5$	$T_s=4$	设计负荷,不规则波
d1	620	780	2 300	0.79	2	2.4	5	两倍设计负荷,规则波
d2		780			2.5	$H_s=2.4$	$T_s=5$	两倍设计负荷,不规则波
e	660	1 560	2 460	0.44	2.5	2.4	5	两倍设计负荷,两倍重量,规则波
f	680	780	2 460	0.78	2.5	2.4	5	失效相位

注: K_H 为最大水平负荷; K_V 为平均有效垂直负荷;M 为动量;H 为立波波高;T 为波浪周期。

进行了两次试验,每次都用表1所示的程序,当沉箱在过滤层上滑动时会导致一种失效的相位。在适当的频率时,通过将波浪板和沉箱之间的水体产生共振的方法生成规则波,及在几个位置时的水压,土压力和运动情况进行分析。

3　意义

根据物理模拟试验相关公式的计算,并不断地模拟新方法、新技术以及在某些情况下选用研究设备的尺度大小与之相结合。在适当的频率时,通过将波浪板和沉箱之间的水体产生共振的方法生成规则波,及在几个位置时的水压,土压力和运动情况进行了模型分析。在护坡工程、防波堤和坝的研究领域中,介绍了 Delft 水力试验室新近研究计划的概况。沉箱可以在水槽的墙壁之间自由地移动,但是和这些墙壁连接是不透水的,使在沉箱之上有水位差,其中重要而且非常有价值的工作是下层土的调整。

参考文献

[1] E. Van Hijum. 模拟试验的应用——关于从植草到工字块体的模拟试验. 海岸工程,1998,18(2):87-92.

高频的复介电常数计算

1 背景

关于水的介电特性,早期研究所涉及的只是纯水或盐溶液的低频特性。现已有学者对水的介电特性与温度关系的物理机制以及在高频和升高温度时盐溶液的介电特性进行了研究。根据这些实验数据把盐溶液的复介电常数表示为温度、盐度和电磁频率函数的经验公式。Kuang-Fu Han 和 Butler[1]对温度升高时盐溶液的高频复介电常数进行了实验分析,主要测量了在25~80℃这一温度范围内,盐溶液从1变到5在1.1 GHz下的复介电常数。

2 公式

在充满着耗散材料的矩形波导中的电磁波的一般表达式,在数学上与充满空气的矩形波导中电磁波的表达式相类似。可以证明与主模 TE_{10} 有关的电场为:

$$E_y = E_0 \sin \frac{\pi x}{a} \exp(-j k_z z)$$

式中,E_0 是取决于电流激励场强的常数;a 是波导宽度,而有:

$$k_z^2 = k^2 - \left(\frac{\pi}{a}\right)^2$$

在上述方程中,k 由下式给出:

$$k^2 = \omega^2 \mu \varepsilon$$

式中,ω 是场的角频率;μ 和 ε 分别是波导中介质的导磁率和复介电常数。因为盐溶液是耗散介质,所以它的介电常数表示为如下的复数:

$$\varepsilon = \varepsilon_0 \left(\varepsilon_r - j \frac{\sigma}{\omega \varepsilon_0}\right)$$

式中,ε_0 是自由空间的介电常数;ε_r 是相对介电常数;σ 是盐溶液的电导率。

因为 ε 是复数,所以 k_z 也是复数,因此,后者可以表示为 $\beta - j\alpha$。$E_y(z)$ 的大小 $|E_y(z)|$ 和相位 (z) 分别为:

$$|E_y(z)| = |E(x)| \exp(-\alpha z)$$

$$(z) = \o - \beta z$$

式中，$E(x) = E_0 \sin(\pi x/a)$，对于确定的 x, a 是一个常数；ϕ 代表 E_0 的相关。

就参考点 z_0 来说，在任意一点 $z > z_0$ 处，波导中的电磁波的大小和相位与参考点的相应值之间有如下关系：

$$\ln \frac{|E_y(z_0)|}{|E_y(z)|} = \alpha(z - z_0)$$

$$(z_0) - (z) = \beta(z - z_0)$$

当以 $(z - z_0)$ 为自变量作图，这些数据构成直线，其斜率分别是 α 和 β。

当 $k_z = \beta - j\alpha$ 时，相对介电常数和电导率分别为：

$$\varepsilon_r = \frac{\beta^2 - \alpha^2 + \left(\frac{\pi}{\alpha}\right)^2}{\omega^2 \mu \varepsilon_0}$$

$$\sigma = \frac{2\alpha\beta}{\omega\mu}$$

给出一般模 TE_{mn} 或 TM_{mn} 的传播：

$$k_z^2 = k^2 - \left(\frac{m\pi}{a}\right)^2 - \left(\frac{n\pi}{b}\right)^2$$

平行板波导中的主模是 TEM 模，可以证明与这个模有关的电场为：

$$E_z = C H_0^{(2)}(k\rho)$$

式中，C 是一个与激励强度成正比的常数；$H_0^{(2)}$ 是第二类零次 Hankel 函数；k 是复波数；P 是从激励源测量的经向距离。Hankel 函数的大幅角渐近形式为：

$$H_0^{(2)}(k\rho) = \left(\frac{2}{\pi k\rho}\right)^{1/2} \exp\left[-j\left(k\rho - \frac{\pi}{4}\right)\right]$$

简化可得：

$$E_z(\rho) = C_1 \frac{1}{\sqrt{\rho}} \exp(-\alpha\rho - j\beta\rho)$$

式中，C_1 是与 ρ 无关的常数，若把参考点选在 $\rho = \rho_0$ 处，那么，任意点 ρ 的大小和相位与参考点的相应量有如下关系：

$$\ln \frac{|E_z(\rho_0)|\sqrt{\rho_0}}{|E_z(\rho)|\sqrt{\rho}} = \alpha(\rho - \rho_0)$$

ε_r 则由下式给出：

$$\varepsilon_r = \frac{\beta^2 - \alpha^2}{\omega^2 \mu \varepsilon_0}$$

相对于最小平方拟合线的标准差的计算值代表了测量精度。既然把直线的斜率用来计算介电常数和电导率，那么就可以用斜率的误差来表示标准差：

$$S_s = \frac{S_d}{\sqrt{\sum z_i^2 - (\sum z_i)^2}}$$

式中，S_s 是斜率的偏差；S_d 是服从最小平方拟合的实测振幅或相位数据的标准差。

3 意义

对从室温直到80℃、盐度从1到5盐溶液的高频介电特性进行测量。先在矩形波导中测量，测量电磁波在波导中的传播相速度和衰减，并以此为依据计算出介电常数的实部和虚部。与此同时在平行板经向波导中测量受热盐溶液的复介电常数，比较两种方法得到的介电常数可知测量数据是一致的。此外，通过测量技术的细节和数据，发现在20~40℃时，由经验公式测算的高频电导率和复介电常数同实测数据一致，而在温度大于40℃时，测得的电导率和复介电常数都比经验数据高。以此，上述描述的测量技术可以用来检测升温时其他耗散液的高频介电特性。

参考文献

[1] Kuang-Fu Han, Butler M, et al. 温度升高时盐溶液的高频复介电常数. 海岸工程, 1998, 17(2): 93-100.

潮位潮流的模拟公式

1 背景

一种单板机控制步进电机驱动运行的高低组合活动堰的水池控制系统,用于生成潮流和潮位的水动力运动,在模拟滨海电厂温排水工程的变态水动力模型中得到很好的应用。王爱群等[1]介绍了一种给出与工程海区相似的潮位和潮流条件,成功模拟在潮位变化和潮流作用下的温度扩散的方法。此方法理论基础严格,且简便灵活,控制效果好,相对于其他现行方法节约设备投资。

2 公式

可按重力相似律进行模拟,使原型和模型满足佛罗德数相等,即

$$F_{rp} = F_{rms}$$

这是因为雷诺数 R_e 甚大,使流体的运动按蔡科斯达实验结果,应处于黏滞力自模拟区。利用变态模型,即平面长度比尺与竖向长度比尺不同:

$$\lambda_x = \lambda_y \neq \lambda_z$$

而

$$n = \frac{\lambda_x}{\lambda_z}$$

n 称为变态率。由此可得各有关量的比尺为:

$$\lambda_U = \left(\frac{\lambda_x}{n}\right)^{1/2}, \lambda_T = (n\,\lambda_x)^{1/2}, \lambda_Q = \lambda_x\,\lambda_z^{2/3} = n^{2/3}\,\lambda_x^{5/2}, \lambda_{R_e} = \lambda_x$$

根据水力学对堰流供水的计算,得到公式:

$$Q = m_0 b \sqrt{2g}\, H^{3/2}$$

式中,Q 为过堰流量; m_0 为流量系数;b 为过水堰板宽度;H 为堰上水头。

流量供水将一个潮周期分八步设计和计算:

$$Q_{前} = Q_{后}$$

潮位验证过程线见图 1,流速流向验证过程线见图 2。

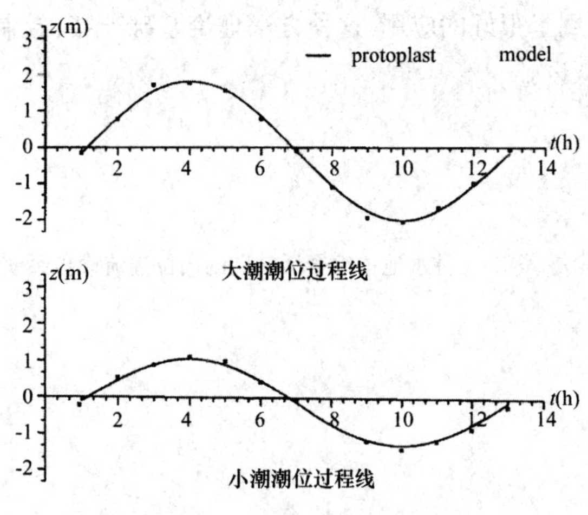

图 1　潮位验证过程线

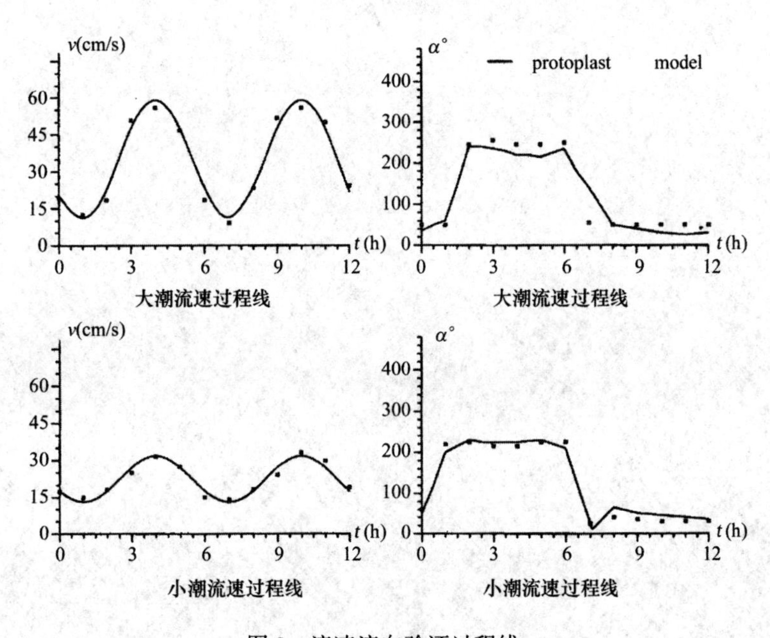

图 2　流速流向验证过程线

3　意义

根据此处给出一种用单板机控制步进电机驱动高低组合活动堰板造潮的水动力控制系统,经实验验证,本系统控制简单,调试方便,造价低廉。解决了以往水工模型实验中潮流模拟系统控制复杂且调试困难的问题。使用组合活动堰系统在水池中生成潮位升降和潮流运动,在实验中得到了很好的应用,这种方法理论基础严格,控制准确灵活,结构简便,是一种经济快捷的模拟设施。

参考文献

[1] 王爱群,李春柱,于定勇,等. 一种水池中组合活动堰的潮位潮流模拟系统. 海岸工程,1998,17(2):8-13.

沉箱的动力响应模型

1 背景

对于处在较深水域中的近海结构物,其基础设计是否合理将关系到整个结构物的稳定性。近海结构物“负压式基础” 的广泛采用,已使结构物的稳定性大大提高。Maeno 等对大洋中浮动结构物系泊系统使用这种基础的可行性进行了研究,并对其成果做了系列报道。Tonliya takatani 等[1]对围海造田截流堤(Closing Dile)的钢质沉箱结构使用负压效应的可行性做了阐述,分析了在软质海底上负压沉箱的动力响应特性。

2 公式

在数值分析时,以表 1 所给出的饱和粗砂材料特征参数作为多孔弹性海底土体的设定情况,来对钢质负压沉箱的摇摆做出动力响应分析。

表 1 液体饱和多孔弹性海底的物质特征

μ = 96 MPa	λ = 432 MPa	Q = 280 MPa
R = 274 MPa	ν = 0. 3(泊松比)	
f = 0. 48(多孔弹性介质的孔隙率)		
ρ_f = 2. 67 g/cm^3(固态骨架的密度)		
ρ_x = 1. 00 g/cm^3(空隙水的密度)		

图 1 示出了在 $K_0 = 0.001$,负压吸力比 $R_C = 1.0$,裙壁长度 $\dfrac{D}{\alpha} = 0.50$ 的情况下由于质量比 C 所引起沉箱位移 A_Z 的频率响应。

$$C = m/\rho\, a^3$$

$$A_Z = (Q_Z/2\pi\mu a)\sqrt{\frac{f_1^2 + f_2^2}{(1 - Ca_0^2 f_1)^2 + (Ca_0^2 f_2)^2}}$$

式中,ρ 和 μ 分别是多孔弹性介质的密度和切变模数(剪切弹性模数);m 是沉箱结构的质量。上式中所述的 a_0 , $\omega a/V$, f_1 和 f_2 是由下式所表示沉箱位移的实部和虚部。

$$U = (Q_Z/2\pi\mu a)(f_1 + if_2)$$

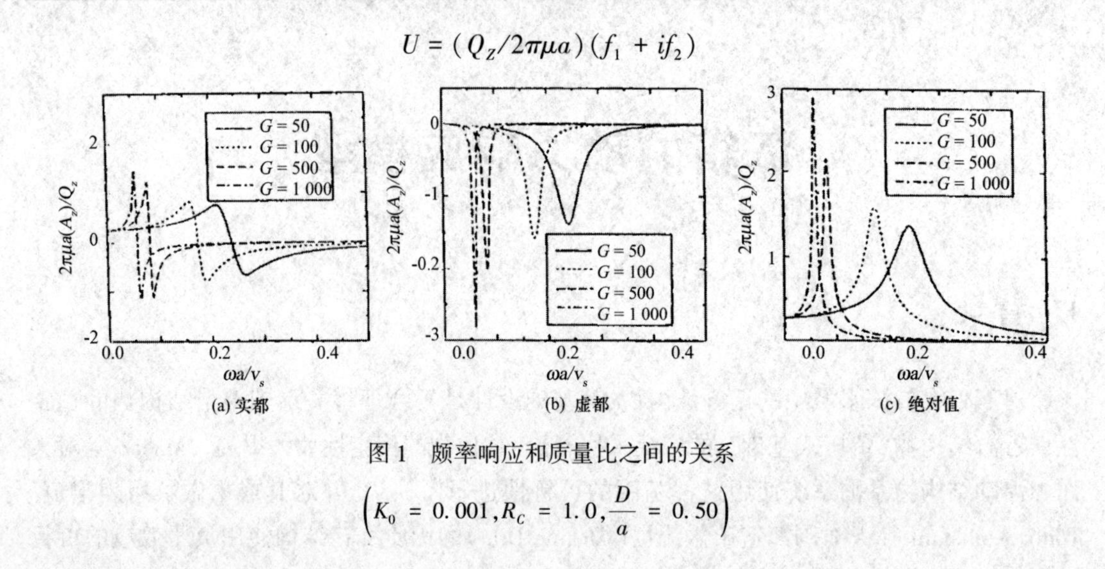

(a) 实部 (b) 虚部 (c) 绝对值

图 1 频率响应和质量比之间的关系

$$\left(K_0 = 0.001, R_C = 1.0, \frac{D}{a} = 0.50\right)$$

3 意义

通过对沉箱结构在波浪作用下动力响应的模拟研究,探讨了一种有裙钢质沉箱的适用性,这种沉箱可利用负压效应来保持它自身的稳定。对于这种在沉箱底部和海底之间具有负压作用的沉箱,采用了“沉箱结构与海底相互作用分析法”在频率域中进行了动力响应数值计算。沉箱裙边的长度以及作用在隔室上的负压对于沉箱动力响应的影响,也通过数值计算的方法进行了研究,可得出这种类型的沉箱应用于软质海底是相当有效的。如果海底土的渗透性差,只要为沉箱提供隔室,则它也会具有同样的优点。

参考文献

[1] Tonliya takatani, Yosh i-hiko Maeno, Shigeo Takahashli Ken-ichiro Shimasako. 在软质海底上负压沉箱的动力响应特性. 海岸工程, 1998, 17(2): 79-86.

波浪的周期方程

1　背景

波浪周期是指水中的某一点经过两个连续波峰所经过的时间长度。由于海洋环境条件确定不当或结构物本身设计不合理,海上钻井或采油平台毁坏事件时有发生。无论是沿岸结构物还是海上结构物遭毁坏的重要原因之一就是环境动力因素确定不当。这些因素包括风、浪、流和海冰等,其中海浪是最主要的。波浪的大小决定于波高和周期。波浪周期对港口工程的影响,已逐渐受到人们的重视。刘文通[1]通过实验分析了波浪周期对海洋建筑物的影响。

2　公式

实验室波浪槽中分别用规则波和不规则波对堤的越浪厚度和胸墙上波压强进行实验,以检验波高和周期的影响。实验结果分别列于表1,表2和表3中。

表1　规则波周期对堤顶越浪厚度的影响

T(s)	H(m)	ΔH(m)
5.6	3.7	0.3
9.0	3.4*	0.9

表2　不规则波周期对堤顶越浪厚度的影响

T(s)	H(m)		
	$H_{13\%}$	$H_{1\%}$	ΔH
6.9	3.4	4.8	0.4
9.0	3.4	4.8	0.9

表 3　不规则波周期对胸墙波压强的影响

T(s)	H(m)	各测点波压强(t/m^2)					
		P_1	P_2	P_3	P_4	P_5	P_6
5.6	3.7	0.45	0.59	0.55	0.20	0.12	0.19
8.7	2.9	0.83	1.31	1.20	0.89	0.49	0.50

对于小桩柱(直径为 D),波力可用 Morison 方程计算,即

$$F = \frac{1}{2} C_D \rho u \left| u \right| + C_M \frac{\pi D^2}{4} \frac{\partial u}{\partial t} = F_D + F_I$$

式中,F_D 与 F_I 分别为阻力和惯性力。

若水平坐标取在海底,z 轴铅直向上,并假定为小振幅波,其质点水平速度和加速度可分别表示为:

$$\left. \begin{aligned} u &= \frac{\pi H}{T} \frac{chkz}{shkd} \cos(kx - \omega t) \\ \frac{\partial u}{\partial t} &= \frac{2\pi^2 H}{T^2} \frac{chkz}{shkd} \sin(kx - \omega t) \end{aligned} \right\}$$

利用 $k = \frac{2\pi}{L}$,$\omega = \frac{2\pi}{T}$ 及 $\omega^2 = kgthkd$,并从 $0 \sim d+\zeta$ 对 z 积分,得:

$$F = F_{D\max} \cos\theta \left| \cos\theta \right| + F_{I\max} \sin\theta$$

式中,$\theta = kx - \omega t$;$F_{D\max}$ 和 $F_{I\max}$ 分别为最大波阻力和最大惯性力,它们分别为:

$$\left. \begin{aligned} F_{D\max} &= \frac{C_D \gamma D}{2} \frac{2k(d+\zeta) + sh2k(d+\zeta)}{8sh2kd} \\ F_{I\max} &= \frac{C_M \gamma \pi D^2}{8} \frac{shk(d+\zeta)}{chkd} \end{aligned} \right\}$$

假定 ζ 与 d 相比为小量并可忽略,则上式可简化为:

$$\left. \begin{aligned} F_{D\max} &= \left(\frac{C_D \gamma D}{2} \frac{2kd + sh2kd}{8sh2kd} \right) H^2 \\ F_{I\max} &= \left(\frac{C_M \gamma \pi D^2}{8} thkd \right) H \end{aligned} \right\}$$

式中,$\gamma = \rho g$,ρ 为海水相比密度。

3　意义

根据波浪的周期方程,计算结果显示了波高和周期对于海洋建筑物设计具有同等的重

要性,只不过它们的表现形式不同而已。纠正了在考虑海浪对建筑物作用时,人们往往强调波高而对周期重视不够的现象。无论是对沿岸建筑物还是海上孤立式建筑物,波浪周期与波高一样均为重要设计参数,两者都会直接影响到工程投资与安全,因此,在精心确定多年一遇设计波高的同时,必须十分谨慎地提供工程设计的波周期参数。

参考文献

[1] 刘文通. 波浪周期对海洋建筑物的影响. 海岸工程,1998,17(3):1-5.

潮间浅滩的泥沙运移模型

1 背景

泥沙运移不但与河流防洪、水库淤积等众多的经济建设项目息息相关,还是地貌学、沉积学等学科的基础知识。就推移质泥沙运移而言,自 1879 年法国人 DuPoys 首次提出推移质泥沙运移的拖曳理论以来,从事此项研究的学者众多,提出很多理论。关于泥沙运移的现场观测,至今尚无比较圆满的方法。臧启运[1]结合生产任务并根据当地大淤大冲的具体情况,设计制造了标志桩和沉沙盘两种新式泥沙运移现场观测工具,对潮间浅滩泥沙运移的现场进行了观测和冲淤量的估算。

2 公式

C 剖面位于港区近引堤处,方向为 NE59°,与码头引堤趋于平行。

$I_{(i)}$ 剖面位于港区中段,方向为 NE57°。

设 U 为某标志桩所代表滩面的冲(淤)速率,则有:

$$U=(H_2-H_1)/t$$

式中,H_1,H_2 分别为第一期、第二期观测的桩高(取每期多次观测的平均值);t 为两期观测的时间间隔(取平均值)。

又设测区段滩面的冲(淤)总量为 Q,则有:

$$Q=\gamma\sum_{n}UTS$$

式中,γ 为泥沙的容重;U 为冲(淤) 速率;T 为计算时段;S 为各标志桩所代表的滩面面积;n 为标志桩数。

根据 1988 年 5 月和 10 月两期实测结果,计算了区内 3 条剖面上各标志桩所代表的冲淤厚度和冲淤速率值,结果如表 1 所示(表中正值表示淤积,负值表示冲蚀)。

表 1　各标志桩冲淤变化表

标志桩号		1	2	3	4	5	6	7	8
C 剖面	冲淤值(cm)	+1.2	−1.6	−1.6	−2.3	−1.7	−2.0	+5.8	+5.5
	冲淤速率(cm/d)	+0.008	−0.011	−0.011	−0.016	−0.012	−0.014	+0.04	+0.038

续表

标志桩号		1	2	3	4	5	6	7	8
I_ω	冲淤值(cm)	+1.2	-5.4	-0.5	+0.7	+6.2	+7.5		
剖面	冲淤速率(cm/d)	+0.008	-0.038	-0.004	+0.005	+0.043	+0.052		
V	冲淤值(cm)	-27.5		-3.0	-11.8	-5.0			
剖面	冲淤速率(cm/d)	-0.192		-0.021	-0.083	-0.035			

3 意义

根据潮间浅滩的泥沙运移模型,对潮间浅滩观测泥沙运移的两种新工具——标志桩和沉沙盘的基本结构进行了数值模拟。通过实例阐明了利用标志桩、沉沙盘观测资料研究潮间浅滩冲淤变化及冲淤量估算的途径及方法。此处的标志桩和沉沙盘虽然简单,但从其工作原理和实际使用结果看是有效的,尤其是使用于冲淤变化强烈的海滩区,效果更佳。

参考文献

[1] 臧启运. 潮间浅滩泥沙运移的现场观测和冲淤量的估算. 海岸工程,1998,17(3):18-23.

含水层的对流弥散模型

1 背景

当流体在多孔介质中流动时,由于孔隙系统的存在,使得流速在孔隙中的分布无论其大小和方向都不均一,称为对流弥散。流体在通过多孔介质时,由于示踪剂浓度不均匀,存在一定的浓度梯度,使得高浓度处物质向低浓度处运动,以求浓度趋于均一,此称为分子扩散。多孔介质中的对流弥散和分子扩散之和为水动力弥散系数,它是描述进入地下水系统中污染物质浓度的时空变化的参数。宋树林等[1]为了预测青岛西小涧垃圾场垃圾渗漏水对场区周围地下水的影响,在现场测定了场区含水层的纵向弥散系数。

2 公式

含水层的径流强度,可用平均渗透流速 V 来衡量。根据达西定律 $V=KI$,即径流与含水层的透水性和补给区及排泄区之间的水位差成正比。

当渗水试验进行到渗入水量趋于稳定时,渗透系数采用下列公式计算:

$$K = QL/\omega h$$

式中,Q 为稳定渗水量;L 为渗透途径;k 为渗透系数;h 为水头损失;ω 为过水断面面积。

实验结果列在表 1。

表 1　渗水试验结果表

柱长(cm)	渗透系数(cm/s)
5.0	1.14×10^{-6}
10.0	1.73×10^{-6}
30.0	4.18×10^{-6}

根据场区水文地质和工程地质条件,进行了 3 组单井抽水试验,试验结果列于表 2。

表 2　抽水试验结果表

井号	观测孔（个）	井深（m）	含水层厚度（m）	参透系(k)（m/d）	影响半径(R)（m）	涌水量(m^3/d)（r_w=0.5 m）
1-7	2	20.00	11.0	12.88	43.75	999.0
1-5	2	20.50	10.1	18.25	177.00	968.0
1-11	2	18.44	0.7	0.52	48.00	292.0

弥散系数的计算采用《地下水水质模型》一书中推荐的解析式法（直接法）。地下水水质模型为[2,3]：

$$D\frac{\partial C^2}{\partial x^2}-V\frac{\partial C}{\partial x}=\frac{\partial C}{\partial t}$$

$$C(x,0)=0,0\leqslant x<\infty$$

$$C(0,t)=C_0,0\leqslant t<\infty$$

$$C(0,t)=0,t_0\leqslant t<\infty$$

其通解为：

$$C(x,t)=\frac{C_0}{\sqrt{\pi}}\int_{\frac{X-VT}{2\sqrt{L}}}^{\frac{X-V(t-t_0)}{2\sqrt{(T-)}}}\exp(-\eta^3)\,\mathrm{d}\eta$$

若利用浓度的最大值 C_{max}，则上式改写为：

$$C_{max}=\frac{1}{2\pi}\int_{\frac{X-Vt_m}{\sqrt{2D_Lt_m}}}^{\frac{X-V(t_m-t_0)}{2\sqrt{(-)}}}\exp\left(-\frac{\eta^2}{2}\right)\mathrm{d}\eta$$

3　意义

根据单井脉冲注入示踪剂的数值模拟，以大红染料为示踪剂，测定了主井和观测井中示踪剂的浓度变化，并用解析公式法计算了西小涧垃圾场地下水的纵向弥散系数。测得的弥散系数就是海相砂层和陆相砂层的弥散系数。把现场测得的纵向弥散系数与弥散系数参考表中的细砂和中粗砂的纵向弥散系数进行比较可以看出，它们基本上是一致的，是可信的。

参考文献

[1]　宋树林，林泉，孙向阳．地下水弥散系数的测定．海岸工程，1998.17(3)：61-65.

[2]　孙纳正．地下水流的数学模型和数值方法．北京：地质出版社．1985.

[3]　Lyons T C. Groundwater Basin Water Quality Simulation to Study Alternative Plans. Whe Conference Groundwater Quality Mesurement. Prediction and Protection ENGLAND. 1976.

海洋的固有光学特性方程

1 背景

溶解有机质(DOM)含有有色的成分,能对海洋内部光的总吸收产生有效的影响。有色溶解有机质吸收了光,就会减少浮游植物的光合作用,并降低了卫星水色遥感传感器测量叶绿素的精确度。目前关于有色溶解有机质层的光学吸收特性方面研究很少,原因是由于缺乏坚固的能用在海洋中的便携式高灵敏度分光计,同时寡营养水域中有色溶解有机质吸收的强度很低,难以进行测量。Frank E. Hoge[1]对荧光测量结果反演有色溶解有机质的吸收系数进行了分析,以阐述海洋的固有光学特性。

2 公式

为获得寡营养水域中可见光波长的 a_{CDOM},使用长光程的样品池或者测量从海水中分离出的有色溶解有机质的吸收系数,但都很费时。尽管如此,这些研究还是建立了有色溶解有机质的吸收系数 a_{CDOM} 与不同波长的关系。

$$a_{CDOM}(\lambda) = a_{CDOM}(\lambda_0)\exp[-S(\lambda-\lambda_0)]$$

式中,λ 为波长(nm);S 为系数,它与选择的 λ_0 无关。

在 wallpos 岛测量的吸收光谱是用 Perkin — Elmer(PE)Lambda 2 分光光度计、1cm 程长的石英玻璃样品池和 Milli-Q 水为基准做出的。其公式为:

$$a_{CDOM}(\lambda) = 2.303A(\lambda)/L$$

式中,$A(\lambda)$ 为吸收率;L 是以 m 为单位的吸收样品池的程长。

F_a(355)为 355 nm 激励产生的 450 nm 的归一化水拉曼荧光,而 N. FI. U 是归一化的荧光单位:

$$[(F_{样品}:R_{样品})/(F_\varphi:R_\varphi)]\times 10 = F_a(\lambda)(\text{N. FI. U})$$

式中,λ 为激发波长;F 和 R 为海水和硫酸奎宁样品中的荧光和水拉曼信号。$F_a(\lambda)$ 表示 CDOM 荧光相对于硫酸奎宁荧光,它们都是在同一波长 λ 激励下所产生的水拉曼信号经归一化而获得的。

在每个海区显示出一个梯度,荧光和吸收是线性相关的,西北大西洋的 3 个海区和蒙特里湾得到的数据则是共线的,而墨西哥湾的 F_a(355):a_{CDOM}(355)比约 30%。已知这些过

滤样品的表观吸收主要是有色溶解的有机质,从如下形式的方程可得到 $a_{CDOM}(355)$:

$$a_{CDOM}(355)(m^{-1}) = A\,F_a(355) + B$$

表1为上式的斜率和截距(A 和 B)值,是用波长355 nm和337 nm激励得到的数据集中的4个导出的。

表1 各海区吸收和荧光数据集的回归方程

海区	方程 a_{CDOM}	R^2
佐治亚州新月湾	$(355)=0.285(\pm0.006)F_n(355)+0.056(\pm0.044)$	0.99
	$(337)=0.250(\pm0.006)F_n(337)+0.078(\pm0.064)$	0.98
哈特拉斯角	$(355)=0.324(\pm0.008)F_n(355)+0.003(\pm0.012)$	0.99
	$(337)=0.273(\pm0.007)F_n(337)+0.038(\pm0.018)$	0.99
特拉华湾	$(355)=0.261(\pm0.034)F_n(355)+0.111(\pm0.046)$	0.89
	$(337)=0.226(\pm0.028)F_n(337)+0.115(\pm0.057)$	0.90
墨西哥湾	$(355)=0.192(\pm0.003)F_n(355)+0.075(\pm0.048)$	0.99
	$(337)=0.170(\pm0.003)F_n(337)+0.115(\pm0.080)$	0.98
西北大西洋	$(355)=0.285(\pm0.006)F_n(355)+0.059(\pm0.043)$	0.98
	$(337)=0.251(\pm0.05)F_n(337)+0.074(\pm0.055)$	0.98
蒙特西湾	$(355)=0.207(\pm0.006)F_n(355)+0.112(\pm0.017)$	0.93
	$(337)=0.183(\pm0.005)F_n(337)+0.158(\pm0.143)$	0.94

3 意义

根据海洋的固有光学特性方程,确定了有色溶解有机质(CDOM)的吸收和荧光发射之间的定量关系,提出了确定(CDOM)荧光的方法,该方法使实验室之间的结果能相互比较并能进行航空荧光测量结果的校准。给出了用于以水的拉曼归一化荧光发射的航海和航空测量结果,反演CDOM在335 nm和337 nm波长处的吸收系数的算法。此外,还计划试验把吸收数据推导的这种荧光能外推到可见光波段并用来增加向上辐宽度模式的精度和卫星色素反演初级生产力估算以及评定表层海水中的溶解有机碳浓度的精度。

参考文献

[1] Frank E. Hoge, Anthong Vodack. 海洋的固有光学特性. 海岸工程, 1998, 17(3): 82-88.

地质环境系统的评价模型

1 背景

作为人类工程活动媒介的地质环境是一个多因素、多层次构成的复杂的动态系统。具有不同物质组成和结构的地质环境往往对不同类型的工程活动具有不同的敏感度,同时,不同的自然地质环境对各种人类活动亦具有不同的适宜度。工程地质环境评价和预测应能综合表述地质环境的敏感性和适宜性两个方面,可概括为地质环境系统的稳定性。贾永刚和刘红军[1]通过调查分析对青岛城市地质环境系统稳定性进行了研究。

2 公式

首先将地壳稳定性评判这一问题定义为有限论域 U,把影响地壳稳定性的各因素作为有限论域 U 中 m 个元素,则表示为:

$$U = \{U_1, U_2, U_3, \cdots, U_j, \cdots, U_m\} \quad (j = 1, 2, \cdots, m)$$

把地壳稳定性分级定义为评价集 V,共分 4 个级别,表示为:

$$V = \{V_1, V_2, V_3, V_4\}$$

将论域 U 中每个影响因素隶属 V 中的函数定义为 U 的模糊集 A,则表示为:

$$A = \{\mu A(U_1), \mu A(U_2), \cdots, \mu A(U_j), \cdots, \mu A(U_m)\}$$

式中,$0 \leqslant \mu A(U_j) \leqslant 1$;$U_j \in U$;$\mu A(U_j)$ 表示第 j 个影响因素对评价集 V 中不同级别的影响程度,称为隶属值。

当某一评判地点确定后,按影响该地点的各因素隶属度建立模糊关系矩阵 R:

$$R = \begin{bmatrix} r_{11} & r_{12} & r_{13} & r_{14} \\ r_{21} & r_{22} & r_{23} & r_{24} \\ \cdots & \cdots & \cdots & \cdots \\ r_{j1} & r_{j2} & r_{j3} & r_{j4} \\ \cdots & \cdots & \cdots & \cdots \\ r_{m1} & r_{m2} & r_{m3} & r_{m4} \end{bmatrix}$$

通过论域 U 和评价集 V 之间的模糊关系矩阵 R,求出评判地点的稳定程度。则定义模糊向量 B 表示为:

$$B=[b_1,b_2,b_3,b_4]$$

它表示评判地点隶属不同级别的相对数值。

为区分各因素对地壳稳定性影响重要程度,定义 A 为权函数,由专家根据经验给出。则 B 可由 A 和 R 模糊运算求出,表示为:

$$B=A\cdot R=(a_1,a_2,a_3,\cdots,a_j,\cdots,a_m)\begin{bmatrix} r_{11} & r_{12} & r_{13} & r_{14} \\ r_{21} & r_{22} & r_{23} & r_{24} \\ \cdots & \cdots & \cdots & \cdots \\ r_{j1} & r_{j2} & r_{j3} & r_{j4} \\ \cdots & \cdots & \cdots & \cdots \\ r_{m1} & r_{m2} & r_{m3} & r_{m4} \end{bmatrix}=(b_1,b_2,b_3,b_4)$$

B 模糊向量即为所求结果。按最大隶属度原则,b 值中最大者即为评判地点的稳定级别。

将城市地质环境稳定性评判这一问题定义为有限论域 U,把地壳、地表、岩土稳定性作为 U 中的三个元素,表示为:$U=(U_1,U_2,U_3)$,定义评价集 V 共分三级:V_1 为稳定,V_2 为基本稳定,V_3 为不稳定,表示为:

$$R=\begin{bmatrix} r_{11} & r_{12} & r_{13} & r_{14} \\ r_{21} & r_{22} & r_{23} & r_{24} \\ r_{31} & r_{32} & r_{33} & r_{34} \end{bmatrix}$$

通过模糊运算,求出模糊向量 B,即:

$$B=A\cdot R$$

式中:$A=0.2,0.4,0.4$,R 确定方法同前,按最大隶属度原则,得到各评判地点隶属 V 的级别。

3 意义

根据系统工程理论的数值分析,将影响青岛城市地质环境系统稳定性因素具体细化为 18 项评价指标,并确定各项指标分级标准,将研究区划分为 1 km×1 km 规则网格作为评价单元,利用模糊综合评判方法,建立了地质环境系统的评价模型,并进行青岛城市地质环境工程建设适宜性分区评价。这对于城市土地资源的合理利用,地质灾害的防治和城市规划均具有重要的参考价值。有关评价指标,分级标准在以后的工作中需要进一步检验和完善。

参考文献

[1] 贾永刚,刘红军. 青岛城市地质环境系统稳定性研究. 海岸工程,1998,17(3):28-35.

盐水土壤的介电模型

1 背景

由于土壤盐度和地表土壤湿度都在地表变化,可用微波遥感作为其测量方法。人们开发和评估了一些介电混合模型,以便用来描述土壤—水系统。当把盐水同土壤混合时,这种混合物的介电特性不同于纯水同土壤混合物的介电特性。Thomas J · Jackson[1]采用车载被动微波传感器在受控条件下进行了一系列的现场实验,来评估每一变量的相对重要性和评估盐水—土壤系统的介电混合模型。

2 公式

在一定倾率下,盐度变化的最大影响可以通过比较盐水的介电常数同纯水的介电常数反映出来。图 1 表示 stogrgn 模型在两种颇率下的观察结果。

当介电常数不随深度变化时,情况最简单,可用 Fresnel 方程来观测任意角或任意极化方式的发射率。对于光滑表面的微波亮度温度(T_a)与复介电常数有关:

$$T_a(\theta,p) = [1 - R(\theta,p)] \times T$$

式中,θ 为观测角;p 为极化强度;R 为反射率;T 为土壤的温度。

复介电常数 k 与反射率 R 有关的 Fresnel 方程为:

$$R(\theta,H) = \left[\frac{\cos\theta - (k - \sin^2\theta)^{0.5}}{\cos\theta + (k - \sin^2\theta)^{0.5}}\right]^2$$

$$R(\theta,V) = \left[\frac{k\cos\theta - (k - \sin^2\theta)^{0.5}}{k\cos\theta + (k - \sin^2\theta)^{0.5}}\right]^2$$

反射率与发射率 e 的关系为:

$$e(\theta,p) = 1 - R(\theta,p)$$

在特定土壤湿度情况下,土壤中水的盐度为:

$$\text{实际盐度} = \text{饱和盐度} \times \frac{35\%}{\text{实际土壤湿度}}$$

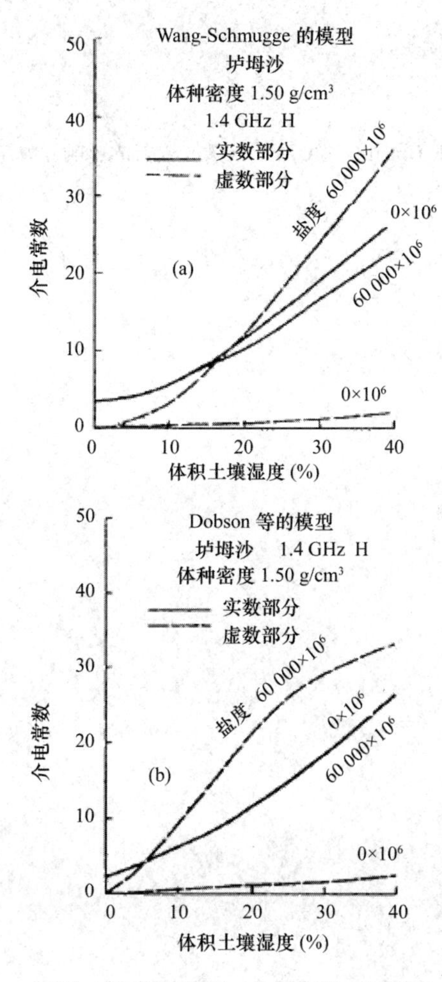

图 1 据介电常数与体积一维献度关系预测的盐度

3 意义

根据盐水土壤的介电模型,对车载 L 波段和 C 波段微波辐射进行计算,得到了一系列在受控条件下的现场实验模拟,其目的是想研究出一种能够分离盐度和土坡漫度影响的数据装置。用这种数据装置估算每个变量的价值并检验拟用的混合模型。混合模型说明观测数据的趋势和取值范围,然而,盐度的观测结果同模型观测的结果有差异。这些差异与模型结构或现场采样有关,同时地表附近分布特性的变化也会引起误差。

参考文献

[1] Thomas J · Jackson, Peggy E Oineill. 盐度对土壤微波辐射的影响. 海岸工程, 1998, 17(3): 89-94.

负压桶的运动模型

1 背景

“负压桶”是顶部封闭的钢管,通过自其顶部向外泵水的方法所造成管腔内外的水气压差将管体贯入海底基土中的管体。有关负压桶方面的文献,均已初步探讨了通过利用持续不断地从桶内往外排水所产生的压差对负压桶进行安装、固着的条件。J. O. Steenson-Bach[1]探索了当负压桶向上运动时,利用由负压桶本身所产生的不同压力的可能性,把“负压桶”用做小型、轻质、单塔平台的基础。

2 公式

负压桶的整体剪切失稳可解释为由其反向承载能力失效所致,这时其受力关系式可表达为:

$$F = W_p + W_s + W_\omega + \alpha C_u A_{st} + (N C_u - q) A_t$$

式中,F 为总上拔力;W_p 为负压桶结构总重量;W_s 为负压桶腔内土芯总重量;W_ω 为负压桶顶盖上部水体总重量;α 为地基土体对负压桶壁的黏着力系数;C_u 为土体平均不排水剪切强度;A_{st} 为包围负压桶土体的面积;N 为承载能力因子;q 为负压桶桶口处的总应力;A_t 为负压桶桶口处土塞横截面积与管壁横截面积之和。

对于黏土塞,当 F 等于最大值,黏着力系数 α 为临界值,而承载力因子 N 又满足垂向平衡方程式时:

$$-UA_t + \alpha C_u A_{st} = W_s + (N C_u - q) A_t$$

式中,U 为负压捅腔内顶盖下孔隙压力;A_t 为负压桶腔内土芯横截面积;A_{st} 为负压桶腔内土芯周围表面积。

当负压桶腔内土芯周围表面摩擦力和负压吸力超过土芯的拉张强度时,就发生了土体局部拉张失稳,此时管内土芯被拉离了海底地基,并留下了一个坑。局部拉张失稳的受力式:

$$F = W_p + W_s + W_\omega + \alpha C_u A_{st} + \sigma_t A_t$$

式中,σ_t 为土体抗拉强度。

如果不允许负压桶腔内的负压过大,则管内土芯周围表面摩擦力就不会超过土芯的拉

张强度,此时将会发生沿着管轴方向的局部剪切失稳,局部剪切失稳的受力关系式如下:

$$F = a\,C_u(A_{st} + A_t) + W_p + W_\omega + A_t\,U_t$$

式中,A_t 为负压桶桶壁横截面积;U_t 为负压桶桶口下部土体空隙压力。

在沙土中,对于负压桶抗拔能力的确定,通常只考虑沿轴向的单位剪切阻力 τ_0,其上拔失稳受力关系式为:

$$\tau_0 = a + \sigma_0 \tan\delta$$

式中:τ_0 为负压桶单位轴向剪切阻力;a 为黏着力项;σ_0 为负压桶桶壁表面所受的正应力;δ 为负压桶桶壁表面与土体接触面的摩擦角。

由于负压的存在,使负压桶增加的抗拔能力为:

$$F = W_p + T_s + T_t + U\,A_s$$

式中:T_s 为负压桶外部基土剪力对负压桶提供的抗拔能力;T_t 为负压桶内部基土剪力对负压桶提供的抗拔能力。

在中等上拔速度范围内 N 的数值受黏土类型、速度、贯入比或桶体直径影响较小,但受 C_N 影响较大,二者呈线性关系:

$$N_i = a_i - b_i\,C_N \qquad i=1 \text{ 或 } 2$$

上拔持续力 F 与其施加时间 t(即拉张失稳发生时间)的对数关系曲线是在 $C_N = 22$ kPa 的整体剪切失稳试验中得到的:

$$F/1N = C_N/1\ \text{kPa}[12,65 - 0.48\log(t/1\text{min})]$$

在负压桶内部的顶端负压没有发展的情况下,能较好地描述负压桶在沙体排水情况下的抗拔能力:

$$T_e = 0.1\,\gamma^t\,(a_2 - \delta)^2\,D_e\pi$$

$$T_i = 0.1\,\gamma^t\,(a_2 - \delta)^2\,D_i\pi$$

式中,T_e 为负压桶外部基土剪力对负压桶提供的抗拔能力;T_i 为负压桶内部基土剪力对负压桶提供的抗拔能力;γ 为土的容重;a_2 为负压桶的贯入深度;D_e 为负压桶外表直径;D_i 为负压桶内表直径;δ 为基土与桶壁的摩擦角。

3 意义

根据黏土和沙土中的模型分析,证实了负压对短的空心桩柱(负压捅) 抵抗上拔力的有益作用。对于沙土,“负压桶”的上拔阻力与其内部的负压成比例增加;对于黏土,由于负压可使“负压桶”失稳方式从基土沿桶体轴向的局部失稳过渡向桶体反向承载能力失效的整体剪切失稳,而当上拔速度超过一定的量级,负压桶内腔上部的负压能得以大大增加,这时负压桶的抗拔能力能得到加强。

参考文献

[1] J. O. Steenson-Bach. 在黏土和沙土中负压桶的最新模型试验. 海岸工程,1998,17(3):75-81.

海湾的固有振动周期公式

1 背景

研究假潮必须知道海湾的固有周期,为解决这一问题,科学家提出了著名的梅立恩公式,之后又将海湾振动平面出现不同波节的情况考虑在内。20世纪以来科学家又发展了以流体动力学方程为基础,考虑海湾的实际水深和形状,用比较严密的数值方法,来计算湖泊、海湾内固有波动的振幅、波长、波节线的分布以及周期。王钟桾和龙宝森[1]用一个二维数值模式计算了芝罘湾的固有振动周期并给出湾内振幅分布。

2 公式

在有长波存在的一般情形中,运动方程式具有下列形式:

$$\frac{\partial(hu)}{\partial x}+\frac{\partial(hv)}{\partial y}+\frac{\partial\xi}{\partial t}=0$$

$$\frac{\partial u}{\partial t}=-g\frac{\partial\xi}{\partial x}+X$$

$$\frac{\partial v}{\partial t}=-g\frac{\partial\xi}{\partial y}+Y$$

考虑自由振动的情况,$X=Y=0$,即无外力作用。消去变量 u,v 得到:

$$\frac{\partial^2\xi}{\partial t^2}=g\left[\frac{\partial\left(h\frac{\partial\xi}{\partial x}\right)}{\partial x}+\frac{\partial\left(h\frac{\partial\xi}{\partial y}\right)}{\partial y}\right]$$

设周期振动 $\xi=\xi_1 e^{i\omega t}$,简化可得:

$$\frac{\partial}{\partial x}\left(h\frac{\partial\xi_1}{\partial x}\right)+\frac{\partial}{\partial y}\left(h\frac{\partial\xi_1}{\partial y}\right)+\frac{\omega^2}{g}\xi_1=0$$

将所计算的海域划分为正方形网格,网格总数记为 N_g,对每个网格点使用上式导出的差分方程,得出 N_g 个联立线性方程,从而得到 $\xi_1(i,j)$ 的系数矩阵 U,于是我们得到:

$$U\xi_1=W\xi_1$$

对于一端开放的海湾,而且海湾非狭长形状时,用梅立恩公式:

$$T_0 = \frac{4l}{(2n-1)\sqrt{gh}} \qquad (n = 1,2,3,\cdots)$$

计算的周期与实际观测不太一致,需要进行湾口订正,其公式为:

$$T = T_0\left\{1 + \frac{2b}{\pi l}\left(\frac{3}{2} - r - \ln\frac{\pi b}{\pi l}\right)\right\}^{1/2} = T_0(1+\varepsilon)$$

用公式计算该湾的固有周期所得结果与二维数值计算所得结果列于表1。

表1　二维数值计算与梅立恩公式所得振动周期

节点数	1	2	3		4		5		6	
二维			纵	横	纵	横	纵	横	纵	横
数值计算	34.3	19.1	11.8	14.2	9.7	10.6	8.9	9.2	7.8	8.1
梅立恩公式	48.8	16.2	9.8		7.0		5.4		4.4	

3　意义

根据海湾的固有振动周期公式,利用二维数值模式,通过芝罘湾的实测水深和形状,计算了该湾的固有振动周期,与实测资料吻合较好。数值计算还同时给出不同节点数的湾内水位分布,由于缺乏观测资料,无法比较,但可供研究者参考。数值计算精度在很大程度上依赖于计算网格的大小,一般而言,网格越小,精度越高,但计算量就越大。

参考文献

[1]　王钟椐,龙宝森. 半封闭海湾固有振动周期的数值计算. 海岸工程,1998,17(4):1-4.

气候系统的吸引子模型

1 背景

实验数据在模拟过程中有能将模拟者假定的方程参数化和其设置模拟应满足一些约束条件两个基本作用。实验数据包含着更为丰富的信息,它可由单一变量时间序列出发来实现这一系统的多变量动力学过程。当瞬时态随时间流逝而逐渐消亡时,系统将达到一永久态,不一定是定常的。在相空间中,这将反映为一簇相轨迹收敛于一相空间的子集,系统于是就嵌入其中。我们就把这种不变集称为吸引子,至今已经论证了点、线或面的吸引子。C. Nicohs[1]对是否存在一个气候吸引子这一观点进行展开讨论。

2 公式

实际上,只要对 $X_0(t)$ 进行一固定相位移,就可容易获得一组变量。因此考虑由下列变量定义的相空间:

$$X_0(t),X_0(t+\tau),\cdots,X_0[t+(n-1)\tau]$$

考虑从下列时间序列得到的 n 维相空间中一吸引子上的一组 N 个点:

$$\begin{gathered}X_0(t_1),\cdots,X_0(t_N)\\X_0(t_1+\tau),\cdots,X_0(t_N+\tau)\\\cdots\\X_0[t_1+(n-1)\tau],\cdots,X_0[t_N+(n-1)\tau]\end{gathered}$$

引入一个向量符号 X_i ,它代表相空间中的一个点 $\{X_0(t_i),\cdots,X_0[t_i+(n-1)\tau]\}$。

从这些数据中选一参考点 X_i ,到它与其他 $N-1$ 个点的距离 ($|X_i-X_j|$) 可计算得到。这样就可计算距点 X_i 的 r 范围内的资料点数。对所有的 i 值重复上述过程可得:

$$C(r)=\frac{1}{N^2}\sum_{\substack{i,j=1\\i\neq j}}^{N}\theta(r-|X_i-X_j|)$$

其中,θ 为亥维函数,即

$$\begin{cases}\theta(x)=0 & x<0\\\theta(x)=1 & x>0\end{cases}$$

一般而言,如吸引子为 d 维流形,则此数应与 $(r/\varepsilon)^d$ 成正比。因此,对 r 而言,相当小

的 $C(r)$ 变化如下：

$$C(r) = r^d$$

换言之，吸引子的维数应由在 r 值的一定范围中 $\log C(r)$ 相对于 $\log(r)$ 的斜率确定：

$$\log C(r) = d|\log r|$$

图 1 中带“ 。”的点显示，在 $n=4$ 时斜率达一饱和值，$d_s=3.1$；对高斯白噪声而言，d 并无饱和的趋势，d 最后应等于 n。

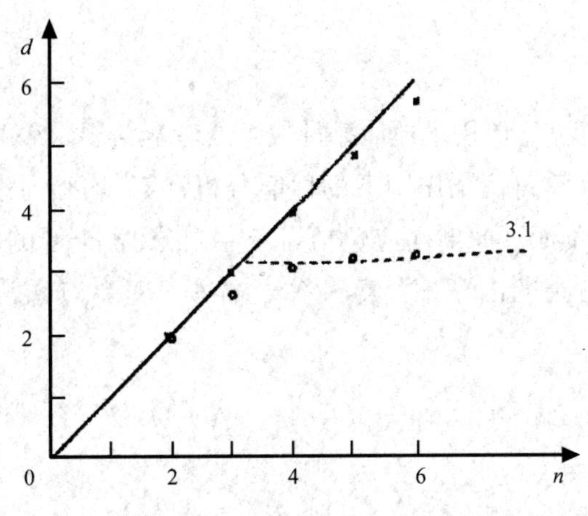

图 1　维数 d 和相空间变量数 n 的依从关系

3　意义

根据非线性动力系统的数值分析，仅用一些时间序列资料就可确定某些气候的关键特征。然而这些结果并不能预测任一气候演变模式的有效性，而只是设置了模式应满足的许多约束条件。尤其是暗示，涉及 4 个变量的模式就能描述气候系统的特征。该方法可以应用于许多问题中去，用以通过时间序列来探讨自然发生的复杂系统。对于阻塞过渡和生物节律这些系统而言，分数维数很有希望来表征其特性，同时用来度量其复杂性。

参考文献

[1]　Nicohs C，Nicolis G. 存在一个气候吸引子吗．海岸工程，1998，17(4)：105-108.

系泊工程的桩基计算

1 背景

桩基是一种基础类型,主要用于地质条件较差或者建筑要求较高的情况。桩的轴向承载力、抗拔力以及水平和垂向荷载作用下的性能分析计算,均须通过钻探手段确定各土层沿深度变化的抗剪强度剖面。此剖面应包括岩土层划分、各土层的水下重度 γ'、黏性土的不排水抗剪强度 C、砂性土的内摩擦角等。孙永福等[1]对单点系泊工程桩基进行了计算分析。

2 公式

2.1 桩的极限抗拔力

桩抗拔力计算需考虑的参数为桩外壁摩擦力和包括静水上托力和土塞重量在内的有效桩重等。

计算公式为:

$$Q_t = \sum f \cdot A + W'_p$$

式中,Q_t 为极限抗拔力,kN;f 为单位面积桩壁摩阻力,kPa;A 为桩入土部分桩壁表面积,m^2;W'_p 为有效桩重,kN。桩壁摩阻力 f 的计算如下。

黏性土:

$$f = \alpha \cdot C$$

式中,f 为单位桩壁摩阻力,kPa;α 为无量纲系数;C 为计算点土的不排水抗剪强度,kPa。

系数 α 由下式计算。

当 $\Psi \leq 1.0$ 时,$\alpha = 0.5\,\Psi^{-0.5}$;当 $\Psi > 1.0$ 时,$\alpha = 0.5\,\Psi^{-0.25}$;式中 $\Psi = C/\sigma'_V$。

砂性土:

$$f = K\sigma'_V \tan\delta$$

式中,K 为侧向土压力系数(水平与垂直有效应力之比),由于在拉荷载条件下 K 值偏小,同时考虑桩的土塞效应取 $K=0.8$。σ'_V 为计算点有效上覆压力,kPa;δ 为土与桩之间摩擦角(°)。

2.2 轴向荷载—桩位置分析

桩基计算采用 V. N. Vijayvergvia 提出的 T–Z 曲线形式,其曲线方程式如下:

$$T = T_u[2(Z/Z_{Cr})^{1/2} - Z/Z_{Cr}]$$

式中,T 为桩土间单位侧摩阻力,kPa; T_u 为桩侧极限摩阻力,kPa;Z 为剪切位移,mm; Z_{Cr} 为临界剪切位移值。

2.3 土的侧向承载力计算

黏性土 对于侧向静荷载,除了浅层土因上覆土压力极小,其破坏方式不同外,黏土的极限单位侧向承载力 P_u 在 $8c$ 和 $12c$ 之间变化,循环荷载条件下会使侧向承载力下降而低于静荷载下的数值。计算公式如下:

$$P_u = 3c + \gamma X + J\frac{cX}{D}$$

或

$$P_u = 9c, X \geqslant X_R$$

式中, P_u 为极限抗力;c 为未受扰黏土土样的不排水抗剪强度;D 为桩直径;γ 为土的单位有效重量;J 为由现场试验确定的;X 为泥面以下深度; X_R 为泥面以下至抗力减小区域底部的深度。

对于强度不随深度变化的情况有:

$$X_R = \frac{6D}{\frac{\gamma D}{c} + J}$$

砂性土 砂土的极限横向承载能力,在下列两公式所确定的值间变化。前者为浅层数值,后者为深层的数值。在给定的深度处,应使用给出 P_u 最小值的公式来计算极限承载力:

$$P_{ut} = (c_1X + c_2X)\gamma' X$$

$$P_{ud} = c_3 D\gamma' X$$

式中, γ' 为土壤的有效重量;X 为深度;D 为泥面至给定深度的平均桩直径。

2.4 横向荷载—桩位移(P–Y 资料)分析

黏性土的 P–Y 曲线 桩在黏土中的侧向土抗力—位移关系常是非线性的,其曲线可由图 1 表示。P–Y 曲线的 OCDE 段为曲线,其方程式为:

$$\frac{p}{p_u} = 0.5(Y/Y_c)^{\frac{1}{3}}$$

式中, p_u 为桩侧极限土抗力;P 为实际桩侧土抗力,kPa;Y 为实际侧向位移; Y_c 为达极限土抗力一半时的位移值, $Y_c = 2.5\,\varepsilon_c D$; ε_c 为原状土不排水试验在最大应力一半时出现的应变;D 为桩径。

砂性土的 P–Y 曲线 砂性土的侧向土抗力—位移(P–Y)关系也是非线性的,可按以下公式近似确定任一给定深度 X 的近似值:

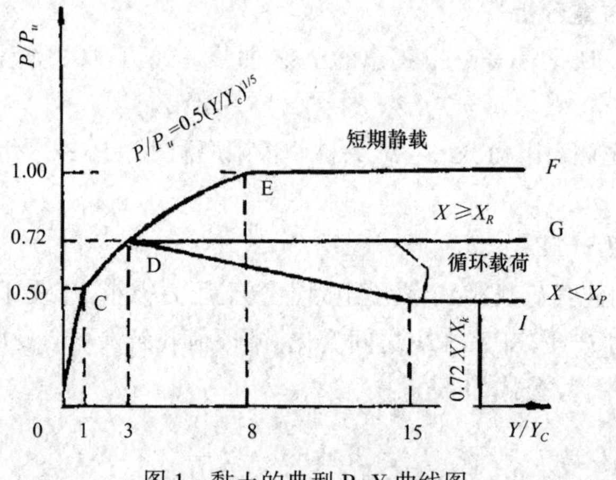

图1　黏土的典型 P-Y 曲线图

$$P = A\,p_u \tanh\left[\frac{KX}{A\,p_u}\cdot Y\right]$$

式中,A 为考虑周期性或持续静荷载的系数,对于周期性荷载 $A=0.9$；p_u 为深度 X 处的极限承载力；K 为地基土反力的初始模量；Y 为桩侧位移；X 为计算点深度。

3　意义

根据 API 规范对系泊锚桩在垂直与水平荷载条件下的性能进行了计算,影响桩基性能的因素很多,不同的计算方法结果有所不同,但 API 规范由于方法简单,便于计算,所以目前在海洋工程桩基设计时经常被采用。锚桩的破坏有上拔、平移、转动三种基本状态,上拔现象是桩的关键破坏形式,桩基计算方法未能考虑垂直与水平荷载同时作用的影响,为定量计算两种荷载同时作用的影响,必须应用更完善的分析方法。

参考文献

[1]　孙永福,亓发庆,陈雄．单点系泊工程桩基计算分析．海岸工程,1998,17(4):22-28.

负压桶的桶基模型

1 背景

负压桶基施工规程及其抗拔能力的研究中常遇到许多变量,借助计算机进行工作是事在必行的。对于这些桶基,短时间垂直上拔拉力是尤其要被关注的。桶基受的这些力是由于平台上部船体结构遭受碰撞或波浪与旋涡的激荡而产生的。N. H. Christensen[1] 使用桶基模型到现场进行试验,利用负压效应程序所使用的方法与常规小尺度模型试验以及小尺度离心模型试验做了比较,并通过对两个与负压作用密切相关的建筑物进行分析计算,可以更清楚地看到此程序的功能。

2 公式

桶基在黏土中的失稳为滑动失稳方式时,桶内土塞底部截面处的最小抗拔承载力 S 由下式确定:

$$S = T_i - W_s - A_i \gamma_\omega d_{o2}$$

式中,W_s 为桶内土、水混合体的总重;T_i 为考虑到渗流的桶内壁摩擦力;A_i 为桶基截面内缘线所围的面积;γ_ω 为水体的容重;d_{o2} 为桶内土塞顶部的负压极限。

桶基在黏土中的失稳为拉张失稳方式时,其底部截面处的最小抗拔承载为 F_s,由下式确定:

$$F_s = \min[2 A_i C_u - W_s + T_i A_i(2 C_u + \gamma_\omega d_{o3}) - A_i \gamma_\omega d_{o1}]$$

式中,F_s 受土体剪切强度和桶壁底部与泥土接触面处的负压极限 d_{o3} 以及桶内土体截面上的负压极限 d_{o1} 的控制。

桶基在黏土中的失稳为反向承载能力失效方式时,桶基底部断面处的最小抗拔承载能力 B 由下式确定:

$$B = A_e(N C_u - q) - U_n$$

式中,A_e 为桶基截面外缘线所围的面积;N 为桶基在黏土中的承载能力因子,在桶基贯深为 0 时,N 值降至 6.2。q 为桶基底缘平面上由“水土覆盖层”共同产生的垂向应力;U_n 是由作用在桶裙底缘所在平面内,桶裙厚度所占环形面积(简称桶端净面积)上的负压所产生的力。

上述最小力的值再加上桶外壁摩擦力 T_e,桶基结构总重 W_p,桶内土、水混合体的浮重 W_e、桶基顶盖以上水体的水压 $d_1 \gamma_\omega A_e$ 以及由作用在桶端净面积上的负压 U_n 就可以求出桶基的抗拔承载力 F。其关系式如下:

$$F = W_p + W_e + T_e + d_1 \gamma_\omega A_e + U_n + \min(S, F_t, B)$$

通过对渗流问题的近似估计可以确定桶基上拔速度各个阶段的转捩值,例如:

$$V_B = k \gamma^{'A_i} / \gamma_\omega A_e$$

$$V_e = (kH A_i) / [(D_f + a_1) A_e]$$

在后一个表达式中,$H = a_2 + d_2 - a_1 - d_{o2}$;$D_f$ 是桶径对渗流阻力影响的估计值,相对于桶基上拔速度各个阶段的转捩值,桶内土塞顶部和底部的负压值 h_0 和 h_x 可被确定,桶基的有效抗拔能力应是下面两式结果中较小的一个:

$$F_i = W'_p + T_e + T_i + \gamma_\omega [A_i h_0 + k(A_e - A_i) h_x]$$

$$F_e = W'_p + W'_s + T_e + \gamma_\omega h_x [A_i + k(A_e - A_i)]$$

式中,W'_p 与 W'_s 分别为桶基结构和其所含土体的浮重;T_e 与 T_i 是在基于 N_ω 和 k_t 以及垂向水力梯度引入情况下的桶基内外壁表面摩擦力。k 为插值因子。

当土体不排水剪切强度 C_n 较大时,S 往往小于 B,此时桶基上拔多以滑动方式失稳;而当 C_u 较小时,S 往往大于 B,此时桶基上拔多以承载力失效方式失稳。桶基关于上拔以拉张方式失稳的力 F_t 不甚重要,计算中不予考虑。于是在 $C_u = 58.25$kPa 时本结构的抗拔能力结果为:

$$F = W_p + W_s + T_e + d_1 \gamma_\omega A_e + U_m + B$$

3 意义

根据负压桶的桶基模型,开发了一种计算方法,它能估计埋入海床的底部开口或封闭的倒置桶形结构的抗拔能力或上拔阻力,在估计中充分考虑到了结构的负压效应。该计算方法的基本原理十分简单,可对桶基几何形状、基土情况以及失稳方式等条件进行综合考虑。因为这个方法适合于一些简单参量的研究,所以它在小型离岸平台、水上 CPT-钻架、碇泊浮体负压锚等结构物中,在如何最恰当使用负压的设计方面尤其适宜。

参考文献

[1] Christensen N H, Frands Haahr. 分析负压效应的计算机程序. 海岸工程, 1998, 17(4): 98-104.

联合播种机的播量公式

1 背景

由于油菜籽粒流动性较好,颗粒小、易破碎,采用现有的水稻、小麦等播种机无法实现对油菜的精量播种。为此,在大量科学试验基础上研制了能够一次实现对油菜的播种、施肥、开排水沟、覆土四道工序的 2BF-6 型稻茬田油菜免耕联合播种机。该播种机不需要开播种沟,种子直接播在板田上,播种采用窝眼轮型孔式排种器,排肥采用外槽轮排种器。吴明亮等[1]通过实验对 2BF-6 型稻茬田油菜免耕联合播种机进行了研究。

2 公式

在播量分别为 1.5 kg/hm^2,3.0 kg/hm^2 和 4.5 kg/hm^2 的试验田中出苗后各取 8 个试样,每个试样以3 m 为一取样段,每段分 1 节,每 1 m 为 1 节,数出每 1 节的株数。采样结果见表 1。

表 1 田间各段的油菜出苗数 单位:株

理论播量 (kg/hm^2)	采样段号	1号	2号	3号	4号	5号	6号	7号	8号
1.5	第一节	17	18	18	18	19	17	19	17
	第二节	19	17	21	17	18	18	17	18
	第三节	19	18	19	19	17	20	18	19
3.0	第一节	30	25	25	25	24	26	30	29
	第二节	28	26	27	26	29	30	29	26
	第三节	26	29	29	27	25	27	27	27
4.5	第一节	30	27	25	27	27	26	30	29
	第二节	28	26	27	26	29	30	28	26
	第三节	26	29	29	29	25	27	27	27

按照播量的计算公式:

$$G_1 = \frac{667}{B_i L} \times \frac{A_i}{1\,000} \times N_0 \times 15 \qquad (i=1,2,3)$$

播量误差计算公式为：

$$\delta_1 = \frac{G_{0i} - G_i}{G_{0i}} \times 100\% \qquad (i=1,2,3)$$

式中，A_i 为样段中平均出苗数，株；B_i 为行距，mm；δ 为播量误差，%；L 为取样段长度，m；G_i 为实际播量，kg/hm^2；G_{0i} 为设计播量，kg/hm^2。

依据表1出苗分布情况的试验数据可以计算田间播种行均匀性的变异系数，按照如下公式计算：

$$\bar{X} = \frac{\sum X}{n}$$

$$S = \sqrt{\frac{\sum (X - \bar{X})^2}{n - 1}}$$

当 $n<0$ 时，式中分母取 $n-1$；当 $n \geqslant 30$ 时，式中分母取 n。

$$V = \frac{S}{\bar{V}} \times 100\%$$

式中，$\bar{X}$ 为100 mm分段时，每段平均种子粒(苗)数，粒；S 为标准差，粒；n 为分段的个数；V 为播种行均匀性变异系数，%。

3 意义

根据联合播种机的播量公式，设计了一种油菜免耕联合播种机。该播种机不需要开播种沟，种子直接播在板田上，整个作业过程除了开沟筑垅划切土壤外，其他均为板田。通过联合播种机的播量公式可知，该联合作业机能一次完成在稻茬田中的播种、施肥、开排水沟和对种子覆土作业，播种量和排肥量可根据实际需要分别在1.5~7.5 kg/hm^2 和225~450 kg/hm^2 之间调节，播种幅宽在1000~2000 mm调节，排水沟沟深120 mm，沟宽240 mm，各工作过程的协调性符合农艺要求。这样，可以充分、合理利用南方土地资源，实现耕地可持续发展，加快种植业向农业机械化、产业化方向发展。

参考文献

[1] 吴明亮，官春云，汤楚宙，等．2BF-6型稻茬田油菜免耕联合播种机的研究．农业工程学报，2005，21(3)：103-106.

降雨影响的优先流公式

1 背景

对土壤水分运动的研究大多是建立在达西定律基础上的,随着研究的深入,将达西定律应用于含有大孔隙的土壤时,其结果往往与实际情况有较大差异。为此,在长江三峡库区,研究了降雨对优先流的影响,这对探明优先流在自然条件下对降雨响应特征,进一步认识长江三峡坡面径流形成机制和产流产沙规律,进行长江三峡库区水源涵养和水土保持,具有重要的现实意义和理论指导意。何凡等[1]通过实验就长江三峡花岗岩地区降雨因子对优先流的影响展开了探讨。

2 公式

从 2002—2003 年 2 年间共观测到有优先流产生的降雨 10 次(此外还有数场降雨的数据未能完整记录)。测定其降雨总量、降雨历时、前期降雨量、大于 20 mm/h 降雨量及最大降雨强度 5 个因子,相对应所产生的优先流测定优先流流量、历时、对降雨响应的滞后时间、峰值流量 4 个因子,由此得到降雨因子和优先流因子的原始值(表 1)。

表 1 降雨因子和优先流因子的原始值

降雨时间(年-月-日)	降雨因子					优先流因子			
	降雨总量(mm)	降雨历时(h)	最大降雨强度(mm/h)	>20 mm/h 降雨量(mm)	前期降雨量(mm)	流量(m^3)	历时(h)	滞后时间(h)	峰值流量(m^3/h)
2002-05-28 至 2002-05-29	26.5	29	5.56	0.0	28.90	0.000 2	7	49	0.000 06
2002-06-05 至 2002-06-10	148.4	107	33.70	30.1	20.88	0.749 8	202	7	0.025 83
2002-06-22 至 2002-06-27	83.4	126	16.00	0.0	16.70	0.110 9	142	43	0.002 79
2002-08-19 至 2002-08-21	151.4	47	50.60	79.7	31.00	0.200 4	69	43	0.008 08
2002-08-24 至 2002-08-26	40.5	20	56.16	0.0	34.00	0.103 3	66	20	0.005 64
2003-06-25 至 2003-06-26	44.7	28.5	8.32	0.0	34.00	0.003 2	24	51	0.000 40
2003-07-04 至 2003-07-05	36.6	29	15.60	0.0	24.57	0.019 3	53	8.5	0.001 64
2003-07-09 至 2003-07-11	42.6	73	7.10	0.0	30.60	0.058 3	90	47	0.003 28
2003-07-19 至 2003-07-21	37.3	48	10.70	0.0	34.00	0.034 5	47	46	0.002 44
2003-08-02 至 2003-08-03	28.6	23	13.40	0.0	7.88	0.038 5	77	26	0.004 25

表 1 中前期降雨量采用下式逐日计算：

$$P_{a,t+1} = K(P_{a,t} + P_t - R_t)$$

式中，$P_{a,t+1}$ 为 t+1 日的前期降雨量，mm；$P_{a,t}$ 为 t 日的前期降雨量，mm；K 为土壤含水量的日消退系数($K=1-E_m/I_m$，E_m 为流域日蒸发能力，I_m 为流域最大蓄水量)；P_t 为 t 日的降雨量，mm；R_t 为 t 日的径流量，mm。

采用的标准化方法是，把每一组内的各原始数据减去其平均值，再除去其标准差，即

$$X=\frac{x_{ij}-\overline{x_j}}{S_j}$$

式中，X 为标准化值；x_{ij} 为原始数据；$\overline{x_j}$ 为第 j 列的平均数；S_j 为第 j 列的标准差。

取其作为降雨因子的综合指标对优先流因子(标准值)做多元回归分析，回归分析采用强迫引入法(Enter)，以优先流因子为因变量，主成分为自变量，其回归方程一般形式为：

$$Y=a_1X(1)+a_2X(2)+b$$

式中，Y 为优先流因子；a_1 为主成分 $X(1)$ 的回归系数；a_2 为主成分 $X(2)$ 的回归系数；b 为常数项。

3 意义

根据自记流量计记录了优先流过程，同时对降雨过程进行测定。降雨过程中分别测定了降雨总量、降雨历时、前期降雨、大于 20 mm/h 降雨量及最大降雨强度 5 个因子，优先流过程中测定了优先流流量、历时、对降雨响应的滞后时间、峰值流量 4 个因子。采用强迫引入法，建立了优先流因子与降雨因子回归方程。计算结果表明：降雨对优先流的制约关系十分明显，影响优先流流量的主要是降雨总量，影响优先流历时的主要是降雨历时和降雨总量，影响优先流峰值流量的主要是降雨总量。

参考文献

[1] 何凡，张洪江，史玉虎，等. 长江三峡花岗岩地区降雨因子对优先流的影响. 农业工程学报，2005，21(3)：75-78.

水草粉碎的预测模型

1　背景

中国约2/3的湖泊都面临着日益严重的富营养化危害,许多浅水型湖泊演变成了草型湖泊,各种大型水生植物过量生长,群落盖度100%,它们充塞水体空间,破坏水体环境,沉落腐败后对水体造成二次污染,同时还形成强烈的生物促淤作用。马清艳等[1]通过实验研究了锤片式粉碎机工艺参数对水草饲料适口性和成品率影响,为中国湖泊水草的营养价值的提高及水草的开发利用提供一定的理论依据。

2　公式

试验时,按照正交表$L_9(3^4)$安排试验,选用0.3 mm的筛子对不同工艺参数粉碎的水草进行筛分,计算粗灰分的去除率,其筛上物与筛下物的质量如表1所示。

表1　不同工艺参数的水草粉碎筛分后的数据表

试验号	含水率（%）	转速（r/min）	筛孔（mm）	总质量（kg）	筛上物质量（kg）	筛下物质量（kg）	筛上物质量占总质量的比值（65℃烘干）(%)
1	20.20	3 000	8	4	3.195	0.743	80.53
2	21.30	4 000	16	4	3.221	0.703	81.29
3	20.20	2 000	24	4	3.729	0.216	94.19
4	12.36	3 000	16	4	3.393	0.543	86.35
5	13.48	4 000	24	4	3.143	0.756	80.86
6	13.21	2 000	8	4	3.405	0.550	86.10
7	17.24	3 000	24	4	2.633	1.254	66.66
8	17.72	4 000	8	4	2.130	1.810	52.81
9	17.61	2 000	16	4	2.955	0.943	74.71

GM(1,1)是由一个只包含单变量的一阶微分方程构成的模型,$X^{(0)}(k)$表示原始数据序列$X^{(0)}(k)=\{X^{(0)}(1),X^{(0)}(2),X^{(0)}(3),\cdots,X^{(0)}(n)\}$,用AGO累加生成方法将原始

数据序列累加,据 $X^{(1)}(P_i) = \sum_{k=1}^{P_i} X^{(0)}(k)$ 生成一阶累加变形序列 $X^{(1)}(k) = \{X^{(1)}(1), X^{(1)}(2), X^{(1)}(3), \cdots, X^{(0)}(n)\}$。

模型的离散形式为 $\hat{X}^{(1)}(k+1) = \left(X^{(0)}(1) - \frac{u}{a}\right)e^{-ak} + \frac{u}{a}$,其中 $k \in R^+$,式中 a 与 u 是原始数据决定的模型参数,u、a 也可由下式确定:

$$[a,u]^T = (B^TB)^{-1}B^TY_N$$

式中,

$$B = \begin{bmatrix} -1/2[X^{(1)}(1) + X^{(1)}(2)] & 1 \\ -1/2[X^{(1)}(2) + X^{(1)}(3)] & 1 \\ \cdots & \\ -1/2[X^{(1)}(n-1) + X^{(1)}(n)] & 1 \end{bmatrix} \quad Y^N = \begin{bmatrix} X^{(0)}(2) \\ X^{(0)}(3) \\ \cdots \\ X^{(0)}(n) \end{bmatrix}$$

由 IAGO 累减法可还原成原始数据。

经过计算,水草的成品率的灰色模型为:

$$X^{(1)}(k+1) = -4\ 977.79e^{-0.017\ 6k} + 5\ 065.56$$

对该模型进行精度检验:

当 $k=1$ 即转速为 2 500 r/min 时,$X^{(1)}(2) = 174.688\ 4$,数据还原 $X^{(0)}(2) = 86.918\ 42$;

当 $k=2$ 即转速为 3 000 r/min 时,$X^{(1)}(3) = 260.089\ 1$,数据还原 $X^{(0)}(3) = 85.400\ 72$;

当 $k=3$ 即转速为 3 500 r/min 时,$X^{(1)}(4) = 343.998\ 6$,数据还原 $X^{(0)}(4) = 83.909\ 51$。

3 意义

为了去除水草表面的粗灰分,找出影响水草的粗灰分去除率的最佳工艺参数,以内蒙古乌梁素海龙须眼子菜为研究对象,在不同含水率、转速和筛孔下利用锤片式粉碎机进行粗灰分去除率的正交试验研究,并对粉碎后的水草进行营养成分的检测,从不同的指标对这些数据进行方差分析。在方差分析的基础上利用灰色系统理论建立了水草粉碎的预测模型,预测不同工艺参数时水草的成品率,其最大误差为-1.69%,可以为粉碎机工艺参数的优化提供理论依据。

参考文献

[1] 马清艳,尚士友,岳海军,等. 锤片式粉碎机工艺参数对水草饲料适口性和成品率影响的试验研究. 农业工程学报,2005,21(3):94-98.

滴灌土壤的水分运动模型

1 背景

在根层土壤中设置的点源滴灌,可形成类似于"椭球体"的湿润体。确定不同质地条件下湿润体的形状、大小、在根区范围的位置及其发育过程,是微灌设计的重要参数。由于地下微灌的问题相对复杂,不易观察测定,过去的研究多集中于地表滴灌或地埋线源地下滴灌等问题,而对点源地下滴灌问题研究较少。池宝亮等[1]应用 Hydrus-2D 软件对点源地下滴灌土壤水运动进行了数值模拟,并采用自行研制的灌水器进行实验,对模型进行了验证。

2 公式

若假定土壤为各向同性的均质体,根据对称性,则可视为轴对称条件下的二维问题,其土壤水分运动方程为:

$$\frac{\partial\theta}{\partial t}=\frac{\partial}{\partial r}\left[k(h)\frac{\partial h}{\partial r}\right]+\frac{k(h)}{r}\times\frac{\partial h}{\partial r}+\frac{\partial}{\partial z}\left[k(h)\left(\frac{\partial h}{\partial z}\right)\right]$$

式中, θ 为土壤体积含水率, cm^3/cm^3 ; h 为土壤负压水头,cm; t 为时间,min; r 为径向距离,cm; z 为垂向距离,cm; $k(h)$ 为土壤非饱和导水率,cm/min。

求解土壤水运动方程的初始条件为:

$$h(r,z,t)=h_0(r,z) \qquad 0\leqslant r\leqslant R;0\leqslant z\leqslant Z,t=0$$

式中, $h_0(r,z)$ 为初始土壤负压水头分布,cm。

均质土壤上田间点源地下滴灌的土壤水运动可视为轴对称条件下的二维问题,由于轴对称性,仅研究图 1 中 ABCDEF 下阴影部分的流区即可。

(1)AB 处,即上边界的垂直方向水流通量应等于蒸散强度或降雨强度(q_0),不考虑时, $q_0=0$。

$$k(h)\frac{\partial h}{\partial z}-k(h)=q_0,Z=Z_{AB},t>0$$

(2)CD 处,即下边界处,考虑为地下水埋源较大的情况,可看作第一类边界条件。

$$h(r,z_{dc},t)=h_0,r=0,t>0$$

(3)AF,ED 和 BC 处,为对称边界,可看作不透水边界,水通量为 0。

$$\frac{\partial h}{\partial r}=0 \quad r=0\text{ 或 }r=R,t>0$$

(4)FE 处,即地埋渗头处,由实验观察可知,未形成明显饱和累积水区域,故按定水头边界处理。

$$h_{FE}=0 \quad t>0$$

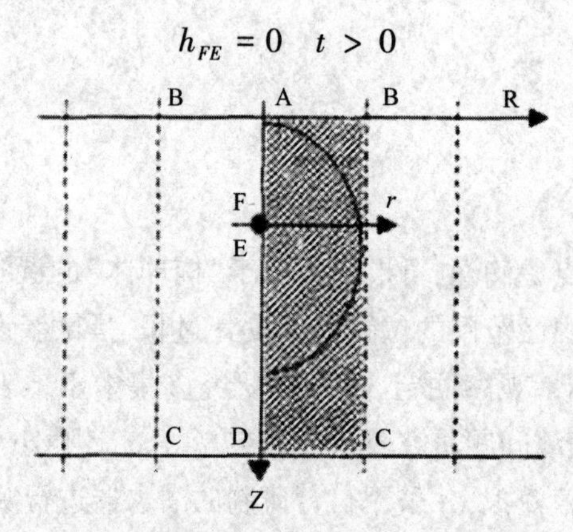

图 1　模拟计算流区

土壤水分特征曲线用压力膜仪测定,土壤饱和导水率用定水头法测定。土壤水分特征曲线 $\theta(h)$ 采用 VanGenuchten 模型拟合:

$$\theta(h)=\theta_r+\frac{\theta_s+\theta_r}{[1+(\alpha h)^n]^m}$$

式中,θ_s 为土壤饱和含水率,cm^3/cm^3;θ_r 为土壤残余含水率,cm^3/cm^3;n,m,α 为拟合参数,$m=1-1/n$,α 是与土壤物理性质有关的参数,cm^{-1}。

土壤拟合的参数见表 1 所示。

表 1　供试土壤水分特性的 VG 模型参数

土壤	θ_r(cm^3/cm^3)	θ_s(cm^3/cm^3)	α(cm^{-1})	n	K_s(cm/d)
砂壤	0.023 8	0.457 2	0.007 9	1.687 9	249.6
轻壤	0.031 9	0.486	0.012 64	1.422 7	90.14

3　意义

依据非饱和土壤水动力学理论,借助计算机数值模拟方法,应用 Hydrus 软件建立了地下点源滴灌的土壤水分轴对称二维数值模拟模型,分析对比了几种土壤条件下地埋点源滴灌时土壤水分的运动状况。应用土壤剖面含水率、土壤水湿润峰运移值和累积入渗量及入渗速率等指标的实测值与模型值对模型进行了验证。从而可知两者具有较好的一致性,相对误差在10%以内,说明所建模型能比较真实地反映供试土壤条件下的水分运动情况。

参考文献

[1] 池宝亮,黄学芳,张冬梅,等. 点源地下滴灌土壤水分运动数值模拟及验证. 农业工程学报,2005,21(3):56-59.

履带车辆的液压功率公式

1　背景

液压机械差速转向机构是利用液压机械无级传动原理，将液压传动与齿轮传动恰当组合的新型差速转向机构。机构内两路功率的合理匹配直接与转向机构的传动效率及履带车辆的行驶可控性有关，闭式差动行星齿轮传动存在循环功率，功率传递比较复杂，一直都是行星齿轮传动研究的重点理论问题。曹付义等[1]结合履带车辆的转向特点，对液压机械差速转向机构进行功率分析，从而为该类机构的方案设计、参数匹配、性能分析、强度和刚度计算提供理论依据。

2　公式

液压功率分流比是指液压机械差速转向机构中液压路输入功率与机构总输出功率的比值（不计功率损失），即

$$\rho=\frac{P_y}{P_0}=-\frac{P_y}{P_y+P_g}$$

式中，ρ 为液压功率分流比；P_y 为液压路输入功率，kW；P_0 为机构总输出功率，kW；P_g 为机械路输入功率，kW。

由上式可知：

$$\begin{cases}\rho_z=-\dfrac{P_{yz}}{P_{yz}+P_{gz}}\\ \rho_y=-\dfrac{P_{yy}}{P_{yy}+P_{gy}}\end{cases}$$

式中，ρ_z 为左行星排液压功率分流比；ρ_y 为右行星排液压功率分流比；P_{yz} 为液压路左输入功率，kW；P_{gz} 为机械路左输入功率，kW；P_{yy} 为液压路右输入功率，kW；P_{gy} 为机械路右输入功率，kW。

经推导可得到液压功率分流比和液压系统排量比的关系式：

$$\begin{cases} \rho_z = -\dfrac{i_{MB}}{\alpha i_f i_y - i_{MB}} \\ \rho_y = -\dfrac{-i_{MB}}{\alpha i_f i_y - i_{MB}} \end{cases}$$

式中，i_f、i_y、i_{MB} 分别为分流机构传动比、液压系统到行星排传动比、液压系统排量比$\left(i_{MB} = \pm\dfrac{q_B}{q_M},\ q_B\ 为泵排量,\mathrm{cm}^3/\mathrm{r};\ q_M\ 为马达排量,\mathrm{cm}^3/\mathrm{r}\right)$。

当左行星排的液压路输入功率与机械路输入功率同向，右行星排的液压路输入功率与机械路输入功率反向，这时车辆做右转向运动。转向机构传动比与液压功率分流比的关系为：

$$\begin{cases} i_{zz} = \dfrac{\alpha}{(1+\alpha)(1-\rho_z)} \\ i_{zy} = \dfrac{\alpha}{(1+\alpha)(1+\rho_z)} \end{cases}$$

式中，i_{zz} 为转向机构左输出传动比；i_{zy} 为转向机构右输出传动比；α 为行星排特性参数。

当行星排特性参数、分流机构传动比、液压系统到行星排传动比一定时（$\alpha = 2.391$，$i_f = 42/38$，$i_y = 78/24$），对一般转向工况，转向机构传动比、液压功率分流比与液压系统排量比关系曲线如图 1 所示。

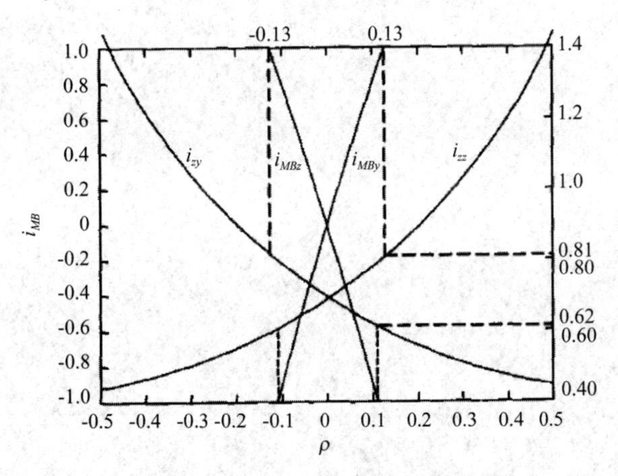

图 1　转向机构传动比、液压系统排量比与液压功率分流比的关系曲线

若不考虑摩擦功率损失，左右行星排的三构件上的功率有以下关系（设输入为正，输出为负）：

$$左行星排\qquad -P_{cz} = P_{gz} + P_{yz}$$

$$\text{右行星排} \qquad -P_{cy} = P_{gy} + P_{yy}$$

式中，P_{cz} 为左行星排的行星架输出功率，kW；P_{cy} 为右行星排的行星架输出功率，kW。

3 意义

通过建立液压机械差速转向机构传动比与液压功率分流比、液压系统排量比关系式，得出液压功率分流比的合理取值范围；采用功率流图给出不同工况下履带车辆液压机械差速转向机构内的功率流向，通过对不同工况下机构内两路功率传递的大小及方向比较，分析循环功率的存在条件及其对机构输出的影响。从而为该类机构设计、传动特性分析提供方法。

参考文献

[1] 曹付义，王军，周志立，等．东方红 1302R 拖拉机液压机械差速转向机构的功率分析．农业工程学报，2005，21(3)：99-102.

土壤水分的垂直变异模型

1 背景

土壤水分垂直运移过程受多种因素影响,其中包含土壤水状态参数、运动参数以及土壤与水之间相互作用的参数等。在较大的时间尺度里,土壤水分的动态变化实际上是一时间序列的变化,分析土壤的水分特性,可以通过分析不同层次土壤水分变化的响应特征以及各土壤层水分含量的特征变化来进行研究。蒋太明等[1]利用小波特性,对贵州黄壤坡地的土壤水分时变特征进行了检测分析。同时还从功率谱的角度对各层土壤水分变化的响应关系及时滞特征进行了探讨。

2 公式

土壤水分垂直变异可以通过分析不同层次土壤水分的动态变化来实现。传统的傅立叶变换对平稳过程的分析发挥了重大作用,但对具有时变特征的信号,傅立叶变换有很大的局限性,它反映的是信号总体的频率信息,不能提供有关频率成分的时间局部化信息,而小波函数具有持续时间很短的高频函数和持续时间较长的低频函数,克服了傅立叶变换的缺陷。

函数$f(t)$的傅立叶变换定义为:

$$f(k) = \int_{-\infty}^{\infty} e^{-ik_t} f(k)\,\mathrm{d}t$$

函数$f(t)$的小波变换定义为:

$$(W_h f)(b,a) = |T|^{-\frac{1}{2}} \int_{-\infty}^{\infty} f(t) h\left(\frac{t-b}{a}\right) \mathrm{d}t$$

式中,$h\left(\frac{t-b}{a}\right)$为小波基,它由某一小波函数$h(t)$通过平移($t \to t-b$)和伸缩($t \to t/a$)而获得;$f(t) h\left(\frac{t-b}{a}\right)$表示$f(t)$在$h\left(\frac{t-b}{a}\right)$上的投影。

在离散线性系统模型中,Lattice 结构是一种常用的模型,反过来通过它的映射系数也可以方便地判别系统的稳定性。其算法为:

$$\begin{cases} k(n) = a_n(n) \\ a_{n-1}(m) = \dfrac{a_n(m) - k(n)a_n(n-m)}{i - k^2(n)} \\ m = 1,2,\cdots,n-1 \end{cases}$$

Haar 小波母函数 $h(t)$ 为：

$$h(t) = \begin{cases} 1 & 0 \leqslant t \leqslant \dfrac{1}{2} \\ -1 & \dfrac{1}{2} \leqslant t \leqslant 1 \\ 0 \end{cases}$$

其频域表达式为：

$$H(k) = \frac{1 - 2e^{\frac{-i^k}{2}} + e^{-i^k}}{k_i}$$

设 $X(t)$ 和 $Y(t)$ 是两个平稳相关的随机过程。则互谱密度定义为互相关函数的傅立叶变换，即

$$P_{xy}(e^{i^k}) = \sum_{m=-\infty}^{+\infty} r_{xy}(m)e^{-j^k m}$$

表 1 表明，土壤水分垂直变化差异较大，上层大于下层。而不同坡度的变化情况表明，缓坡（6.5°）的波动大于中坡（9.5°）和陡坡（16.0°），而中坡的土壤水分变化程度最小。

表 1　不同土壤层土壤含水率的垂直变化

土层(cm)	0~10	10~20	20~40	40~60	60~80	80~100
6. 5°坡含水率(%)	17. 12	19. 14	21. 34	24. 69	25. 72	26. 40
变异系数	0. 64	0. 22	0. 27	0. 25	0. 14	0. 12
9. 5°坡含水率(%)	0. 57	0. 20	0. 16	0. 18	0. 12	0. 09
变异系数	0. 57	0. 20	0. 16	0. 18	0. 12	0. 09
16. 0°坡含水率(%)	16. 61	19. 33	23. 35	26. 96	28. 39	29. 31
变异系数	0. 62	0. 25	0. 16	0. 19	0. 13	0. 12
平均含水率(%)	17. 55	20. 90	23. 45	26. 13	27. 31	27. 07
变异系数	0. 58	0. 18	0. 13	0. 15	0. 06	0. 05

3　意义

通过对土壤水分垂直变异的分析，探讨了贵州岩溶地区黄壤坡地的土壤水分特性，建

立了土壤水分的垂直变异模型。运用小波变换对各层土壤水分序列的突变点进行了检测,根据相干谱和互谱特征分析了各层土壤水分变化的响应关系;利用相频特征研究了各层土壤之间水分变化的时滞性。从而可知试验区各层土壤水分变化近似平稳随机过程;土壤表层至底层之间存在交替的弱透水层与弱持水层,大部土壤层的水分变化与其上层之间存在一定的时滞性。

参考文献

[1] 蒋太明,刘海隆,刘洪斌,等. 黄壤坡地土壤水分垂直变异特征分析. 农业工程学报,2005,21(3):6-11.

机滚船犁的转弯稳定模型

1　背景

配带铧式犁可进行犁耕作业的机滚船是一种多功能、质量小、结构简单、操作方便、经济实用的水田耕整机械。机滚船作业时的转弯稳定性与很多因素有关,最主要的是转弯半径的大小和配犁位置。其中配犁位置已有相关报道,而转弯半径的大小目前尚无人对其进行具体研究,仅凭经验确定,有一定的误差。因此,该类机滚船在给水稻种植户带来方便和实惠的同时,也带来了一定的安全隐患。全腊珍等[1]通过实验对机滚船犁耕作业的转弯稳定性进行了研究。

2　公式

机滚船直线行走时,虽转向轮与地面接触,但由于其距重心较远,故其受力可不计,仅起导向作用;驱动轮陷深与犁的入土深度相近,并忽略船体陷深与驱动轮陷深之差,根据纵向与横向平面受力分析,考虑驱动轮入土深度与犁的入土深度近似相等,视 N_q 、R_z 作用在一个水平面内,由平衡条件 $\sum M_x = 0$, $\sum M_{z'} = 0$, $\sum F_z = 0$ 可得:

$$R_z a - N_q b = 0$$

$$N_q L_q - R_z d - Ne = 0$$

$$N + N_q - G - R_z = 0$$

由以上三式解得:

$$N_q = \frac{Gae}{a(l_q + e) - b(e + d)}$$

设机器行走速度为 v,转弯半径为 R,行走驱动轮半径为 r,对转轴的转动惯量为 J_z ,驱动轮与地面无滑动时,驱动轮的牵连角速度为进动角速度 $\omega_0 = \dfrac{v}{R}$,而相对角速度 ω 为自转角速度,因点 C 速度为零,由速度合成定理得:

$$v = R\omega_0 - R\omega_r = 0$$

$$\omega_r = \frac{R\omega_0}{r} = \frac{Rv}{Rr} = \frac{v}{r}$$

由于驱动轮做规则进动,由陀螺效应可知作用在驱动轮上的外力矩为:

$$\vec{M}_{0_1} = [J'_z + (J'_z - J'_x)\frac{\omega_0}{\omega_r}\cos(\vec{\omega}_0, \vec{\omega}_r)]\vec{\omega}_0 \times \vec{\omega}_r$$

$$= [J'_z + ('J_z - J'_x)\frac{\omega_0}{\omega_r}\cos 90°]\vec{\omega}_0 \times \vec{\omega}_r = J'_z\vec{\omega}_0 \times \vec{\omega}_r$$

设 x' 为赤道轴(前后方向),N_d 为因陀螺效应在驱动轮上产生的附加动反力。$\vec{M}_{0_1}$ 与 x' 轴方向相同,将上式投影于 x' 得:

$$N_d R = J'_z\omega_0\omega_r\sin 90° = J'_z\omega_0\frac{v}{r} = J'_z\frac{v^2}{Rr}$$

$$N_d = J_{z'}\frac{v^2}{R^2 r}$$

倾翻分为两个不同的过程;在第一过程中,驱动轮与地面保持接触,由达朗伯原理得:

$$J_{0_2}\varphi + GL\cos(\varphi + \varphi_0) - F_Q L\cos(\varphi + \varphi_0) - K(\delta_0 - L_n\tan\varphi)L_n = 0$$

式中,

$$L = \overline{h^2 + (e\sin\alpha)^2}$$

$$\cos\varphi_0 = e\sin\alpha/L = e\sin\alpha\ \overline{h^2 + (e\sin\alpha)^2}$$

$$\tan\alpha = a/(d + e)$$

$$L_n = (L_q + e)\tan\alpha - b\cos\alpha$$

在这一过程中,φ 是很小的,取 $\cos\varphi = 1$, $\sin\varphi = \varphi$, $\tan\varphi = \varphi$,则有:

$$J_{O_2B}\varphi + GL(\cos\varphi\cos\varphi_0 - \sin\varphi\sin\varphi_0) - K(\delta_0 - L_n\tan\varphi)L_n = 0$$

上式可线性化为:

$$J_{O_2B}\varphi + (KL_n^2 - GL\sin\varphi_0 - F_Q L\cos\alpha\cos\varphi_0)\varphi - F_Q L\cos\varphi(\sin\varphi\cos\varphi_0 + \cos\varphi\sin\varphi_0)$$

$$= KL_n\delta_0 - GL\cos\varphi_0 + F_Q L\sin\varphi_0\cos\alpha$$

令 $M = KL_n^2 - GL\sin\varphi_0 - F_Q L\cos\alpha\cos\varphi_0$,则有:

$$U = KL_n\delta_0 - GL\cos\varphi_0 + F_Q L\cos\alpha\sin\varphi_0$$

当 $M>0$ 时,上式方程有如下形式通解:

$$\varphi = C_1 e^{\frac{\overline{M}}{J_{O_2B}}t} + C_2 e^{\frac{\overline{M}}{J_{O_2B}}t} + \frac{U}{M}$$

式中,C_1、C_2 为积分常数,由初始条件确定。

由 $t=0$, $\varphi = 0$,得 $C_1 = C_2 =- U/2M$。 即方程通解为:

$$\varphi =- \frac{U}{2M}e^{\left(\frac{M}{J_{O_2B}}\right)^{1/2}t} - \frac{U}{2M}e^{-\left(\frac{M}{J_{O_2B}}\right)^{1/2}t} + \frac{U}{M}$$

$$\varphi =- \frac{U}{2M}\frac{M}{J_{O_2B}}e^{\left(\frac{M}{J_{O_2B}}\right)^{1/2}t} + \frac{U}{2M}\frac{M}{J_{O_2B}}e^{-\left(\frac{M}{J_{O_2B}}\right)^{1/2}t}$$

第二过程中,由于驱动轮与地面脱离接触,即 $N(t)= 0$。设保证不倾翻第二过程刚开

始的角速度为 ω_0,在这一过程中,若翻至重力作用线位于如图 1 所示 O_2B 连线正上方时,其转动角速度小于等于零即为临界状态。

由能量守恒得:

$$\frac{1}{2}J_{O_2B}\omega_0^2 = G(L-h)$$

$$\omega_0 = \sqrt{\frac{2G(L-h)}{J_{O_2B}}}$$

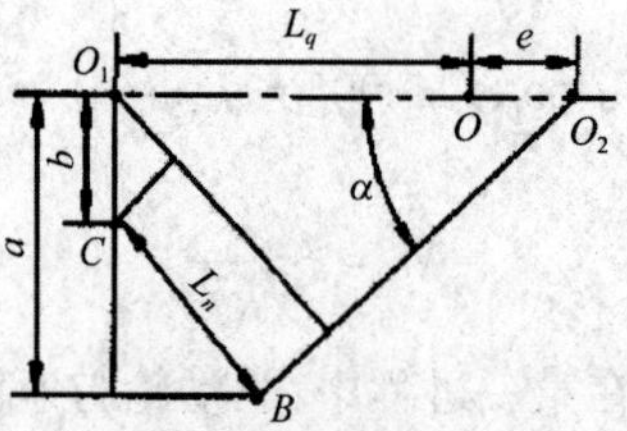

图 1　机滚船俯视图主要几何尺寸示意图

根据上述分析,$M>0$,即

$$KL_n^2 - GL\sin\varphi_0 - F_Q L\cos\alpha\cos\varphi_0 > 0$$

得
$$F_Q = \frac{Gv^2}{gR} < \frac{KL_n^2 - GL\sin\varphi_0}{L\cos\varphi_0\cos\alpha}$$

即
$$R > \frac{Gv^2 L\cos\varphi_0\cos\alpha}{g(KL_n^2 - GL\sin\varphi_0)}$$

同时还需满足:

当 $\varphi = \frac{N_q + N_d}{KL_n} = \Phi$ 时,

$$\Phi = \frac{\delta_0}{L_n}$$

$$\varphi \leqslant \omega_0 = \sqrt{\frac{2G(l-h)}{J_{O_2B}}}$$

令 $Y = e^{\left(\frac{M}{J_{O_2B}}\right)^{1/2}t}$,得方程 $Y^2 - \left(2 - \frac{2M\Phi}{U}\right)Y + 1 = 0$。

当 $\left(2 - \frac{2M\Phi}{U}\right)^2 - 4 > 0$ 时,

$$R > \frac{Gv^2 L\cos\alpha(\sin\varphi_0 + \cos\varphi_0)}{g[KL_n(L_n - 2S_0) - GL(\sin\varphi_0 - \cos\varphi_0)]}$$

即有实数根:

$$Y = 1 - \frac{M\Phi}{U} + \frac{1}{U}\overline{M^2\Phi^2 - 2M\Phi U}$$

即

$$t = e^{\frac{J_{O_2B}}{M}} L_n Y$$

$$\varphi = -\frac{U}{2M}\frac{\overline{M}}{J_{O_2B}}Y + \frac{U}{2M}\frac{\overline{M}}{J_{O_2B}}/Y \leqslant \frac{\overline{2G(L-h)}}{J_{O_2B}}$$

令：

$$O = \frac{U}{2M}\frac{\overline{M}}{J_{O_2B}},\ P = \frac{\overline{2G(L-h)}}{J_{O_2B}}$$

得方程：

$$Y^2 + PY - Q \geqslant 0$$

3 意义

根据理论计算与水田试验相结合的方法，通过对机滚船犁耕作业时的运动学和动力学分析，从稳定性角度出发，建立了机滚船犁的转弯稳定模型。经过分析和计算，求出了机滚船犁耕作业时最小转弯半径的关系表达式，将其运用到1BG-0.9型带铧式犁机滚船上，计算出了该机滚船的最小转弯半径。通过水田试验，确定了该机滚船转弯时不发生横向倾翻的最小转弯半径和最大转向角，保证了其转弯稳定性，为该类机滚船的设计开发提供了充分的理论依据。

参考文献

[1] 全腊珍，任述光，辛继红，等．机滚船犁耕作业的转弯稳定性研究．农业工程学报，2005，21(3)：107-110.

日光温室的适应性模型

1 背景

新疆地域辽阔,南北跨 14(35°N 至 49°N)个纬度,生态及气候条件差异较大,不同地区要求有不同类型的日光温室,为避免因盲目引进和建造不同类型的日光温室造成不必要的损失,研究不同类型日光温室的地区适应性有重要的现实意义。主效可加可乘互作模型(AMMI)是目前国际上流行的分析品种区域适应性有效的模型。王冬良等[1]通过实验对基于 AMMI 模型的新疆日光温室适应性展开了分析。

2 公式

AMMI 模型将方差分析与主成分分析结合在一起,同时具有可加和可乘分量的数学模型。在日光温室区域数据分析中,假设有 i 个参试日光温室 j 个试点,则第 i 个日光温室在第 j 个试点的 k 次重复平均温度值 γ_{ij} 的加性模型可表示为:

$$\gamma_{ij} = u + g_i + e_j + (g \times e)_{ij} + \in_{ij}$$

其中加性参数:u 为 8 个地区 7 种类型试验日光温室内日温度的平均值; g_i 为日光温室 i 的主效(即第 i 型日光温室与 u 的离差) ; e_j 为 j 环境的主效(即第 j 环境与 u 的离差)。倍加性参数: $(g \times e)_{ij}$ 为相应日光温室和环境的互作; $\in_{ij}$ 是试验误差。

AMMI 模型首先对倍加性模型互作项 $(g \times e)_{ij}$ 估算值 d_{ij} 组成的矩阵 D 进行奇异值分解,将 $G \times E$ 信息完全分解为若干项乘积之和:

$$d_{ij} = \sum_{k=1}^{r} \lambda_k u_{ik} v_{jk}$$

式中,r 为矩阵的秩; $\lambda_1, \lambda_2, \cdots, \lambda_k$ 为按递减顺序排列的 D 的特征根; u_{ik} 为第 k 个日光温室特征向量的第 i 个元素; v_{jk} 为第 k 个地点特征向量的第 j 个元素。

如果前 m 项乘积和已能解释平方和的绝大部分,我们就可以用这 m 项乘积和对互作项进行估计,剩余部分作为残差处理。用前 m 项表示的互作方程可写为:

$$d_{ij} = \sum_{k=1}^{m} \lambda_k u_{ik} v_{jk} + \delta_{ij}$$

式中,k 为特征根; u_{ik} 为第 k 个日光温室特征向量的第 i 个元素; v_{jk} 为第 k 个地点特征向量的第 j 个元素; δ_{ij} 为 AMMI 模型残差。

将以上方程式结合在一起,建成的 m 阶 AMMI 模型如下:

$$\gamma_{ij} = u + g_i + e_j + \sum_{k=1}^{m} \lambda_k u_{ik} v_{jk} + \delta_{ij} \in_{ijk}$$

$$i = 1,2,\cdots,G; \quad j = 1,2,\cdots,E;$$

$$k = 1,2,\cdots,m$$

特定的日光温室 i 和试点 j 的相对适应性参数就是在 IPCA (无论其维数多少)的 k 维空间中日光温室图标离原点的欧氏距离,以下式表示:

$$D_{i(j)} = \sqrt{\sum_{k=1}^{m} (IPCA)_{i(j)k}^{2}} \qquad k = 1,2,\cdots,m$$

式中,m 为达到5%显著水平的 IPCA 维数;$IPCAi(j)k$ 为第 i 个日光温室或第 j 个环境在 m 个 IPCA 上的得分。

3 意义

对 2000—2002 年新疆 8 个地区 7 种类型的日光温室内日平均温度数据进行了分析,建立了日光温室的适应性模型。根据此模型从而可知 XA 型适宜于塔城和阿克苏地区使用;XC 型和山东寿光型适宜于哈密、库尔勒和阿克苏地区使用;XB 型、辽宁海城型和黄淮改良型适宜于石河子、昌吉和吐鲁番地区使用;瓦房店型适宜于奎屯地区使用。该研究确定了不同类型的日光温室地区适应性,为新疆发展日光温室生产提供一定的理论依据。

参考文献

[1] 王冬良,陈友根,吕国华,等. 基于 AMMI 模型的新疆日光温室适应性分析. 农业工程学报,2005,21(3):148-152.

土地利用的覆被空间模型

1　背景

人类土地利用活动和覆被变化是人类为满足自身发展需求而进行的调控手段。准确反映和刻画区域土地利用覆被变化的时空规律,可为调控区域土地资源和合理优化布局提供依据,进而可为区域土地利用规划、土地整理专项规划服务。土地利用和覆被已经成为模拟预测区域或全球生态系统变化的一个重要参数。孙丹峰等[1]通过实验对基于动态统计规则和景观格局特征的土地利用覆被空间进行了模拟预测。

2　公式

空间马尔柯夫链模型是景观生态学家用来模拟植被动态和土地利用覆被格局变化最普遍的模型。传统的马尔柯夫概率模型可表示为:

$$\begin{bmatrix} l_{1,t+\Delta t} \\ \cdots \\ l_{m,t+\Delta t} \end{bmatrix} = \begin{bmatrix} p_{11} & \cdots & p_{1m} \\ \cdots & \cdots & \cdots \\ p_{m1} & \cdots & p_{mm} \end{bmatrix} \begin{bmatrix} l_{1,t} \\ \cdots \\ l_{m,t} \end{bmatrix}$$

式中,$l_{m,t}$、$l_{m,t+\Delta t}$ 分别为第 m 个状态分量在 t 和 $t+\Delta t$ 时刻的值;p_{ij} 为从时间 t 到 $t+\Delta t$ 系统从状态 j 转变为 i 的概率。具体而言,土地利用覆被类型 j 转变为 i 的概率就是栅格图件中类型 j 在该时段内转变为类型 i 的栅格数占类型 j 在此期间发生变化的所有栅格总数的比例,即:

$$p_{ij} = n_{ij} / \sum_{i=1}^{m} n_{ij}$$

最后采用贝叶斯最大似然概率原则,确定不同栅格位置处的土地利用覆被类型,完成模拟下一时段的可能土地利用覆被情景。公式如下:

$$p(\omega_{t,t+\Delta t}/v_{j,t}) = p(\omega_{t,t}) p_{ji} q_{ij}$$

式中,$p(\omega_{t,t+\Delta t}/v_{j,t})$ 为在已知 t 时刻模拟栅格位置处土地利用覆被类型为 v_j、在 $t+\Delta t$ 时刻该栅格土地利用覆被类型为 ω 的概率大小;$p(\omega_{t,t})$ 为土地利用覆被类别 ω 在 t 时刻该栅格位置周围的分布概率;p_{ji} 为从 t 时刻到 $t+\Delta t$ 时刻土地利用覆被类型 v_j 转移到 ω_t 类型的发生概率;q_{ij} 为在 t 时刻模拟栅格位置区域土地利用覆被类型 ω_t 和 v_j 的共生概率。

表1是根据1994—1999年的土地利用覆被分类图计算的整体土地利用覆被转移概率矩阵。

表1　1994—1999年土地利用覆被转移概率矩阵

	耕地	林地	草地	建筑用地	水域
耕地	81.3	12.3	3.0	3.3	0.1
林地	0.0	91.0	8.1	0.9	0.0
草地	0.0	60.7	34.5	4.7	0.1
建筑用地	0.0	0.0	0.0	100.0	0.0
水域	0.0	2.3	0.8	3.2	93.7

3　意义

依据马尔柯夫链模型和最大似然概率原则的统计概率模型，将景观格局特征利用类别共生概率矩阵表达在模型中，其次采用动态统计来考虑不同位置处模型参数的局部化。通过在北京山区初步验证，考虑景观格局特征，应用土地利用的覆被空间模型，模拟结果总精度提高2.4%，Kappa系数提高0.045。随估计参数局部化，模拟精度大幅度提高，总精度提高到90%以上。从而可知该土地利用覆被模拟模型是可行的，具有所需要基本数据非常简单的优点，免除数据收集处理以及关系量化困难等问题。

参考文献

[1]　孙丹峰，李红，张凤荣．基于动态统计规则和景观格局特征的土地利用覆被空间模拟预测．农业工程学报，2005，21(3)：121-125.

农业水资源的利用效率模型

1 背景

由于农业水资源利用效率是一个多层次、多目标的系统,各项指标的评价结果常常是不相容的,单项指标的大小很难代表水资源综合利用效率的高低,综合指数法、层次分析法、模糊综合评判法等方法多是把各评价指标赋权后得到一个综合数值,权重的赋予多带有人为的因素,容易偏离评价的目标,并缺乏各指标对总体目标贡献大小和方向的结构性评价。封志明等[1]利用大样本数据进行最优化求解,以甘肃省 81 个县域单元为例,得到分县农业水资源利用效率评价的最佳投影方向和投影值。

2 公式

投影指标由各县农业水资源利用效率评价指标构成,为消除量纲、统一指标的变化范围,采用下式进行标准化处理:

$$x(i,j)=[x^*(i,j)-x_{\min}(j)]/[x_{\max}(j)-x_{\min}(j)]$$

式中,$x_{\max}(j)$,$x_{\min}(j)$ 分别为 i 个样本中第 j 个评价指标的最小值和最大值。

把 $x(i,j)$ 投影到投影方向 a 上,设 $a=[a(1),a(2),\cdots,a(j)]$,$a$ 为单位长度向量,投影值 $z(i)$ 为:

$$z(i)=\sum_{j=1}^{p}a(i,j)x(i,j)$$

为了在多维指标中找到数据的结构组合特征,在综合投影时,要求投影值 $z(i)$ 尽可能多地提取 $x(i,j)$ 中的变异信息,即 $z(i)$ 的标准差 S_z 尽可能大,同时投影值 $z(i)$ 的局部密度 D_Z 达到最大,基于此,投影目标函数可构造为:

$$Q(a)=S_zD_z$$

$$S_z=\left[\sum_{i=1}^{p}(Z(i)-E_z)^2/(n-1)\right]^{0.5}$$

$$D_z=\sum_{i=1}^{n}\sum_{j=1}^{n}(R-r_{ij})u(R-r_{ij})$$

式中,E_z 为 $Z(i)(i=1,2,\cdots,n)$ 的均值;R 为求局部密度的窗口半径。

不同的投影方向反映不同的数据结构特征,最佳投影方向就是最大的可能暴露高维数

据某类特征结构的投影方向。可通过求解投影指标函数最大化来估计最佳投影方向,即

$$\max[Q(a)] = S_z D_z$$

$$s.t \sum_{j=1}^{p} a^2(j) = 1,\ -1 \leqslant a(j) \leqslant 1$$

降水效率是农业水资源利用效率最基础的指标,表示单位降水投入量所产生的粮食产量,即

$$PUE = Y_{pr}/P$$

式中,PUE 为降水速率,kg/(mm · hm^2)或 kg/m^3; Y_p 为单位播种面积粮食产量,kg/hm^2;P为年降水量,mm。

灌溉效率也是农业水资源表观利用效率,计算公式为:

$$IUE = Y/I$$

式中,IUE 为灌溉效率,kg/m^3;Y 为粮食总产量,kg;I 为引堤灌溉水资源总量,m^3。

总水分生产效率用粮食总产量与农业水资源总投入量之比表示,估算式为:

$$WE = Y/(I + P + \Delta W)$$

式中,WE 为总水分生产效率,kg/m^3;I 、P 分别为引堤灌溉水量、年降水量; ΔW 为3月与10月土壤储水量的变化量,m^3。

ETE 表示单位耗水量所获得的粮食产出,kg/m^3。耗水生产效率通过作物结构对作物耗水生产效率校正得到,作物耗水生产效率用作物单位面积产量与实际耗水量的比率表示,公式如下:

$$ETE_i = (Y_i/ET_{ai})$$

$$ETE = (\sum_{i=1}^{n} R_i \cdot Y_i \cdot ET_{ai})/R$$

式中, ETE_i 为作物 i 的耗水生产效率,kg/m^3; Y_i 为作物 i 的单位播种面积产量,kg /hm^2; ET_{ai} 为作物 i 单位播种面积产量的实际耗水量,m^3;ETE 为耗水生产效率 kg /m^3; R_i 为作物 i 的播种面积比例,%;R 为主要作物总播种面积比例,%。

作物实际耗水量 ET_{ai} 的来源包括降水、灌溉水、土壤水、地表径流、潜水蒸发等,估算模型为:

$$ET_{ai} = \begin{cases} P + I - \Delta W & P + I - \Delta W < ET_m \\ ET_m & P + I - \Delta W > ET_m \end{cases}$$

式中, ET_m 为作物需水量,mm; ET_m 用作物系数 K_c 与作物潜在蒸散量 ET_0 的乘积得到, ET_0 由1998年FAO提供的Penman-Monteith方法计算得到。

农田水分盈亏率通过作物水分盈亏率进行作物结构校正得到,作物水分盈亏率估算公式为:

$$WUR_i = (P_e + I + \Delta W)/ET_m$$

式中，WUR_i 为作物水分盈亏率；P_e 为作物生育期有效降水量，mm；I 为引堤灌溉水量，mm；ΔW 为生育期土壤储水量的变化量，mm；ET_m 为作物最大需水量，mm。

农田水分利用率通过对作物水分利用率进行作物结构校正得到，作物水分利用率公式为：

$$WUE_i = ET_{ai}/(P + I + \Delta W)$$

水资源潜力利用率是反映农业水资源潜力开发程度的指标，同样通过对作物水资源潜力利用率进行作物结构校正得到农业水资源潜力利用率。作物水资源潜力利用率计算公式为：

$$WPR_i = Y_{pr}/P_C$$

式中，Y_{pr} 为单位面积作物产量，kg/hm^2；P_C 为作物水资源潜力，kg/hm^2。

3 意义

根据农业水资源利用效率评价指标的不相容性问题，提出了农业水资源利用效率综合评价的遗传投影寻踪方法。该方法可以依据样本自身的数据特性寻求最佳投影方向，利用最佳投影方向可以判断各评价指标对综合评价目标的贡献大小和方向。通过最佳投影方向与评价指标的线性投影得到投影指标值，通过这一指标可以对样本进行统一评价和分类。利用该方法对甘肃省81个县域单元的农业水资源利用效率进行综合评价，评价结果很好地反映了各评价指标对综合评价目标的贡献大小和方向以及各评价单元综合利用效率。

参考文献

[1] 封志明，郑海霞，刘宝勤．基于遗传投影寻踪模型的农业水资源利用效率综合评价．农业工程学报，2005，21(3)：66-70.

核桃的脱壳模型

1 背景

随着核桃产量的逐年增加,如何对核桃进行深加工,以提高它的附加值等问题就突现出来。核桃脱壳取仁是核桃深加工的第一步,必须首先解决。由于核桃品种繁杂,形状不规则、尺寸差异较大、壳仁间隙小,壳完全破裂所要求的变形量大于壳仁间隙,所以破壳取仁难度较大。史建新等[1]通过实验对基于有限元分析的核桃脱壳技术进行了研究。

2 公式

从影响导向率(导向成功的核桃数与总数之比)的因素中选择一、二次导向槽水平导向角角度 φ 、β 和导向辊的转速 ω_1 作为试验因素,导向率 Y 为试验指标,采用 $L_{16}(4^5)$ 正交试验表,试验表安排及结果如表 1。

表 1　导向正交试验

试验号	A 一次导向槽角度 φ(°)	B 二次导向槽角度 β(°)	C	D	E 导辊转速 ω_1(r/min)	导向率 Y(%)
1	1(26)	1(37)	1	1	1(32)	0.901 4
2	1	2(27)	2	2	2(58)	0.913 0
3	1	3(21)	3	3	3(84)	0.897 1
4	1	4(47)	4	4	4(110)	0.915 5
5	2(21)	1	2	3	4	0.917 8
6	2	2	1	4	3	0.940 3
7	2	3	4	1	2	0.939 4
8	2	4	3	2	1	0.944 4
9	3(36)	1	3	4	2	0.960 5
10	3	2	4	3	1	0.931 5
11	3	3	2	2	4	0.910 3
12	3	4	1	1	3	0.911 8
13	4(30)	1	4	2	3	0.948 7

续表

试验号	A 一次导向槽角度 φ(°)	B 二次导向槽角度 β(°)	C	D	E 导辊转速 ω_1(r/min)	导向率 Y(%)
14	4	2	3	1	4	0.934 2
15	4	3	2	4	1	0.936 7
16	4	4	1	3	2	0.891 9
$K1$	0.906 8	0.932 1			0.928 5	
$K2$	0.935 5	0.929 8			0.926 2	
$K3$	0.928 5	0.920 9			0.924 5	
$K4$	0.927 9	0.915 9			0.919 5	
R	0.028 1	0.016 2			0.009 1	

通过试验分析核桃湿度、挤压辊转速对破壳效果的影响,并优选出破壳的合适参数。经综合考虑试验因素选为:凹板与挤压辊之间的间隙 s(s_{max} = 39mm,s_{min} = 36mm),核桃湿度 m 和挤压辊的转速 n。

试验指标为:

$$破壳率\ y_1 = \frac{G_W - S_W}{G_W} \times 100\%$$

$$露仁率\ y_2 = \frac{Q_{KW}}{T_{KW}} \times 100\%$$

式中,S_W 指未破壳的核桃重量;G_W 指核桃总重;Q_{KW} 指露仁重;T_{KW} 指仁总重。

建立露仁率 y_1、破壳率 y_2 的回归方程为:

$$\hat{y}_1 = - 11.3507 + 0.5674s - 0.00677s^2 - 0.0036sm + 0.1999m - 0.0023m^2$$

$$\hat{y}_2 = - 13.7445 + 1.4046s - 0.0106s^2 - 0.0048sm + 0.1839m - 0.0007m^2 + 0.0001n^2 - 0.0085n$$

3 意义

根据结构静力分析的有限单元法,通过所建核桃的几何模型和破壳的有限元模型,对核桃在几种载荷作用下的应力分布规律进行了分析,找出了核桃壳变形量不大且产生局部裂纹点多、裂纹点易扩展的最佳的施力方式,设计了导向机构。试验表明,核桃导向装置基本实现了使核桃的椭圆长轴与破壳辊轴线平行,使核桃以滚动方式挤压扩展裂纹,提高了露仁率。

参考文献

[1] 史建新,赵海军,辛动军．基于有限元分析的核桃脱壳技术研究．农业工程学报,2005,21(3):185-188.

水稻叶片的气孔导度模型

1 背景

气孔(Stomata)是作物蒸腾过程中水汽的主要出口,也是光合作用吸收空气中 CO_2 的主要进口。气孔开闭是保卫细胞体积与形状变化的结果,保卫细胞吸水膨胀则气孔张开,失水收缩则气孔关闭。作物通过调节其气孔开度,可以控制水分的蒸腾和植物的光合作用。彭世彰和徐俊增[1]分析水稻叶片气孔导度变化规律及其与外界因素包括土壤水分、叶气温差、空气饱和差、CO_2 浓度等之间的关系,揭示不同水分情况下气孔导度的变化规律。

2 公式

水稻叶片的气孔导度影响因素众多,主要包括光照、温度、CO_2 浓度以及叶片含水量等,运动机理比较复杂。统计分析显示各时刻水稻气孔导度与各影响因素关系不同,表明各影响因素所占比重相互消长,彼此相互影响。各因素的影响如图 1 所示。

引入叶气温差,考虑土壤水分与植物水分亏缺的影响,建立改进的 Leuning-Ball 模型:

$$C = \alpha \frac{P_n}{(C_0 - \Gamma)\left(1 + \dfrac{VPD}{VPD_0}\right)} e^{-\Delta T} + \beta$$

式中, C 为气孔导度, mmol · m^{-2} · s^{-1}; P_n 为净光合速率, μmol/(m^2 · s); C_0 为二氧化碳浓度, mL/m^3; VPD 为饱和水汽压差, Pa; ΔT 为叶气温差,即叶片温度与空气温度之差, ℃; α、β、Γ、VPD_0 为待定参数。

选取气孔导度较大的 14:00 进行分析建立模型,得到的参数为: $\alpha = 1\ 189.6$, $\beta = 135$, $VPD_0 = 15\ 595$, $\Gamma = 166.2$。相关系数为 0.735。误差小于 20% 的解释率为 44.91%,比 Leuning-Ball 模型仅能对 16.91% 的值进行解释的结论有所提高(图 2) 。表明叶气温差能较好地反映作物叶片的水分状况,对气孔导度具有较大的影响。

3 意义

根据江西示范区的现场试验资料,分析了晚稻叶片气孔导度的日变化以及全生育期内

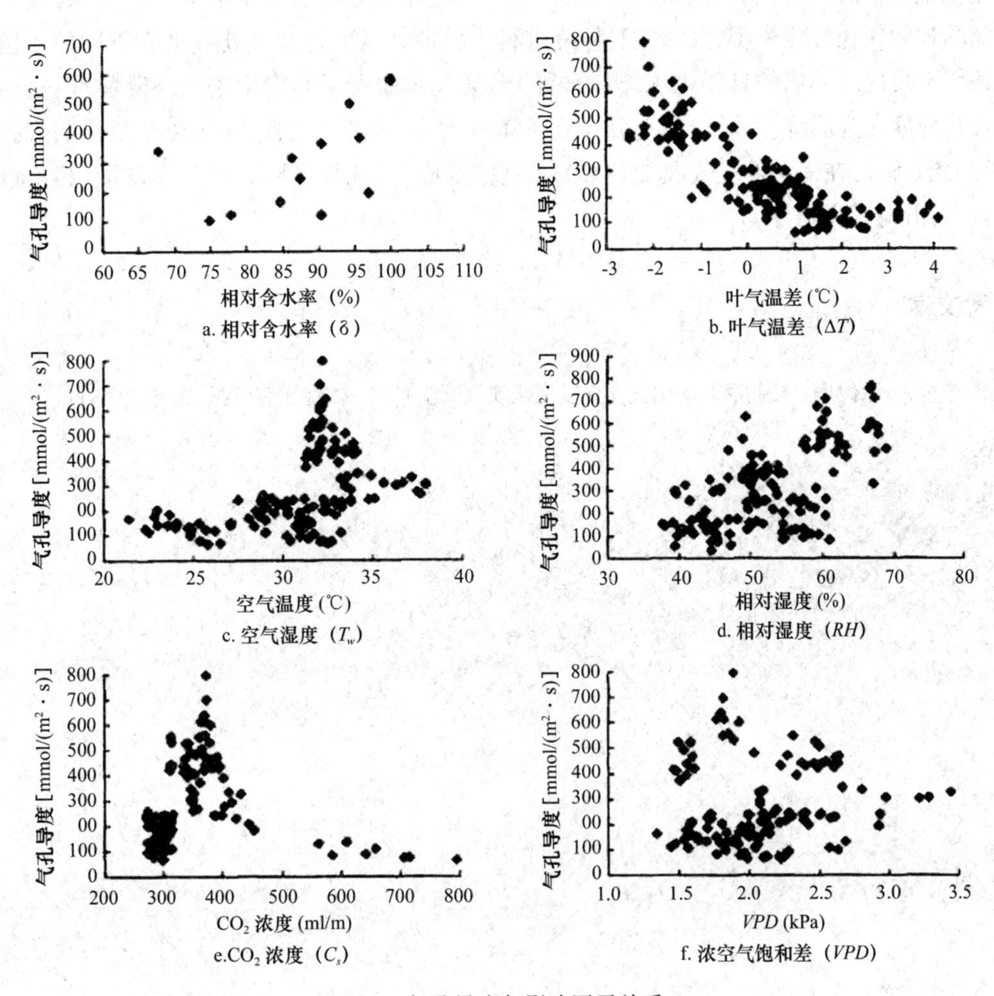

图 1　气孔导度与影响因子关系

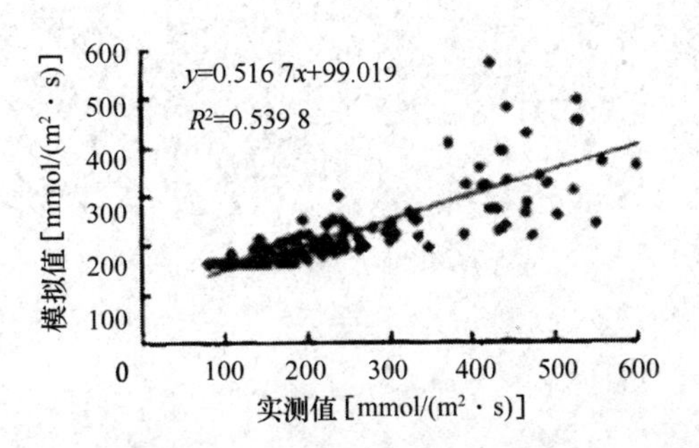

图 2　模拟结果与实测结果对比

的变化规律,分析了控制灌溉条件下叶片气孔导度与外界影响因子等的相互关系,建立了水稻叶片的气孔导度模型,并对气孔导度进行了模拟。从而可知气孔导度在不同的土壤水分条件下表现出不同的日变化规律,较低的土壤水分加大了其在中午的下降幅度;全生育期气孔导度先升后降,并随土壤水分降低而降低,灌水后出现反弹;叶气温差是影响气孔导度的关键因素;在一定的空气温度和 CO_2 浓度范围内,气孔导度随之增加而增加,超出该范围后,则出现下降趋势。

参考文献

[1] 彭世彰,徐俊增. 控制灌溉水稻气孔导度变化规律试验研究. 农业工程学报,2005,21(3):1-5.

水资源的潜水均衡方程

1 背景

在建设项目水资源论证中，首先要确定论证区范围，论证范围确定的合理与否直接关系到论证工作质量。地下取水水源论证中论证范围的确定，受多种因素的直接影响，一般应以满足区域水资源合理配置、用水户对水量的要求，并以便于查明水文地质条件为原则，除包括项目建成区和规划区外，应达到较为完整和独立的水文地质单元，开采地区应把降落漏斗影响范围包括在内。樊向阳和齐学斌[1]通过实验利用水均衡法对确定建设项目水资源论证范围展开了研究。

2 公式

一般情况下，考虑水源地开采情况下的潜水均衡方程的表达式为：

$$Q_{补} - Q_{排} = \mu_F \frac{\Delta H}{\Delta t}$$

$$Q_{补} = Q_1^{\mu} + Q_p + Q_f + E_c + Q_t$$

$$Q_{排} = Q_2^{\mu} + E_{\mu} + Q_d + (1 - \beta_{井})Q_n + Q_g + Q_r + Q_c$$

式中，Q_1^{μ} 为地下水侧向流入量，$10^4 m^3/a$；Q_2^{μ} 为地下水侧向流出量，$10^4 m^3/a$；Q_p 为降雨入渗补给量，$10^4 m^3/a$；Q_f 为地表水入渗补给量，$10^4 m^3/a$；E_c 为水汽凝结补给量，$10^4 m^3/a$；Q_t 为下伏承压含水层通过相对隔水层顶托补给量（为正值），或潜水通过相对隔水层向下伏承压含水层越流排泄量（为负值），$10^4 m^3/a$；E_{μ} 为潜水蒸发量，$10^4 m^3/a$；Q_d 为潜水以泉或泄流形式向地表排泄量，$10^4 m^3/a$；Q_n 为农业开采量，$10^4 m^3/a$；Q_g 为工业开采量，$10^4 m^3/a$；Q_r 为人畜生活用水开采量，$10^4 m^3/a$；Q_c 为水源地新增开采量，$10^4 m^3/a$；$\beta_{井}$ 为井灌回归系数；μ 为含水层（组）给水度；F 为均衡区面积，km^2；ΔH 为均衡期潜水位变化值（上升为正，下降为负），m；Δt 为均衡期，a。

潜水均衡方程式可简化为：

$$E_{\mu} + (1 - \beta_{井})Q_n + Q_g + Q_r + Q_c = (Q_p + Q_f) - \mu_F \frac{\Delta}{H\Delta t}$$

地下水位稳定的降落漏斗形成后的潜水均衡方程式可以表达为：

$$E_{\mu} + (1 - \beta_{井})Q_n + Q_g + Q_r + Q_c = Q_p + Q_f + Q_z$$

式中，Q_z 为水源地周边侧渗补给量。$Q_z = 0.1KHI_{漏斗}L_{漏斗}t$，$10^4 m^3/a$：K 为含水层平均渗透系数，m/d；H 为含水层(组)厚度，m；$I_{漏斗}$ 为漏斗区边缘地下水水力坡度；$L_{漏斗}$ 为漏斗区周边长度，km，平原区地形平坦，漏斗区可近似为圆形，则 $L_{漏斗} = 2\sqrt{\pi}\sqrt{F_{漏斗}}$；$F_{漏斗}$ 为地下水位降落漏斗稳定后的漏斗区面积，km^2；t 为时间，d，以 1 年计，$t = 365$ d。

为了便于公式推导，这里引出以下概念：E(潜水蒸发强度，cm/d) q_n [农业开采强度，$10^4 m^3/(km^2 a)$]；q_g [工业开采强度，$10^4 m^3/(km^2 a)$]，q_r [人畜生活用水开采强度 $10^4 m^3/(km^2 a)$]；α (降水入渗补给系数)；q_f [地表水入渗补给强度 $10^4 m^3/(km^2 a)$，即：$E_{\mu} = EF_{漏斗}t$、$Q_n = q_nF_{漏斗}$、$Q_g = q_gF_{漏斗}$、$Q_r = q_rF_{漏斗}$、$Q_p = 0.1\alpha PF_{漏斗}$、$Q_f = q_fF_{漏斗}$]，P(年降水量，mm)。

上式整理得：

$$Q_c + [E_t(1 - \beta)q_n + q_g + q_r]F_{漏斗} = (0.1\alpha P + q_f)F_{漏斗} + 0.2KHI_{漏斗} + \sqrt{\pi}\sqrt{F_{漏斗}}t$$

进一步整理可得：

$$0.2KHI_{漏斗}t\sqrt{\pi}\sqrt{F_{漏斗}} + [0.1\alpha P + q_f - E_t - (1 - \beta_{井})q_n - q_g - q_r]F_{漏斗} - Q_c = 0$$

则井群开采的影响半径 R(km)为：

$$R = \frac{\sqrt{F_{漏斗}}}{\pi}$$

潜水蒸发强度计算多采用半理论半经验公式，一般采用修正后的阿维里杨诺夫公式：

$$E = kE_0\left(1 - \frac{H}{H_{max}}\right)^n$$

式中，E 为潜水蒸发强度，cm/d；E_0 为水面蒸发强度，cm/d；H 为潜水埋深，m；H_{max} 为地下水停止蒸发时的埋深(极限蒸发深度)，m，黏土 $H_{max} = 5$ m 左右，亚黏土 $H_{max} = 4$ m 左右，亚砂土 $H_{max} = 3$ m 左右，粉细砂 $H_{max} = 2.5$ m 左右；n 为经验指数，一般 $n \in [1,3]$，应通过分析，合理选用；k 为作物修正系数(无因次)，无作物时 k 取 0.9~1.0，有作物时 k 取 1.0~1.3。

据此建立的地下水均衡方程，经整理后为：

$$0.2KHI_{漏斗}t\sqrt{\pi}\sqrt{F_{漏斗}} + [0.1\alpha P - q_f - E_t - (1 - \beta_{井})q_nq_r]F_{漏斗} - Q_c = 0$$

参数的取值见表 1。

表 1　水均衡参数取值表

参数	K (m/d)	H(m)	$I_{漏斗}$	α	P (mm)	q_f [$10^4 m^3/(km^2 \cdot a)$]	E (cm/d)	$\beta_{井}$	q_n [$10^4 m^3/(km^2 \cdot a)$]	q_t [$10^4 m^3/(km^2 \cdot a)$]	Q_r ($10^4 m^3/a$)
取值	8.3	140	1/2 500	0.25	548	14.2	0.014 8	0.1	10.27	0.64	730

3 意义

针对平原区特有的水文地质条件,提出应用水量均衡原理,以待定的水源地稳定水位降落漏斗面积为均衡区面积,建立水量均衡方程,进而求得该漏斗区面积,以此作为确定水资源论证范围的依据,具有较强的实用性。为了确保论证质量,应综合考虑其他因素,如区域水资源合理配置、水源地开采可能的环境影响范围等以确定建设项目论证范围。

参考文献

[1] 樊向阳,齐学斌. 利用水均衡法确定建设项目水资源论证范围. 农业工程学报,2005,21(3):71-82.

旋涡泵流道截面的流场方程

1 背景

通常研究流体流动的方法有理论分析、实验研究和数值模拟三种,而数值模拟以其自身的特点和独特的功能,逐渐成为研究流体流动的重要手段,形成了一门相对独立的新的学科——计算流体动力学(CFD)。对内部流体机械的流动进行数值模拟,可以在一定程度上取代实验,降低成本,缩短研制周期,并且可以提供丰富的流场信息。施卫东等[1]通过数值模拟来分析流道截面形状对旋涡泵性能的影响。

2 公式

此处研究的对象为闭式叶轮、开式流道的旋涡泵,截面形状变化前、后尺寸如图 1 所示,叶轮如图 2 所示。

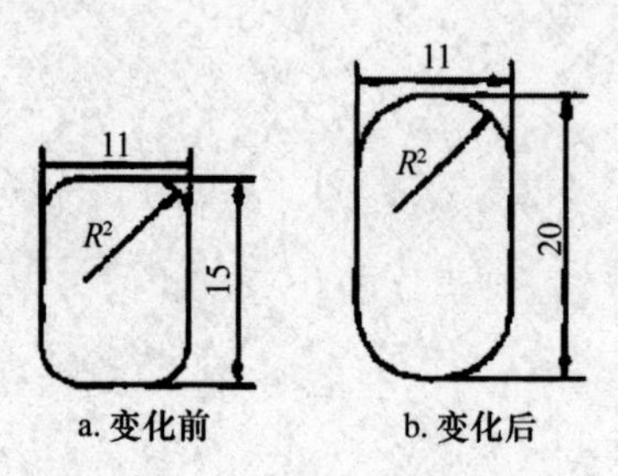

图 1　流道截面形状

采用雷诺平均 N-S 方程作为流动基本方程,湍流模型选用工程中广泛使用的标准 $k-\in$ 湍流模型。在笛卡尔坐标系下可写成如下形式:

$$\frac{\partial(\rho u_j \varphi)}{\partial x_j} = \frac{\partial}{\partial x_j}\left(\Gamma_\varphi \frac{\partial \varphi}{\partial x_j}\right) + S_\varphi(x, y, z)$$

式中,φ 为通用变量;Γ_φ 为扩散系数;S_φ 为源项。

根据旋涡泵进口流道的特点,由质量守恒定律确定进口速度。同时,进口处边界条件的湍动能值 k_{in} 及湍动能耗散率 $\in_{in}$ 取值按下列公式确定:

图 2　闭式叶轮

$$\begin{cases} k_{in} = 0.005 w_{in}^2 \\ \in_{in} = \dfrac{c_\mu^{3/4} k_{in}^{3/4}}{K y_m} \end{cases}$$

式中，w_{in} 为进口轴向速度，m/s；y_m 为近壁计算点到壁面的距离，mm。

图 3 为各个截面上的相对速度矢量分布情况，图 4 为各个截面上的相对速度等值线分布情况。

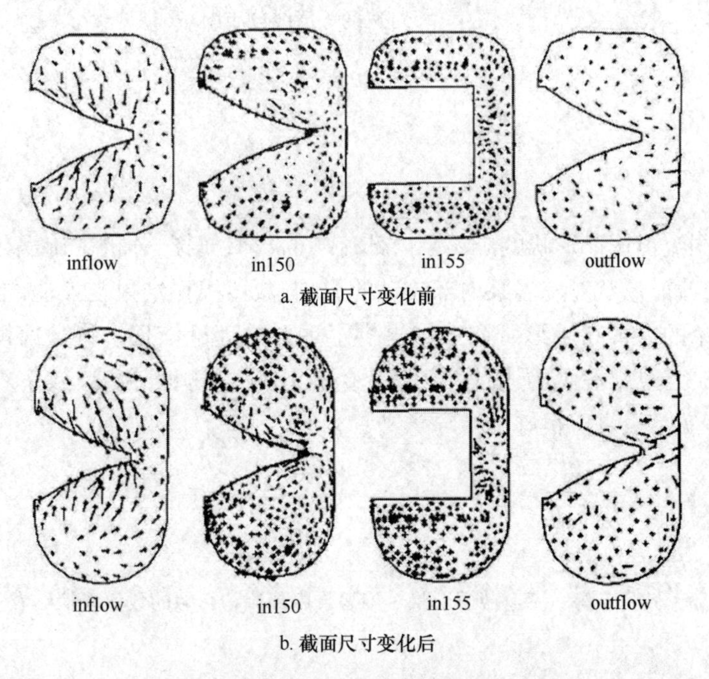

图 3　相对速度矢量分布图

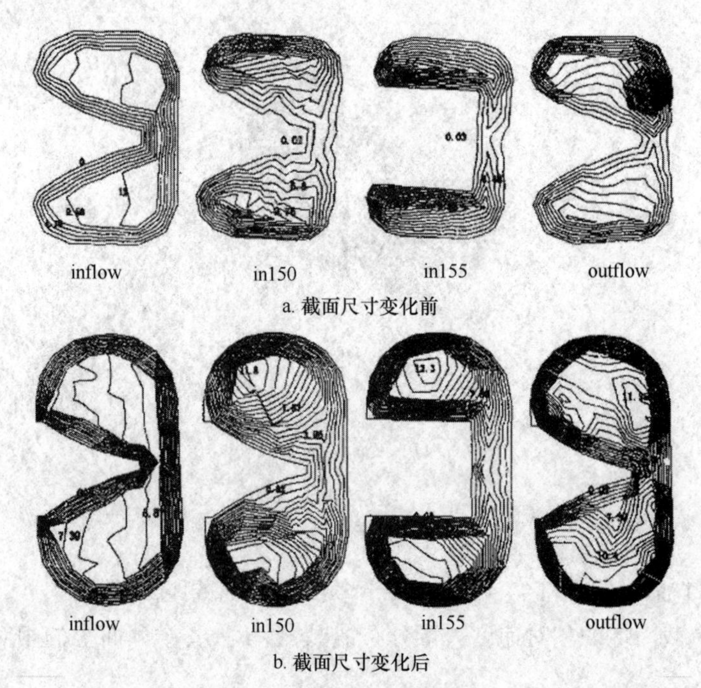

a. 截面尺寸变化前

b. 截面尺寸变化后

图 4　相对速度等值线分布图

3　意义

通过对不同流道截面形状的旋涡泵内部流场的数值模拟,分析了旋涡泵的内部流动状况,验证了流道截面形状对旋涡泵内部流动的影响,数值模拟结果与实验结果相符,从而为旋涡泵设计理论的完善和后续研究工作提供了重要的理论依据。将数值模拟结果直接应用于 5ZB25-0.37 型旋涡泵的设计,经实验验证,水泵的扬程、流量、效率等都有明显的提高,从而对工程实际也具有很好的指导意义。

参考文献

[1]　施卫东,董颖,马新华,等. 流道截面形状对旋涡泵内部流动影响的数值模拟. 农业工程学报,2005,21(3):21-23.

毛桃苗的嫁接模型

1 背景

机械嫁接技术是近年在国际上出现的一种集机械、自动控制与园艺技术于一体的高新技术。它能在极短的时间内,将砧木和穗木嫁接为一体,大幅度提高嫁接速度,减轻劳动强度和提高生产率,被誉为嫁接育苗技术的一场革命。明确苗木的力学特性是研究苗木嫁接机器人切削系统的关键。李明等[1]通过实验对毛桃苗力学特性展开了研究。

2 公式

在一般的工程计算中,可略去空载转矩 T_0,可粗略地认为电磁转矩 T 与转轴上的输出转矩 T_d 相等。

轴上输出的转矩: $$T_d = 10^{-2} F_c L_1$$

电磁转矩: $$T = 10^{-2} Q_1 L_2$$

式中, F_c 为切削阻力; Q_1 为数字测量控制仪的读数; L_1 为切削阻力力臂(L_1 =100 mm); L_2 为扭力力臂(L_2 =120 mm)。切削阻力 F_c 由下式计算:

$$F_c = Q_1 L_2 / L_1 = 1.2 Q_1$$

切削试验中,选择电机转速、苗木直径和滑切角作为试验因素(表 1) 。

表 1 试验因素及水平

水平	转速(r/min)	苗木直径(mm)	滑切角(°)
1	30	≤2.00	30
2	40	2.01~2.50	25
3	50	2.51~2.75	20
4	60	2.76~3.00	15

通过对试验结果(表 2) 的数据拟合,得出苗木直径与切削阻力呈平方关系:

$$F_c = 0.6425 D^2 - 0.8195 D + 1.27759 \qquad (R = 0.9978)$$

表 2　单因素试验结果

	序号			
	1	2	3	4
苗木直径(mm)	1.80	2.36	2.62	2.98
切削阻力平均值(N)	1.02	2.45	4.36	7.06
转速(r/min)	30	40	50	60
切削阻力平均值(N)	4.56	3.82	3.13	2.16
滑切角度(°)	15	20	25	30
切削阻力平均值(N)	2.90	2.56	2.08	1.84

通过对试验结果(表 2) 数据拟合,转速与切削阻力呈线性关系:

$$F_c = -0.789n + 5.039 \qquad (R = 0.997)$$

通过对试验结果(表 2) 数据拟合,滑切角与切削阻力之间亦呈线性关系:

$$F_c = -0.366\alpha + 3.26 \qquad (R = 0.993)$$

3　意义

通过毛桃苗力学特性的分析,建立了毛桃苗的嫁接模型,计算得出毛桃树苗抗压伤极限载荷、毛桃苗切削最大阻力和刀片的最小极限切削线速度以及影响毛桃苗切削的因素关系,苗木直径、转速、滑切角依次影响切削阻力大小,苗木直径与切削阻力呈平方关系;转速与切削阻力呈线性关系;滑切角与切削阻力也呈线性关系。综合试验得出:毛桃苗抗压伤极限载荷为 20.35 N;切削最大阻力为 7.34 N,最小极限切削线速度为 0.312 m/s;苗木直径较大地影响切削阻力,转速较大地影响切断率。

参考文献

[1]　李明,汤楚宙,谢方平,等. 毛桃苗力学特性试验研究. 农业工程学报,2005,21(3):29-33.

迷宫滴头的水力特性模型

1 背景

滴头是滴灌系统中的关键部件，滴头水力性能的好坏对整个滴灌系统的运行具有十分重要的影响。在滴灌系统的运行过程中，滴头内部的流动状态对滴头的水力性能和抗堵塞性能影响很大。由于滴头的结构形式多种多样，流道结构复杂，尺寸小，采用传统的流场测量方法无法清楚地显示滴头内部的流动状态，因此目前对于滴头的研究主要是进行滴头宏观水力性能的研究。李永欣等[1]采用以 FVM 为基础的 CFD 方法对迷宫滴头的水力特性进行数值模拟，应用 CFD 商业软件 FLU ENT 计算滴头的流量压力特性和滴头内部的压力和流量分布。

2 公式

迷宫滴头内部的水流运动可以视为不可压缩流体的运动，因此基本控制方程由连续性方程和 Navier -Stokes 方程等构成，它们在直角坐标系中的形式如下。

连续性方程：

$$\frac{\partial u}{\partial x}+\frac{\partial v}{\partial y}+\frac{\partial w}{\partial z}=0$$

Navier-Sto kes 方程：

$$\frac{\partial(\rho u)}{\partial t}+\nabla\cdot(\rho u)U=-\frac{\partial p}{\partial x}+\mu\nabla^2 u+\rho f_x$$

$$\frac{\partial(\rho u)}{\partial t}+\nabla\cdot(\rho u)U=-\frac{\partial p}{\partial x}+\mu\nabla^2 u+\rho f_x$$

$$\frac{\partial(\rho v)}{\partial t}+\nabla\cdot(\rho v)U=-\frac{\partial p}{\partial y}+\mu\nabla^2 u+\rho f_y$$

$$\frac{\partial(\rho w)}{\partial t}+\nabla\cdot(\rho w)U=-\frac{\partial p}{\partial z}+\mu\nabla^2 u+\rho f_z$$

式中，U 为流体流速，$U=u\vec{i}+v\vec{j}+w\vec{k}$，m/s；$u,v,w$ 分别为流速在 x,y,z 三个坐标轴方向的分量；ρ 为水的密度，kg/m；μ 为动力黏度系数，Pas；p 为流体的压力，Pa；f_x，f_y，f_z 为质量力的

分量,当质量力只有重力作用时,$f_x = f_y = 0, f_z = -g$。

对滴头中的紊流选择标准为 $k-\in$ 紊流模型,模型中流体紊流脉动动能 $k(J)$ 和耗散率 $\in$ (%)的表达式为:

$$K = \frac{1}{2}(\overline{u'^2}\,\overline{v'^2}\,\overline{w'^2})$$

$$\in = v\overline{\left(\frac{\partial u'_i}{\partial x_k}\right)\left(\frac{\partial u'_i}{\partial x_k}\right)}$$

式中,u', v', w' 为流速脉动值的分量,m/s;v 为流体的运动黏度系数,m^2/s。标准 $k-\in$ 模型求解紊流脉动动能 k 和耗散率 $\in$ 的输运方程为:

$$\frac{\partial}{\partial t}(\rho k) + \frac{\partial}{\partial x_i}(\rho k U) = \frac{\partial}{\partial x_i}[(\mu + \frac{\mu_t}{\sigma_k}\frac{\partial k}{\partial x_i})] + G_k + G_b - \rho \in - Y_M$$

$$\frac{\partial}{\partial t}(\rho \in) + \frac{\partial}{\partial x_i}(\rho \in U) = \frac{\partial}{\partial x_i}\left[\left(\mu + \frac{\mu_t}{\sigma_{\in}}\frac{\partial \in}{\partial x_i}\right)\right] + G_{1\in}\frac{\in}{k}(G_k + G_{3\in}G_b) - G_{2\in}\rho\frac{\in^2}{k}$$

式中,μ_t 为湍流黏性系数;G_k,G_b 分别是平均速度梯度和浮力作用引起的紊流脉动动能;Y_M 为紊流的脉动扩张引起的动能耗散率;$G_{1\in}$、$G_{2\in}$、$G_{3\in}$、σ_k、$\sigma_{\in}$ 均为常数。

3 意义

根据水力特性分析,建立了迷宫滴头的水力特性模型,并对滴头的压力流量关系、流道内部的压力和流速分布进行了数值模拟计算。利用原型滴头和滴头放大模型实测值对模型以及模拟计算结果进行了实验验证。从而可知滴头流量压力关系模拟计算值与实测值之间的平均偏差小于5%;滴头放大模型内部压力分布的模拟值与实验值间的平均偏差小于3%。CFD数值模拟可以为滴头水力性能的进一步研究提供有效的研究手段。

参考文献

[1] 李永欣,李光永,邱象玉,等. 迷宫滴头水力特性的计算流体动力学模拟. 农业工程学报,2005,21(3):12-16.

灌水滴头的流体模型

1 背景

咸水与微咸水灌溉方式主要有漫灌、沟灌、喷灌和滴灌。漫灌和沟灌耗水量大,而喷灌和滴灌属于高效节水型灌溉方式。从节水角度讲,喷、滴灌具有明显优势,但从微咸水利用的角度来看,滴灌具有明显优势。由于滴灌的淋洗作用,盐分向湿润锋附近积累,在滴头下方的土壤含盐量比较小,有利于作物正常生长。马东豪等[1]就微咸水灌溉条件下,滴头流量、灌水量和灌水水质对土壤水盐运移的影响进行了田间试验研究。

2 公式

图1和图2显示了不同滴头流量(1.24 L/h、1.83 L/h、2.55 L/h)下,水平湿润锋和积水面半径随时间的变化过程。由图1和图2可知,滴头流量越大,水平湿润锋和积水锋面前进越快。分别用幂函数拟合水平湿润锋和积水锋面随时间的变化曲线,拟合结果如下。

水平湿润锋曲线拟合结果:

$q=1.24\ \mathrm{L/h} \qquad X_f = 17.749\,5t^{0.238\,9} \qquad R = 0.994\,2$

$q=1.83\ \mathrm{L/h} \qquad X_f = 14.936\,0t^{0.238\,9} \qquad R = 0.991\,9$

$q=2.55\mathrm{L/h} \qquad X_f = 22.571\,5t^{0.2673} \qquad R = 0.990\,3$

积水面曲线拟合结果:

$q=1.24\ \mathrm{L/h} \qquad r = 14.905\,5t^{0.173\,2} \qquad R = 0.985\,6$

$q=1.83\ \mathrm{L/h} \qquad X_f = 14.122\,9t^{0.245\,8} \qquad R = 0.986\,9$

$q=2.55\ \mathrm{L/h} \qquad X_f = 19.602\,3t^{0.264\,7} \qquad R = 0.970\,4$

式中,q 为滴头流量,L/h;X_f 为水平湿润锋,cm;r 为积水面半径,cm;t 为入渗历时,min;R 为相关系数。

3 意义

根据在田间条件下,以滴头流量、灌水量和灌水水质对微咸水点源入渗水盐运移的影响建立了灌水滴头的流体模型。从而可知在充分供水条件下,水平湿润锋和积水锋面随时

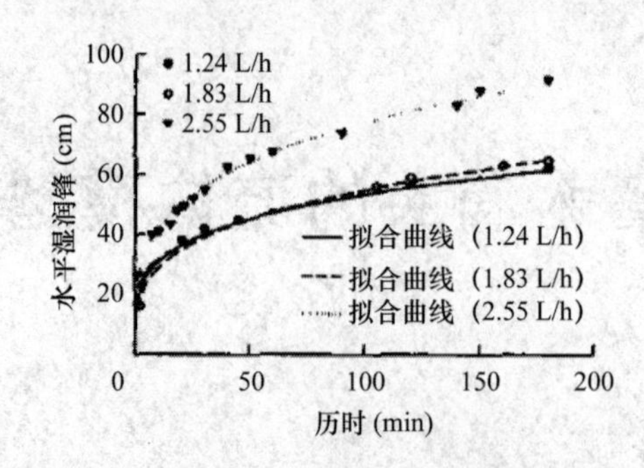

图1　不同滴头流量下的水平湿润锋变化曲线

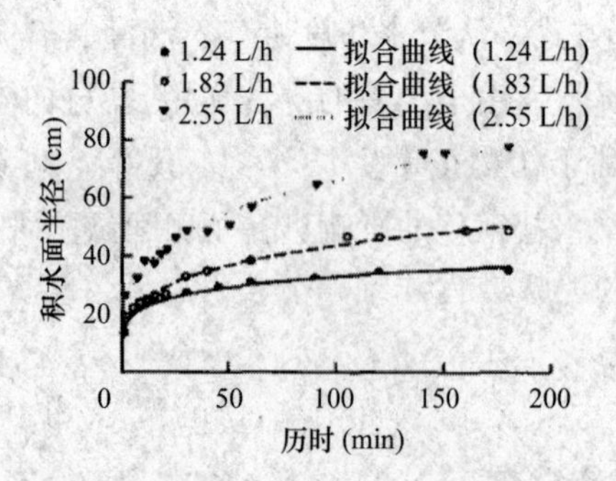

图2　不同流量下的积水面变化曲线

间的推进符合幂函数关系;滴头流量越小,沿土壤深度方向上的盐分含量越小;滴头流量越大,水平方向含盐量随距离增加的趋势越不明显;灌水量是微咸水灌溉条件下控制盐分累积的一个重要因素,若灌水量不足,就没有足够的入渗水量以确保盐分的淋洗;灌水矿化度的升高会显著增加土壤表层的含盐量。

参考文献

[1]　马东豪,王全九,来剑斌. 膜下滴灌条件下灌水水质和流量对土壤盐分分布影响的田间试验研究.农业工程学报,2005,21(3):42-46.

灌区排水的控制模型

1 背景

造成灌区过量排水的一个主要原因是过量灌溉。一方面是由于灌区引水方便、水价偏低,另一方面则是由于排水系统能力过剩,农民不得不以频繁灌溉的方式来补充迅速损失的水量。因此,需要采取措施来降低排水系统的能力,即采取控制排水的措施。银南灌区具有不同深度的多级排水通道,并且受黄河以及其他低洼地的影响。要确定控制排水是否可行,首先需对灌区排水现状进行分析计算,确定可控制水量。贾忠华等[1]针对银南灌区过量排水的问题,对灌区排水现状进行详细的分析和计算,并初步探讨在灌区内实行农田控制排水措施的可行性。

2 公式

水稻生长期内(5 月上旬至 9 月下旬,约 120 d),共需 20~30 次灌溉,稻田基本处于积水状态,如图 1 所示。对于如图 1a 所示的积水情况下的暗管排水,Kir kham 给出的势函数为:

$$H = D + t + q\sum_{-\infty}^{\infty}\ln\frac{\cosh\frac{\pi(x-mL)}{2h}-\cos\frac{\pi y}{2h}}{\cosh\frac{\pi(x-mL)}{2h}+\cos\frac{\pi y}{2h}}\times\frac{\cosh\frac{\pi(x-mL)}{2h}+\cos\frac{\pi(2D-y)}{2h}}{\cosh\frac{\pi(x-mL)}{2h}-\cos\frac{\pi(2D-y)}{2h}}$$

式中,H 为流场中(x,y)处的水头;h 为至不透水层深度;D 为排水管以上的深度;L 为排水间距;t 为积水深度的一半;q 为定义如下的平均通量:

$$q = \frac{t + D - r}{f}$$

式中,r 为排水管半径;f 由下式求得:

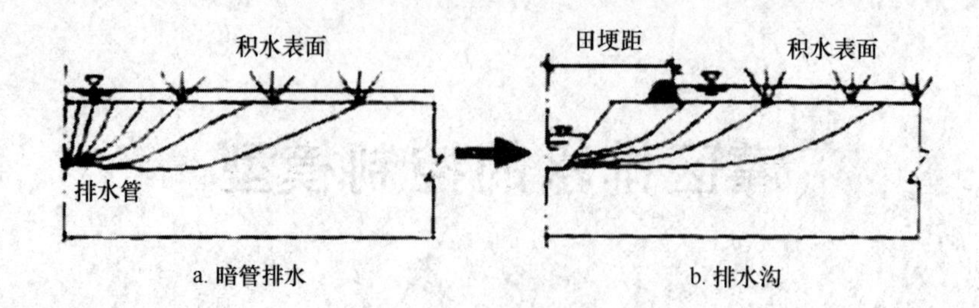

图 1　积水稻田排水流量计算示意图

$$f = 2\ln \frac{\tan \frac{\pi(2D - r)}{4h}}{\tan \frac{\pi r r}{4h}} + 2\sum_{m=1}^{\infty} \ln \left[\frac{\cosh \frac{\pi mL}{2h} + \cos \frac{\pi mL}{2h}}{\cosh \frac{\pi mL}{2h} - \cos \frac{\pi mL}{2h}} \times \frac{\cosh \frac{\pi mL}{2h} - \cos \frac{(2D - r)}{2h}}{\cosh \frac{\pi mL}{2h} - \cos \frac{(2D - r)}{2h}} \right]$$

由于在土壤表面 $y=D$ 处的流线垂直于地面,与 y 轴方向平行,只存在 y 方向的水力梯度 $\frac{\partial h}{\partial y}$,从地面任意两点 x_1, x_2 的单宽入流量 $Q_{x_1-x_2}$,可由下式计算:

$$Q_{x_1-x_2} = \int_{x_1}^{x_2} K \frac{\partial h}{\partial y}\bigg|_{y=D} \mathrm{d}x$$

式中,K 为饱和侧向导水率,水力梯度为:

$$\frac{\partial h}{\partial y}\bigg|_{y=D} = \sin \frac{\pi D}{2h} \cdot \frac{2\pi}{h} \sum_{m=-\infty}^{\infty} \frac{\cosh \frac{\pi(x - mL)}{2h}}{\cosh^2 \frac{\pi(x - mL)}{2h} - \cos^2 \frac{\pi D}{2h}}$$

种植旱作的年份内,每年灌溉只有 4~6 次,形成表面积水的时间很短,因此可以和非积水期间的水田一起采用 Hooghout 公式计算排水流量:

$$Q = \frac{4Km(2d + m)}{L^2}$$

式中,m 为相邻两排水管(沟)中点、排水管以上地下水位高度;d 为排水沟至不透水层的距离;L 为排水管间距。

根据以上分析,当地下水位降到 2 m 以下后,在 t 时间内水位从排水深度以上 m_0 降到 m 时,其排水间距可通过 van Schilfg aarde 公式计算:

$$L = \left\{ \frac{9Ktd}{\theta \ln \left[\frac{m_0(m + 2d)}{m(m_0 + 2d)} \right]} \right\}^{1/2}$$

式中,θ 为平均排水空隙率,其他符号同前。

地表排水量主要是灌溉退水,可以根据田间水平衡,由公式计算得出:

$$Q_{退} = Q_{全} \times \eta_{渠} - Q_{作物} - Q_{地下}$$

式中，$Q_{退}$为地表退水量；$Q_{全}$，$\eta_{渠}$分别为引水总量和渠系水利用系数；$Q_{作物}$为作物净耗水量；$Q_{地下}$为三级排水系统的地下排水总量。

根据物质守恒原则，排水中的盐分浓度可以表示为：

$$C = \frac{C_0 Q_0}{Q}$$

式中，C_0，Q_0分别为灌溉水的含盐量和流量；Q为排水量。

3 意义

根据灌区排水的控制模型，对宁夏银南灌区排水现状进行了详细的分析和计算。结果表明，在现有灌排制度下，生长期内水田的农沟排水量约56 cm，占地下排水总量的58%；旱田的农沟排水量较少，只有1.0 cm，占地下排水总量的4%。建议在水田农沟上加筑控制性建筑物，如堰等，对排水量进行控制，达到节约灌溉用水和减少农田排水对下游河道污染的目的。

参考文献

[1] 贾忠华，罗纨，方树星，等．宁夏银南灌区排水现状分析及计算．农业工程学报，2005，21(3)：60-65.

土地利用的可持续评价函数

1 背景

土地退化已在世界范围内得到广泛关注,许多学者从不同角度对土地退化进行研究,目前研究主要集中在如何评价土地退化、土地退化的时空变化及影响机理等方面。我国土地退化现象严重,主要表现为水土流失、土地沙化、盐渍化、土地污染等,严重影响了土地的可持续利用。李新举等[1]利用相关分析和模糊数学原理,对山东省泰安市1990—2001年土地利用情况进行评价,试图探讨出基于过程的土地利用可持续评价的方法,为相关工作提供参考。

2 公式

根据表1计算各指标与其他指标相关系数的平均值(r),则各指标权重为:

$$W_i = \bar{r} / \sum \bar{r_i}$$

据上述公式对各指标权重进行计算,结果见表2。

表1 泰安市社会经济条件指标

指标	1990年	1994年	1995年	1996年	1997年	1998年	1999年	2000年	2001年
降雨量 n_1(mm)	700	835.3	626	1 163.8	676.6	697	561.5	666.6	574.7
平均气温 n_2(℃)	12.9	14.4	14	12.9	13.1	13	13.9	13.6	13.6
日照时数 n_3(h)	2 582.2	2 582.3	2 582.4	2 582.8	2 582.2	2 582.3	2 435.9	2 394.5	2 406.6
土壤有机质 n_4(%)	0.999	0.97	0.96	0.93	0.925	0.91	0.907	0.9	0.87
土地等级 n_5 宜农土地占土地总面积比例(%)	65.9	66	66	66	66	66	66	66	66
林草覆盖率 n_6(%)	20.6	25.5	26.2	30.2	31.4	31.85	31.85	20.3	21.3
动植物种类 n_7(种)	1 454	1 212	1 212	1 212	1 212	1 212	1 212	1 212	1 212

表 2　指标平均相关系数及权重

指标	1990 年	1994 年	1995 年	1996 年	1997 年	1998 年	1999 年	2000 年	2001 年
水土流失治理率 n_8(%)	45.89	47.15	48.29	48.98	49.06	52.41	52.57	53.98	55.33
污染治理资金 n_9(亿元)	0.14	0.48	0.64	0.76	0.79	0.98	0.58	2.10	3.00
水污染治理达标率 n_{10}(%)	38.8	79.1	36.9	34.8	55.9	74.8	83.8	86.9	
工业废气烟尘达标率 n_{11}(%)	—	90.2	91.7	93.4	91.3	92.6	97.5	98.7	63.8
固体废弃物利用率 n_{12}(%)	—	52.1	60.9	55.6	59.53	64.4	70.6	72.8	79.9

在计算中假设各指标对土地利用可持续的影响呈S形,因此隶属度函数也采用S形,并把曲线转化为折线函数以便计算。

$$f(x)=\begin{cases}1.0 & x \geqslant x_2\\ 0.9(x-x_1)/(x_2-x_1) & x_1 \leqslant x < x_2\\ 0.1 & x < x_1\end{cases}$$

根据各指标的隶属度和权重,计算每年土地的综合指标值:

$$IQI=\sum W_i N_i$$

式中,W_i,N_i 分别代表第 i 指标的隶属度和权重。

3　意义

根据相关分析和模糊数学方法对泰安市土地利用过程进行了评价。研究中选取了自然、环境、社会经济三方面30个指标进行评价,根据各指标相关系数确定指标权重,依据隶属度曲线计算各指标的隶属度。利用各指标的隶属度和权重,采用指数和公式计算各年度的综合指标值,进而评价泰安市土地利用的可持续性,并且利用农业总产值对评价结果进行验证。结果显示,泰安市土地利用的可持续性在1990—2001年间呈上升趋势,说明泰安市土地质量状况在不断地改善。

参考文献

[1]　李新举,赵庚星,刘宁,等. 山东省泰安市土地利用可持续评价方法研究.农业工程学报,2005,21(3):90-93.

驾驶室的声学灵敏度模型

1 背景

有限元分析技术在车辆工程、航空航天、建筑工程等领域应用很广泛，而与有限元分析密切相关的灵敏度分析在结构工程和振动噪声方面的应用也日渐增多。通过对车身的声学灵敏度的研究分析，可以使我们在设计阶段就能准确了解车身结构的声学特性，从而有助于尽早发现和修正潜在的设计问题，进行结构优化和低噪声设计，也可以在已知激励的情况下，对车内噪声进行预估和模拟控制，为实际控制提供依据。左言言和方玉莹[1]通过实验对拖拉机驾驶室模型的声学灵敏度进行了分析。

2 公式

假设驾驶室内的空气是理想的流体介质，而且传播的是小振幅声波，此时驾驶室内的声压满足封闭空腔的声压控制方程 Helmholtz 波动方程：

$$\nabla^2 p + \left(\frac{k}{c}\right)^2 p = 0$$

以及边界条件：

$$\frac{\partial p}{\partial n} = - d\ddot{u}$$

式中，∇^2 为拉普拉斯算子；c 为声速；k 为振动的圆频率；p 为声压；d 为空气密度；u，$\ddot{u}$ 分别为结构表面法向位移和法向加速度。将空腔离散化并用有限单元来表示，可得方程：

$$[M_a]\{\ddot{p}\} + [K_a]\{p\} = - [S]^T\{\ddot{u}\}$$

式中，$[M_a]$，$[K_a]$ 分别为空间的声质量、声刚度矩阵；$[S]$ 为结构-声耦合作用传递矩阵。简谐激励条件下，令 $p = p_0 e^{ik_t}$，$u = u_0 e^{ik_t}$，上式可化为：

$$(-k^2[M_a] + [K_a])\{p\} = k^2 [S]^T\{u\}$$

令 $D_a = (-k^2[M_a] + [K_a])$，则上式化为：

$$D_a\{p\} = k^2 [S]^T\{u\}$$

对于刚性边界，令 $u = \ddot{u}$，可解得刚性壁边界的空腔的声学模态。

物理坐标系下的结构运动微分方程为：

$$[M_s]\{\ddot{u}\} + [C_s]\{\dot{u}\} + [K_s]\{u\} - [S]\{p\} = \{F_s\}$$

式中：$[M_s]$ $[K_s]$ $[C_s]$ 分别为结构的质量、刚度、阻尼矩阵；$[F_s]$ 为作用在结构上的力向量。

考虑到灵敏度分析中的振动是简谐力激励下的受迫振动，令 $u=u_0e^{ikt}$，则有：

$$[D_s]=-k^2[M_s]+i^k[C_s]+[K_s]$$

上式可化为：

$$[D_s]\{u\}=\{F_s\}+[S]\{p\}$$

联立方程便得到声振耦合后的数学模型：

$$\begin{cases}D_a\{p\}=k^2[^S]T\{u\}\\ [D_s]\{u\}=\{F_s\}+[S]\{p\}\end{cases}$$

令 $\{u\}=[h_s]\{V_s\}$，$\{p\}=[h_a]\{V_a\}$，并在方程两边同乘以 $\begin{bmatrix}[h_s]^T & 0\\ 0 & [h_a]^T\end{bmatrix}$，可将上式方程组改写为模态坐标下的声振耦合方程：

$$\begin{bmatrix}\overline{D_s} & -Q^T\\ -k^2Q & \overline{D_a}\end{bmatrix}\begin{Bmatrix}V_s\\ V_a\end{Bmatrix}=\begin{Bmatrix}\overline{F_s}\\ 0\end{Bmatrix}$$

式中 $[\overline{D}_s]=[h_s]^T[D_s][h_s]$，$[\overline{D}_a]=[h_a]^T[D_a][h_a]$，$[\overline{F}_s]=[h_s]^T\{F_s\}$，$[Q]=[h_a]^T[S]^T[h_s]$；$[h_s]$，$[h_a]$ 分别为结构、声学模态振型；$\{V_s\}$，$\{V_a\}$ 分别为结构、声学模态自由度。

由于耦合的结构-声学方程是非对称的，直接求解不便，可有：

$$\{V_a\}=k^2[\overline{D}_a]^{-1}[B]\{V_s\}$$

消去 $\{V_a\}$ 得：

$$([\overline{D}_s]-k^2[Q]^T[\overline{D}_a]^{-1}[Q])\{V_s\}=\{\overline{F}_s\}$$

3 意义

车身的声学灵敏度是指施加于车身的单位力在车内产生的声压，是衡量车辆 NVH 特性的一种很有效的指标。以一拖拉机驾驶室模型为研究对象，建立了驾驶室的声学灵敏度模型，即其声振耦合的有限元分析模型，计算了该驾驶室模型的声学模态和声振耦合模态。并根据声振耦合特性和声学灵敏度分析方法，计算分析了在悬架接触点处施加振动激励引起的驾驶员耳旁的噪声灵敏度。

参考文献

[1] 左言言，方玉莹．拖拉机驾驶室模型的声学灵敏度分析．农业工程学报，2005，21(3)：126-129.

豆芽棚的滑坡公式

1 背景

随着三峡库区城市移民工作的开展,近年来万县市城建布局逐步向高处后移,在滑坡体后缘及中部相继修筑了大量高层建筑和其他城市设施。滑坡前沿的旧城建筑物、公路均处于水库淹没线之下。1992 年 8 月,滑坡后缘楼房、公路出现局部裂缝;当年 9 月,后缘裂缝基本连通,最宽达 2~3 cm,垂直下沉 10~30 cm;前沿也出现鼓丘及鼓张裂缝。局部已挤压剪出,位移量 10~30 cm。此后滑坡位移仍在继续发展。滑坡表面呈阶梯状(图 1)。乔建平[1]利用相关公式对四川省万县市豆芽棚的滑坡进行了分析研究。

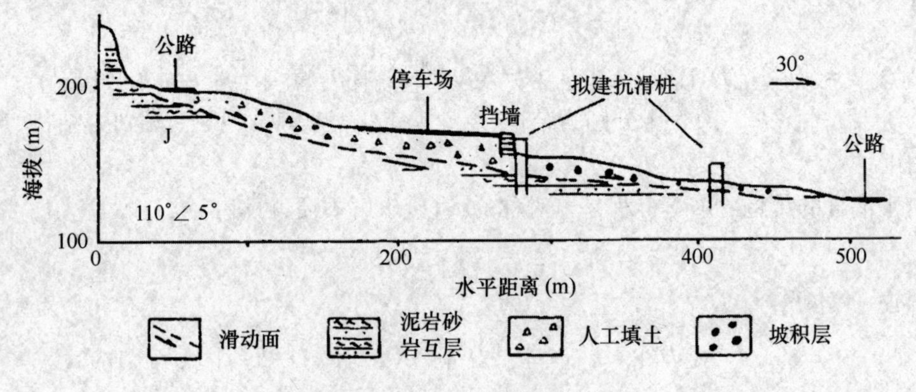

图 1 万县市豆芽棚滑坡纵剖面

2 公式

1992 年 9 月中旬,豆芽棚滑坡后缘变形加剧,拉张裂缝迅速连通,垂直方向和水平方向同时出现位移,之后,滑坡前缘相继出现鼓丘,局部可见剪出口。滑坡右侧商品楼地基也发生塌陷,严重威胁楼房安全。1992 年 9 月至 1993 年 4 月观测资料显示,滑坡主滑方向的位移量总体在增大(图 2),其中 8,9,10 三个观测点的位移量在 1992 年 10 月急速增大,年底又一次陡增,随后变缓,7,11,12 三个观测点的位移量较小,变化较缓。

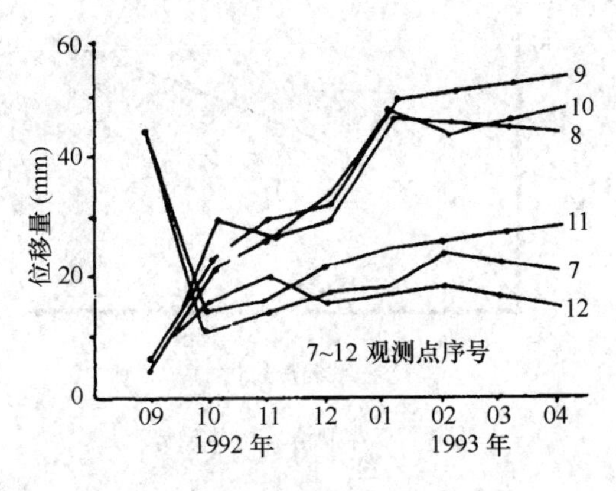

图 2 豆芽棚滑坡位移观测曲线

2.1 位移量的统计处理

为分析滑坡发展趋势，对实测位移量做了如下三种统计。

2.1.1 各观测点平均位移量统计

按月对各观测点实测位移量(见图 2)做出统计平均，即

$$y_i = \frac{1}{n}\sum_{i=7}^{12} m_i \tag{1}$$

式中，y_i 为各观测点平均位移量；u 为观测点统计个数；m_i 为各观测点实测位移量。

2.1.2 各月平均位移量统计

据图 2 所提供的位移量做出各月位移量统计平均(图 3)，即

$$\bar{y} = \frac{1}{n}\sum_{i=7}^{12} y_i \tag{2}$$

式中，$\bar{y}$ 为各月平均位移量。

由此可使各观测点的实测位移量具有对比性，便于滑坡发展趋势分析。

2.1.3 滑坡位移趋势统计

由图 3 可见，曲线基本符合指数函数关系，即

$$\hat{y} = Ae^{m}$$

式中，$\hat{y}$ 为滑坡位移函数；A，B 均为常数，经数学统计得：$A = 14.0$，$B = 0.14$(相关系数 $r = 0.97$)；e 为自然对数的底；t 为位移变量。由此豆芽棚滑坡位移趋势的指数函数关系：

$$\hat{y} = 14.0e^{0.14t} \tag{3}$$

2.2 破坏模型

2.2.1 受力结构模型

为讨论方便，把豆芽棚滑坡主滑方向受力结构模型定为加载前后两种简单理想模型

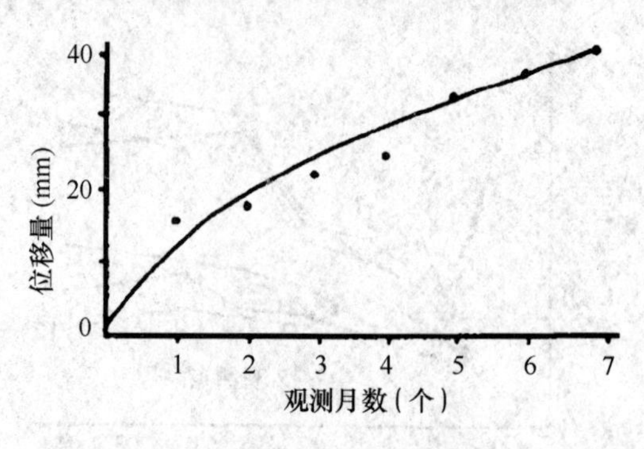

图3　豆芽棚滑坡位移趋势

(图4)。

(1)加载前的斜坡受力结构模型

斜坡失稳前应基本符合:

$$K_1 = R_1(M_1, a_1)/T_1(M'_1, a'_1) \geqslant 1 \tag{4}$$

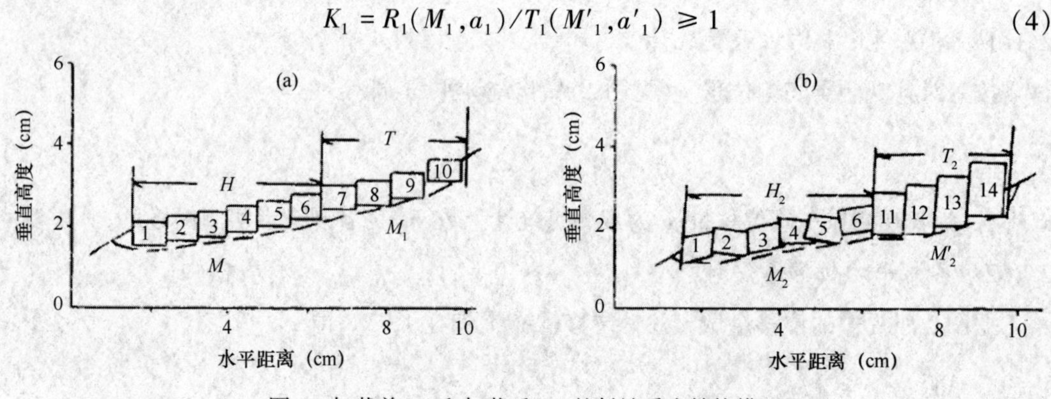

图4　加载前(a)和加载后(b)的斜坡受力结构模型

式中,K_1 为加载前的安全系数;R_1 为加载前的抗滑力;T_1 为加载前的下滑力;$M_1 = \sum_{i=1}^{6} J_{11}$(加载前抗滑段模型块体的体积)为加载前抗滑段体积;a_1 为加载前抗滑段斜坡坡度;$M'_1 = \sum_{i=7}^{10} J'_{11}$(加载前主滑段模型块体的体积)为加载前主滑段体积;a'_1 为加载前主滑段斜坡坡度。满足式(4)应有:

$$R_1 \geqslant T_1 \Rightarrow M_1 \geqslant M'_1, a_1 < a_{ot}, a'_1 < a'_{ot}$$

式中,a_{ot} 为斜坡抗滑段临界角;a'_{ot} 为斜坡主滑段临界角。一般地说,四川红层的 $a_{ot} \leqslant 15.0°$, $a'_{ot} \leqslant 25.0°$。

加载前的斜坡受力结构即

$$M_1 = m_1 + \cdots + m_6 > M'_1 = m_7 + \cdots + m_{10}$$

$$a_1 = 7.0° - 10.0° < a_{ot}, a'_1 = 15.0° - 20.0° < a'_{ot}$$

故斜坡能处于相对稳定状态。

(2)加载后的斜坡受力结构模型

人为加载改变了原始斜坡的受力结构方式。这应基本符合：

$$R_2 = [R_2(M_2, a_2) / T_2(M'_2, a'_2)] < 1 \tag{5}$$

式中，K_2 为加载后的安全系数；R_2 为加载后的抗滑力；T_2 为加载后的下滑力；$M_2 = M_1$（即加载对抗滑段无影响，$J'_2 = J'_1, a_2 = a_1$）；$M'_2 = \sum J'_2$（加载后主滑段模型块体的体积）为加载后主滑段体积；a'_2 为加载后主滑段斜坡坡度。满足式(5)应有：

$$R_2 < T_2 \Rightarrow M_2 < M'_2, a_2 > a_{ok}, a'_2 > a'_{ok}$$

加载后的斜坡受力结构即

$$M_2 = M_1 < M'_2 = m_7 + \cdots + m_{14}$$

$$a_2 = 10.0° - 15.0° \geqslant a_{ot}, a'_2 = 25.0° - 30.0° \geqslant a'_{ot}$$

由此可见，斜坡的自重和坡度都在改变，便产生主滑动。

2.2.2 坡形变化模型

不稳定斜坡的坡形（滑坡有效临空面）由坡度及相对高度所决定，其中坡度是判别滑坡发生可能性的重要依据。由此根据图4做相似坡形曲线（图5），并分别计算出斜坡加载前后稳定状态和不稳定状态的坡度，以分析斜坡破坏的坡形特点。

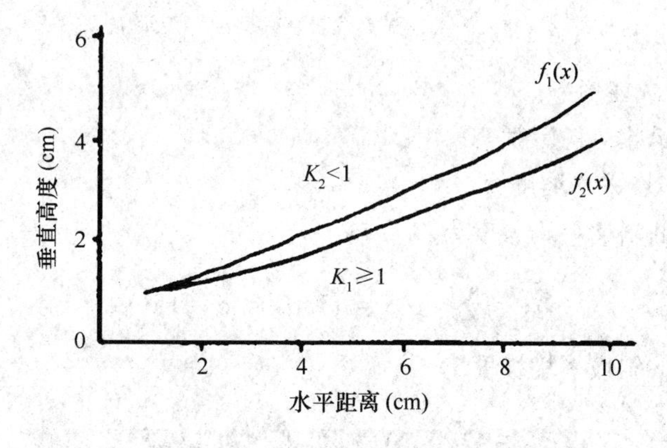

图5 加载前后的豆芽棚滑坡相似坡形曲线

由图5可见，相似坡形曲线的函数方程如下。

加载前：
$$f_1(x) = a^{(x/b)} \tag{6}$$

加载后：
$$f_2(x) = a^{(x/c)} \tag{7}$$

相似坡形曲线上每一点的斜率即为斜坡上每一点的坡度。

加载前的斜坡坡度：

$$a_1 = \tan_1^{-1}[f'_1(x)] = \tan_1^{-1}[a^{(x/b)}\text{In}a^{(1/b)}] \quad (8)$$

加载后的斜坡坡度：

$$a_2 = \tan_2^{-1}[f'_2(x)] = \tan_2^{-1}[a^{(x/c)}\text{In}a^{(1/c)}] \quad (9)$$

式中，a，b，c 分别为计算常数2,5,4。用式(8)和式(9)，按斜坡模型块体顺序，分别计算出加载前后的斜坡坡度(表1)，据此再计算出加载前后的斜坡平均坡度。

表1　加载前后的斜坡坡度

斜坡模型块体序号	抗滑段						主滑段			
	1	2	3	4	5	6	7	8	9	10
a_1(°)	8.4	9.7	11.1	12.7	14.5	16.6	18.9	21.3	24.3	27.4
斜坡模型块体序号	1	2	3	4	5	6	11	12	13	14
a_2(°)	11.0	13.0	15.9	18.7	22.0	25.6	29.0	34.0	38.0	43.0

(1)加载前的斜坡平均坡度

加载前抗滑段的斜坡平均坡度为：

$$\bar{a}_1 = \sum_{i=1}^{6} a_1/N = 12.1^0 < a_{ok}(15^0)$$

加载前主滑段的斜坡平均坡度为：

$$\bar{a}'_1 = \sum_{i=7}^{10} a_1/N = 22.9^0 < a'_{ok}(25^0)$$

式中，N 为斜坡模型块体个数。

这表明斜坡处于相对稳定状态。

(2)加载后的斜坡平均坡度

加载后抗滑段的斜坡平均坡度为：

$$\bar{a}_2 = \sum_{i=1}^{6} a_2/N = 17.0^0 < a_{ok}(15^0)$$

加载后主滑段的斜坡平均坡度为

$$\bar{a}'_2 = \sum_{i=11}^{16} a_2/N = 36.0^0 < a'_{ok}(25^0)$$

这表明斜坡不稳定。

3　意义

根据相关公式分析，可知豆芽棚滑坡体长500 m，宽150 m，平均厚10~15 m，体积100×10^4 m^3，主滑方向30°，滑坡前缘海拔150 m，后缘海拔200 m。因此，当斜坡已具备滑坡组成物质、滑动结构条件时，斜坡有效临空面的变化对斜坡破坏作用十分显著，尤其是斜坡坡形在人为改造下(如加载、开挖等),变化显著,产生破坏的几率就增大。对豆芽棚滑坡的防治宜减载、布设抗滑桩,对遭破坏的建筑需采取局部加固措施(如护挡、锚固等),并辅以必要的排水工程。

参考文献

[1] 乔建平. 四川省万县市豆芽棚滑坡. 山地学报,1994,12(4):213-218.

风雪流的运动阻力公式

1 背景

我国境内的天山是东西向,横亘于新疆维吾尔自治区(简称新疆)中部,天山西部山势由东向西递降,从北至南山脉盆地相间,谷地向西开口,利于西来气流入侵。国道干线伊(宁)若(羌)公路艾肯达坂路段(长 23 km),是连接伊犁哈萨克自治州和巴音郭楞蒙古自治州以至南疆地区的公路交通咽喉。1980 年以前,该路段公路因冬半年吹雪堆积深厚而难以通车;每逢冬半年,伊犁州往南的汽车需绕道 807 km,经乌鲁木齐、库尔勒抵若羌。由上可见,艾肯达坂的公路路面雪阻严重影响着公路畅通,亟待解决防雪工程措施。王中隆[1]对中国天山艾肯达坂透风式下导风防雪工程进行了相关研究。

2 公式

下垫面性质是风雪流运动的转换条件,而风雪流场结构直接影响着雪粒的运行、吹蚀和堆积。若风雪流吹经起伏大的地面或障碍物,不仅有摩擦阻力,而且更主要的是由于地貌与地物的局部变化,而使贴地气层运动的气流发生滞止、回流,并与地表分离,形成涡旋阻力。其比摩擦阻力大得多,从而气流速度锐减,使大量雪粒堆积[2]。

涡旋阻力和摩擦阻力所损失的能量可表示为:

$$P_b = (C_p/2)A\rho V_0^2 S \tag{1}$$

式中,C_p 为地表阻力系数;A 是地表的特征面积;p 是气流密度;V_0 为地表气流速度;S 是雪粒沿阻力方向的迁移距离。

用式(1)计算结果表明,在雪源、风向等相近的条件下,地貌形态和道路路基断面类型的剧变及气流速度越大,吹雪堆积就越多。

背风半路堑密闭式下导风工程设置后,改变了道路的风雪流场性质,使流场成为一种近于平板(垂直气流)的绕流结构(图 1)。

由同段的背风半路堑两种下导风试验工程(见图 1 和图 2)中可见,两者的导板前后虽都出现了 5 个重新组合的风速区,但大小和强弱却有所不同。由于部分气流穿过透风式下导风的导板,致使透风式下导风后方中部涡旋减速区的范围有所减小,沉降雪粒较少。

在迎风半路堑上,透风式下导风各处的风速分别大于密闭式下导风相应各处的风速

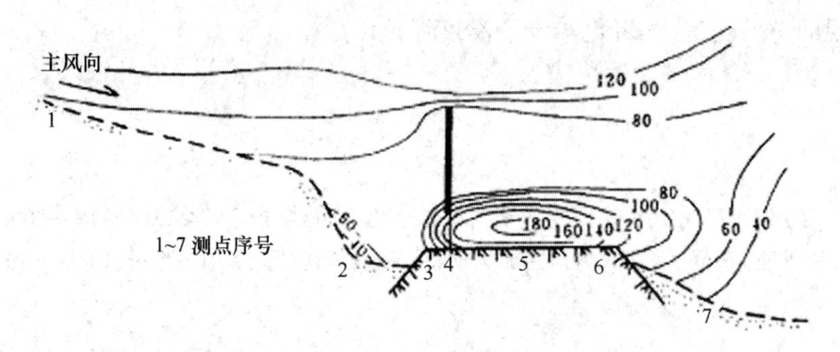

图 1　背风半路堑直立型密闭式下导风风速百分比等值线

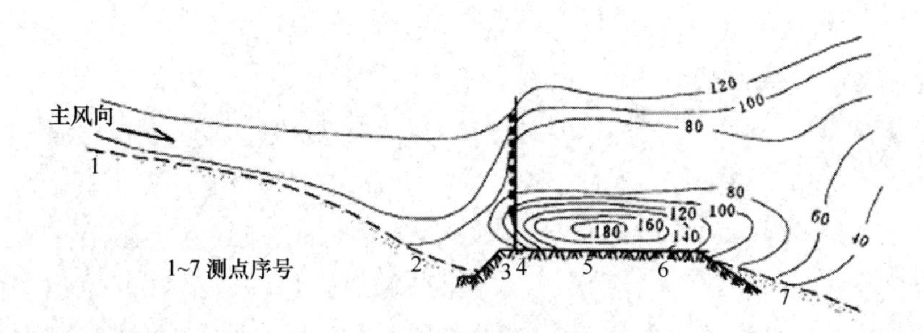

图 2　背风半路堑直立型透风式下导风(导板透风度 35%)风速百分比等值线

(表 1),前者的气流吹刮宽度增宽大于 2.0 m。

表 1　迎风半路堑直立型密闭式下导风和透风式下导风的贴地气层风速　　单位:m/s

贴地面高度(m)	密闭式下导风				透风地下导风			
	路肩	路中	路边	坡脚	路肩	路中	路边	坡脚
0.10	3.4	7.8	8.2	4.8	3.8	8.7	9.1	5.4
0.20	3.5	8.0	8.5	5.2	4.0	9.2	9.6	6.0
0.50	3.7	8.4	8.9	5.5	4.3	9.6	10.1	6.4

3　意义

根据艾肯达坂风雪流形成条件,提出了贴地气层分离是公路吹雪堆积的机理。通过对密闭式下导风能量转换和流场结构的剖析,创造了透风式下导风防雪工程。一个较大防灾工程在 10 年后计算其效益是比较可靠合理的,为此 1992 年新疆交通厅公路管理局及其下属的计财科做过效益计算。表明艾肯达坂透风式下导风等防雪工程建成后,冬半年艾肯达坂路段汽车可畅通无阻;10 年共节省运输费用 4.79 亿元,取得了巨大的经济效益和社会效益,前往参观的中外名家、学者也给予了高度评价。

参考文献

[1] 王中隆. 中国天山艾肯达坂透风式下导风防雪工程. 山地学报,1994,12(4):193-200.

[2] 王中隆,白重理,陈元. 天山地区风雪流运动特征及其翻防研究. 地理学报,1982,37(1):51-64.

泥石流的预测模型

1 背景

松散固体物质的聚集是形成泥石流的必要前提,已有用固体物质聚集量进行暴雨泥石流短期预报的经验[1]。松散固体物质中可能参与泥石流形成的那部分储量,即松散固体物质动储量是评判泥石流活动的一个主要因素。另一方面,浆体容重的大小又与径流量有关。蒋忠信[2]采用GM(1,3)灰色系统模型预测泥石流沟松散固体物质动储量的变化,同时探讨人类活动对预测值的影响,进而对泥石流形成中人为作用进行了定量分析,以期为泥石流发展趋势的预测提供依据。

2 公式

泥石流沟谷纵剖面形态可综合表征流域诸种地形要素,并可用纵剖面形态方程 $h/h_0 = (l/L)^N$ 的幂 N 来定量表示,称 N 为沟谷纵剖面形态指数[3]。流域植被覆盖状态可用林地面积比例(林地率) F 表示。据此,松散固体物质动储量 Q 的变化既与沟谷纵剖面形态指数 N、林地率 F 有关,也与自身过去的基数有关。鉴于 Q,N,F 三项参数的变化均具有某种不确定性,可视为灰色元素。因此当这些参数都有 4 个以上时期的资料时,就可采用 GM(1,3)灰色系统模型定量预测 Q 值的变化。

GM(1,3)是灰色状态模型,反映 2 个变量对因变量一阶导数的影响,称为 3 个序列的一阶线性动态模型[2],其建模步骤为:

设变量 Q,N,F 组成的原始数列 $X_i^{[0]}$ 为:

$$Q^{(0)} = [Q^{(0)}(1), Q^{(0)}(2), \cdots, Q^{(0)}(n)],$$

$$N^{(0)} = [N^{(0)}(1), N^{(0)}(2), \cdots, N^{(0)}(n)]$$

$$F^{(0)} = [F^{(0)}(1), F^{(0)}(2), \cdots, F^{(0)}(n)]$$

对 $X_i^{[0]}$ 分别做一次累加生成,得新的数列:

$$Q^{(1)} = [Q^{(1)}(1), Q^{(1)}(2), \cdots, Q^{(1)}(n)],$$

$$N^{(1)} = [N^{(1)}(1), N^{(1)}(2), \cdots, N^{(1)}(n)]$$

$$F^{(1)} = [F^{(1)}(1), F^{(1)}(2), \cdots, F^{(1)}(n)]$$

建立微分方程为:

$$dQ^{(1)}/dt + a_1Q^{(1)} = b_1N^{(1)} + b_2F^{(1)}$$

系数向量 $\hat{a} = [a_1, b_1, b_2]^T$,用最小二乘法求解:

$$\hat{a} = (B^TB)^{-1}B^TY$$

式中,B 为累加矩阵,Y 为常数项向量,分别为:

$$B = \begin{bmatrix} -1/2[Q^{(1)}(1) + Q^{(1)}(2)] & N^{(1)}(2) & F^{(1)}(2) \\ -1/2[Q^{(1)}(2) + Q^{(1)}(3)] & N^{(1)}(3) & F^{(1)}(3) \\ \cdots & \cdots & \cdots \\ -1/2[Q^{(1)}(n-1) + Q^{(1)}(n)] & N^{(1)}(n) & F^{(1)}(n) \end{bmatrix}$$

$$Y = [Q^{(0)}(2), Q^{(0)}(3), \cdots, Q^{(0)}(n)]^T$$

求得微分方程的解为:

$$\hat{Q}^{(1)}(t+1) = \left[Q^{(0)}(1) - \frac{b_1}{a_1}N^{(1)}(t+1) - \frac{b_2}{a_1}F^{(1)}(t+1)\right] \cdot e^{-a_1 t} + \frac{b_1}{a_1}N^{(1)}(t+1) + \frac{b_2}{a_1}F^{(1)}(t+1) \tag{1}$$

式中,$Q^{(0)}(0)$ 取为 $Q^{(0)}(1)$。

累减还原式为:

$$Q^{(0)}(t+1) = a^{(1)}\hat{Q}(t+1) = \hat{Q}^{(1)}(t+1) - \hat{Q}^{(1)}(t) \tag{2}$$

据式(2)进行预测。

2.1 垦荒开渠增加松散固体物质动储量 Q_3

农村人口膨胀,导致陡坡垦殖、引水开渠和兴修道路等活动日盛,引起沟坡失稳,滑坡复活,为泥石流提供了固体物质储备。

表 1 段家河流域的采煤规模与弃渣数量

时段	年度(a)	实际采煤量(10^4 t)		预测采煤量(10^4 t)		累计采煤总量(10^4 t)	累计弃渣总量(10^4 m^3)
		全时段	年均	全时段	年均		
1971 年	1	2	2			2	0.08
1972—1978 年	7	49	7			51	2.10
1979—1983 年	5	60	12			111	4.57
1984—1989 年	6	84	14			195	8.03
1990—1991 年	2	48	24			243	10.00
1992—1997 年	6			186.00	30.80	429	17.66
1998—2003 年	6			222.70	37.10	652	26.85
2004 年	1			38.50	38.50	690	28.41
2005—2014 年	10			352.80	35.30	1 043	42.95

续表

时段	年度(a)	实际采煤量(10^4 t)		预测采煤量(10^4 t)		累计采煤	累计弃碴
		全时段	年均	全时段	年均	总量(10^4 t)	总量(10^4 m^3)
2015—2024 年	10			216.10	21.60	1 259	51.84
2025—2042 年	18			102.10	5.70	1 361	56.01
2043 年	1			0.98	0.98	1 362	56.08
平均	73					18.66	0.77

成昆铁路的列古洛多沟、耳足沟、拉白依达沟的泥石流,系村民在滑坡体上开渠、种稻导致滑坡蠕动复活所致。凉红至甘洛一带,盛行陡坡垦殖,造成山坡坡面泥石流的频率、规模有增无减。垦荒开渠导致坡土失稳和滑坡复活的数量即为松散固体物质增量 Q_3。

上述人类活动所致松散固体物质增量自然也是时间的函数,故 Q 值预测式应修正为:

$$\hat{Q}^{(0)}(t+1)=\hat{Q}^{(1)}(t+1)-\hat{Q}^{(1)}(t)+Q_1(t+1)+Q_1(t+1)+Q_3(t+1) \qquad (3)$$

2.2 泥石流形成中人为作用的定量分析

应用樊胜岳和徐建华近年提出的人文作用定量分析方法[4],依据松散固体物质动储量及其主要影响因素随时间的变化资料,可以定量估算人为活动在泥石流形成中作用强度的比例。对铁路沿线的泥石流沟,对通车前、后的泥石流强度进行对比,可评价兴建铁路后人为活动增大的程度,为泥石流的预测与防治提示方向。

流域地貌系统是内、外营力过程和人为作用过程共存的开放系统。在内营力相对稳定的时期内,松散固体物质主要通过外营力过程和人文作用而形成。用 Q 代表松散固体物质动储量,M 代表人文作用强度,$X_i(i=1,2,\cdots,n)$ 代表不同的自然要素的投入,C 代表区域特征值,则松散固体物质形成过程的通用函数为:

$$Q=CMf(x_1,x_2,\cdots,x_n) \qquad (4)$$

式中,M,x_i 是时间 t 的函数;C 为常数。

如前所述,地形和植被是影响松散固体物质数量变化的主要变量。代表地形因素的沟谷纵剖面形态指数 N 值与流域稳定性的关系是回归的,宜将 N 值还原为流域系统的超熵 $\delta_x P$。$\delta_x P$ 与流域稳定性的关系是线性的,负向的。即 $\delta_x P$ 值愈小,流域系统愈不稳定。林地面积 F 对 Q 值的影响也是负向的。即 F 愈大,愈不利于松散物质的形成。据此,可得出 Q 值增长速度方程为:

$$\frac{\mathrm{d}Q}{\mathrm{d}t}/Q=C\left(\frac{\mathrm{d}M}{\mathrm{d}t}/M+a_1\frac{\mathrm{d}\delta_x P}{\mathrm{d}t}/\delta_x P+a_1\frac{\mathrm{d}F}{\mathrm{d}t}/F\right) \qquad (5)$$

式中,右端括号内的第一项为人文作用的变化率,$a_i(i=1,2)$ 为产出弹性系数。在时间间隔 Δt 较小,且各项的 Δt 取相同的时间间隔时,上式可近似为如下差分方程:

$$\frac{\Delta Q}{Q} = C\left(\frac{\Delta M}{M} + a_1 \frac{\Delta\delta_x P}{\delta_x P} + a_1 \frac{\Delta F}{F}\right) \tag{6}$$

估算出区域特征值 c 和参数 a_1,可算出人文作用的变化速度 $\Delta M/M$:

$$\frac{\Delta M}{M} = \frac{\Delta Q}{Q} - a_1 \frac{\Delta\delta_x P}{\delta_x P} - a_1 \frac{\Delta F}{F} \tag{7}$$

人为作用在松散固体物质形成中的贡献率 K_i 为:

$$K_1 = \left(\frac{\Delta M}{M} \div \frac{\Delta Q}{Q}\right) \times 100\% \tag{8}$$

自然要素对 Q 值的贡献率 K_2 为:

$$K_2 = 100 - K_1 \tag{9}$$

其中产出弹性系数的计算采用弧弹性公式:

$$a_1 = \left|\frac{\Delta Q}{\Delta x_i} \cdot \frac{x_{i1} + x_{i2}}{Q_1 + Q_2}\right| \quad (i = 1,2) \tag{10}$$

以利子依达沟为例,定量分析人为活动对1981年7月9日泥石流的作用(表2)。

表2　利子依达沟的 $Q,\delta_x P,F$ 值

研究时段	松散固体物质储量 $Q(10^4\ m^3)$	沟谷纵剖面形态指数 N	流域系数超熵 $\delta_x P$	林地面积 $F(km^2)$
t_1(1965年)	1 639.7	1.78	−0.131 3	17.89
t_2(1965年)	1 929.9	1.93	−0.059 7	16.34
Δx_i	290.2	0.15	0.071 6	−1.55
$\sum x_i$	3 569.6	3.71	−0.191 0	34.23
变化率($\Delta x_i/x_i$)(%)	17.7	8.43	54.550 0	−8.66

据式(10)计算 a_i ,因为 $\delta_x P$ 和 F 对 Q 的影响是负向的,取 a_i 的符号为负,有:

$$a_1 = -\left|\frac{290.2}{0.0716} \times \frac{-0.1910}{3569.0}\right| = -0.2169$$

$$a_2 = -\left|\frac{290.2}{-1.55} \times \frac{34.23}{3569.6}\right| = -1.7954 \tag{11}$$

据式(7),考虑水文地质条件等其他自然要素也对 Q 值变化有影响,估算 C 值为1.5,则人文作用变化速度为:

$$\frac{\Delta M}{M} = \frac{17.7}{1.5} - (-0.2169) \times 54.55 - (-1.7954) \times (-8.66) = 8.084 \tag{12}$$

据式(8),人文作用对 Q 值的贡献率为:

$$K_1 = 8.084 \div 17.70 = 45.67\% \tag{13}$$

实际上,植被破坏也是人为活动的恶果。因此人为作用的贡献率远大于50%。1981年利子依达泥石流主要是人为活动破坏环境的结果所至。

3 意义

根据公式的计算分析,可得出预测松散固体物质储量变化的 GM(1,3)灰色系统模型,为泥石流灾害预测提供了一种模式,可供试用。松散固体物质是形成泥石流的物质基础,松散固体物质动储量是评判泥石流活动的主要指标之一。采用 GM(1,3)灰色系统模型预测泥石流沟松散固体物质动储量的变化,同时探讨人类活动对预测值的影响,进而对泥石流形成中人为作用进行了定量分析,以期为泥石流发展趋势的预测提供依据。该模型适用于较长地震间歇期。此外,建模数据的获取是应用模型的关键。人为活动对松散固体物质数量的影响,主要处于定性探讨阶段,有待进一步定量化。铁路运营期在百年以上,要利用现有短系列资料对长系列进行预测颇感勉强,预测的可信度有待提高。

参考文献

[1] 钟敦伦,谢洪,王爱英. 四川境内成昆铁路泥石流预测预报参数,山地研究,1990,8(2):82-88.

[2] 蒋忠信. 泥石流固体物质储量变化的定量预测. 山地学报,1994,12(3):155-162.

[3] 邓聚龙. 灰色系统. 北京. 国防工业出版社,1985. 23-42.

[4] 樊胜岳,徐建华. 水土流失和沙淇化系统中人文作用定 t 分析的通用数学模型初探,地理科学,1992,12(4):305-312.

泥石流危险度的区划模型

1 背景

区划通常分为区域区划和类型区划。区域区划注重综合性,区域体系严密,在整体上强调的是区域分异的原因,并注意到结果;类型区划注重相对一致性和综合性,分级体系严密,对在整体上注意区域分异的原因,而更强调的是结果。根据现实需要,对长江上游泥石流危险度采用的是类型区划。其把泥石流发生发展的环境条件、泥石流表征状况及泥石流危害程度均相对一致的区域,划入同一级类型区,以便提出泥石流防治方案,促进山区经济建设。欲使泥石流危险度区划(含方案和分区)符合或基本符合客观现实,就必须遵循严格的区划原则和区划指标,钟敦伦等[1]对此做了详细的阐述。

2 公式

因素分析法[2,3]

设来自某个总体的样本个数 N,每个样本测得的指标个数 P,则共有数据个数 $N \times P$ 。一般说来,P 个指标间会相互影响,而关系非常复杂,难以根据某一个指标或某几个指标确定样本综合指标的贡献。用因素分析法可建立一个较合理的数学模型,据此对样本做出综合评价。

以 N 个样本的每个指标所测得的数据为列,以每个样本的 P 个指标所测得的数据为行,则原始矩阵为:

$$A = \begin{bmatrix} a_{11} & a_{12} & \cdots & a_{1p} \\ a_{21} & a_{22} & \cdots & a_{2p} \\ \cdots & \cdots & \cdots & \cdots \\ a_{N1} & a_{N2} & \cdots & a_{Np} \end{bmatrix} \tag{1}$$

为消除量纲差别,对原始矩阵中的数据实行标准化处理,使指标间具有可比性,即

$$x_{ij} = (a_{ij} - \bar{a}_j)/s_j, (i = 1,2,\cdots,N; j = 1,2,\cdots,p) \tag{2}$$

式中,$a_j = \sum_{i=1}^{N} a_{ij}/N$, $s_j = \sum_{i=1}^{N} (a_{ij} - \bar{a}_j)^2$。

据此得标准矩阵:

$$X=\begin{bmatrix} x_{11} & x_{12} & \cdots & x_{1p} \\ x_{21} & x_{22} & \cdots & x_{2p} \\ \cdots & \cdots & \cdots & \cdots \\ x_{N1} & x_{N2} & \cdots & x_{Np} \end{bmatrix} \tag{3}$$

记 X 的相关矩阵为 R,则有:

$$R=\begin{bmatrix} r_{11} & r_{12} & \cdots & r_{1P} \\ r_{21} & r_{22} & \cdots & r_{2P} \\ \cdots & \cdots & \cdots & \cdots \\ r_{P1} & r_{P2} & \cdots & r_{PP} \end{bmatrix} \tag{4}$$

其中,

$$r_{ij}=\sum_{i=1}^{y}(x_{ki}-\bar{x}_1)/\sqrt{\sum_{i=1}^{N}(x_{ki}-\bar{x}_1)^2\sum_{k=1}^{N}(x_{ki}-\bar{x}_1)^2}$$

$$(k=1,2,\cdots,N;\quad i,j=1,2,\cdots,P) \tag{5}$$

因为 R 是对称非负定的,故 R 的特征值非负,设 R 的特征值从大到小排列为:

$$\lambda_1>\lambda_2>\cdots>\lambda_P$$

相应的特征向量为:

$$l_i=(l_{i1},l_{i2},l_{iP})\qquad(i=1,2,\cdots,P) \tag{6}$$

设 p 维指标向量为:

$$x_i=(x_{i1},x_{i2},x_{iP})\qquad(i=1,2,\cdots,P) \tag{7}$$

用 R 的特征向量可得 $x_{i1},x_{i2},\cdots,x_{iP}$ 的一组线性组合函数:

$$\begin{cases} y_{i1}=l_{11}x_{ik}+l_{12}x_{i2}+\cdots+l_{1P}x_{iP} \\ y_{i2}=l_{21}x_{ik}+l_{22}x_{i2}+\cdots+l_{2P}x_{iP} \qquad (i=1,2,\cdots,N) \\ \cdots \\ y_{iP}=l_{P1}x_{ik}+l_{P2}x_{i2}+\cdots+l_{PP}x_{iP} \end{cases} \tag{8}$$

因为 R 的特征值反映了指标的方差大小,而指标方差的大小是反映指标变化的,它越大,这表明概括指标 $x_{i1},x_{i2},\cdots,x_{iP}$ 的能力越强。显然有线性组合函数:

$$y_{i1}=l_{11}x_{ik}+l_{12}x_{i2}+\cdots+l_{1P}x_{iP} \tag{9}$$

此函数概括各信息的能力最强。式(9)就是要建立的综合评价数学模型。y_{i1} 即是样本的综合评价值。

3 意义

长江上游泥石流危险度区划属类型区划,其遵循的是相对一致性,定性指标与定量指标相结合,主导因素以及综合分析的自然指标和经济指标,对环境条件和经济条件分别做了因素分析和相关分析,以进行泥石流危险度区划。经济发展程度指标既能衡量泥石流可能给当地造成的经济损失,又能衡量当地有无经济实力对泥石流采取防治措施。对此进行因素分析后,求出统计单元内的经济发展程度综合评价值,其即为泥石流危险度区划的经济发展程度综合评价值。有了上述原则和指标后,便可进行泥石流危险度区划。

参考文献

[1] 钟敦伦,韦方强,谢洪. 长江上游泥石流危险度区划的原则与指标. 山地学报,1994,12(2):78-83.
[2] 林柄姐. 计量地理学概论. 北京:高等教育出版社,1985. 79-102.
[3] 陈善本,徐国祥. 因素分析的理论和方法. 北京:中国统计出版社,1990. 263-276.

泥石流暴发的规模模型

1 背景

自组织临界理论是一个有趣且影响较大的理论。该理论认为,由大量相互作用的成分组成的系统会自然地向自组织临界态发展;当系统达到自组织临界态时,即使小的干扰事件也可引起系统发生一系列灾变。泥石流暴发过程即松散堆积物的起动过程,是相互作用、相互约束、相互反馈的非线性过程,其动力系统的描述应是非线性方程。处于临界状态时,外界的细微扰动,诸如降水等将被放大而导致规模不等的泥石流暴发。罗德军等[1]对泥石流暴发的自组织临界现象进行了探讨。非线性是泥石流暴发表现出来的复杂性的本质。泥石流作为典型的地表现象,实质上是一种耗散动力学系统[2],因此,可用非线性动力学的观点、方法对泥石流的暴发加以探讨。

2 公式

设泥石流暴发规模是离散变量 Q_a(取泥石流流量),Q 有以 $P_1, P_2, \cdots, P_a$ 为概率的可能值 $Q_1, Q_2, \cdots, Q_a$,在给定时间内,可求出数学期望值:

$$X(Q) = (Q_1P_1 + Q_1P + \cdots + Q_1P_a)/(P_1 + P_2 + \cdots + P_a) \tag{1}$$

约定 $\sum_{i=1}^{n} P_i = 1$,则式(1)简化为:

$$X(Q) = \sum_{i=1}^{n} Q_iP_i \tag{2}$$

为进一步讨论泥石流的自组织临界状态,设时间进程以 a(年)为尺度,采样间隔 Δt 为 d(天),用式(2)分别求出两者的数学期望 $F(Q)$ 和 $f(Q)$。将后者与前者的比值定义为泥石流暴发状态 $\xi_i(t)$,即

$$\xi_i(t) = f_i(Q)/F(Q) \tag{3}$$

$i = 0, 1, 2, \cdots, n$,由此可以得到一系列 $\xi_i(t)$ 值,这刻画了泥石流暴发在每个时段内规模、能量的不均匀程度。

由式(3)得一系列离散时间序列 $\xi_0, \xi_1, \cdots, \xi_n$,对此做离散富氏变换,得:

$$U(f_m) = \Delta t \sum_{k=0}^{n} W_K \xi_K e^{-2mf_m} \tag{4}$$

式中，$f_m = m/n\Delta t$；$m = 0,1,\cdots,n/2$；W_K 为时间窗，取 1 对式(4) 平均后，得：

$$P(f_m) = 3\Delta t/|U(f_m)|^2 \tag{5}$$

式(5)即离散时间序列的功率谱。周期函数的功率谱是一条离散谱线，非周期函数的功率谱是连续的。下面将证明，泥石流暴发的功率谱曲线具有 $1/f$ 噪声性质，也是连续的。

处于自组织临界状态的系统中，功率谱曲线具有 $1/f$ 噪声的性质，即规模与频率间满足幂律关系。约翰逊(Johnson)等提出过泥石流暴发的规模与等级间存在着一定的幂律关系，但没有加以证明。现据云南东川蒋家沟泥石流观测研究站公布的 1982—1985 年 40 次泥石流记录数据[3]，拟合得出泥石流暴发频率 N(规模 Q 的泥石流暴发次数)与规模 Q 间的关系为：

$$\lg(N) = 8.6 - 1.05\lg Q \tag{6}$$

$$N(Q) \propto Q^b, b = 1.05 \tag{7}$$

这证明泥石流暴发规模与频率间满足幂律关系，即泥石流暴发的功率谱曲线具有 $1/f$ 噪声性质。

20 世纪 40 年代，苏联学者也曾总结出洪水暴发频率 N 与洪水量 Q 间的关系满足：

$$\lg N = a - b\lg Q \tag{8}$$

地震震级对与发生频率 N 间的关系满足：

$$\lg N = a - b\lg M \tag{9}$$

这就是著名的古登堡(Gutenberg)—里克特(Rchter)公式，也称 G—R 公式。

式(7)~式(9)在形式上的相似绝非偶然。半个多世纪里，人们对 G—R 公式的意义一直没能讲得清楚。只是 20 世纪 80 年代末才有人用自组织临界性概念来解释这种幂律分布，并认为这是自组织临界性的数学表征。

自组织临界现象是一种弱混沌现象。弱混沌现象与完全混沌现象有显著区别：弱混沌系统行为的不确定性随时间推移而增长，但增长速度比混沌系统的增长速度慢得多，是呈幂律而不是如完全混沌那样呈指数规律增长，系统是在混沌边缘上演化；完全混沌系统的特征是存在一个时间尺度，超过这个尺度就难于预测。弱混沌系统不存在这样的时间尺度，因而可进行长期预测或预报。弱混沌系统的事件间在时间上是长程相关，即具有“记忆”能力。

经过某一时段 t 后，就可记录到一地泥石流暴发的时间序列。若在$(n)t$ 次泥石流中，最大的一次泥石流流量记作 $Q_{\max}$，则：

$$n(t)\int_{Q_{\max}}^{\infty} N(Q')\,dQ' = 1 \tag{10}$$

角标“′”表示已对式(7)做了归一化，即

$$\int_0^{\infty} N(Q')\,dQ' = 1 \tag{11}$$

由式(7)和式(10)可得：

$$Q_{\max} \propto n(t)^{1/(b-1)} \tag{12}$$

即通过对泥石流暴发频率的记载,可推算出某一时段内的泥石流可能暴发的最大规模。为此定义:

$$[Q](t) = \int_{Q_{\min}}^{Q_{\max}} QN(Q)\mathrm{d}Q \tag{13}$$

$$J(t) \propto [n(t)/t][Q](t) \tag{14}$$

式中,$Q_{\min}$ 是最小的一次泥石流流量;$[Q](t)$是时段 t 内的泥石流平均规模;$J(t)$是单位时间内的泥石流暴发规模,即耗散速率。泥石流的松散堆积物产生量、排放量受诸多因素影响,各个因素在短时间内变化很大,但在长时间内各个因素各自的作用却是均匀的、相同的。因此在长时段内,从平均角度看,可认为松散堆积物产生量随时间推移而均匀增加,单位时间内松散堆积物产生量是常量。从系统组元的数目总是守恒这个意义上说,在某一时段内松散堆积物产生量等于耗散量。耗散速率等于产生速率,$J(t)$是常量,即

$$J(t) \propto 常量 \tag{15}$$

由式(12)~式(14)得:

$$Q_{\max} \propto t \tag{16}$$

式(16)表明,泥石流暴发规模与暴发此等规模的两次泥石流间的时段 t 成正比,即规模与频率成反比。由已知的高频($1/t_1$)小规模泥石流 Q_1 可以推知低频($1/t_2$)大规模泥石流 Q_2 的暴发规律:

$$t_1/t_2 = Q_1/Q_2 \tag{17}$$

实际的山坡坡体范围总是有限的,泥石流规模受坡体松散堆积物产生量的影响,存在因有限尺度引起的截至范围,式(16)和式(17)只能在一定尺度范围内成立。

由式(9)还可得到:某一时段 t 内规模大于 $Q \propto t$ 的泥石流暴发概率为:

$$P(t,Q) \propto \exp\left[-n(t)\int_0^{\infty} N(Q)\mathrm{d}Q'\right] \propto \exp[-n(t)Q^{-(b-1)}] \tag{18}$$

暴发了规模 $Q \propto t$ 的泥石流后,又经历了一个时段 t,尚未暴发规模 $Q \propto t$ 的泥石流;于是在 $t + \mathrm{d}t$ 时段内,规模 $Q \propto t$ 的泥石流暴发概率为:

$$P(t) \propto P(t,Q)\int_0^{\infty} [N(Q)\mathrm{d}Q']\mathrm{d}n(t)/\mathrm{d}t \propto t^{-1} \tag{19}$$

若做标度代换 $t \to \lambda t, \mathrm{d}t \to \lambda \mathrm{d}t$,则式(19)具有标度不变性,这正体现了系统的 $1/f$ 噪声的时间特征。

3 意义

根据公式的分析,可以清楚地看出自组织临界现象。初始不确定性随时间推移不是呈指数增长,而是呈幂律增长。这种在混沌边缘上演化的行为称为弱混沌,也就是自组织临

界状态。在泥石流的形成区松散堆积物组元间的非线性作用,使系统自然地朝着临界状态演化,这种耗散动力学系统的行为特征,用自组织临界状态的概念能加以解释。泥石流规模与频率间呈幂律关系,它是自组织临界状态系统的行为标志,证明了泥石流暴发的自组织临界性。泥石流暴发的自组织临界性,暴发的规模和频率间的关系,可作为对泥石流暴发的定性预测。这一结果已作为铁路泥石流防治工程可靠性设计的极限状态的根据。

参考文献

[1] 罗德军,艾南山,李后强. 泥石流暴发的自组织临界现象. 山地学报,1995,13(4):213-218.

[2] 李后强,罗德军,艾南山. 泥石流基发的 soc 理论//中国水土保持学会,云南省地理研究所,云南省计委国土办,等. 首届全国泥石流滑坡防治学术会议论文集(1993 年). 昆明:云南科技出版社,1993. 105.

[3] 吴积善,康志成,田连权,等. 云南蒋家沟泥石流观测研究. 北京:科学出版社,1990.

防护林的演替方程

1 背景

目前国内植物生态学的研究对象主要是在天然林上,而对广布于人口稠密的农区受人为干扰严重的半自然型防护林的研究则偏少。阳小成等[1]通过定位研究,了解长江中上游防护林重建过程中植被的演替规律,为正在全面展开的长江防护林建设提供理论依据。研究地设在长江防护林重点建设区四川绵阳郊外的新桥镇,研究区官司河流域属长江支流之一的涪江水系。由于当地为近郊农区,农田、塘堰等人工设施所占比例较大,将防护林分割成大小不等、既彼此联系而又相对独立的上百个块状(或称岛状)群落,这一植被景观在长江中上游人口稠密地区的已建防护林地段,颇具典型性和代表性。

2 公式

要研究种群的自疏,必须确定种群的年龄和生物量。在野外选取10株马尾松作为标准木伐倒,测定马尾松种群年龄和马尾松种群生物量,然后将有关参数进行一元回归分析,得马尾松的胸径 $D_{1,31}$— 年龄 Y 间回归方程:

$$Y = 2.0098D_{1,31} - 3.9683, r = 0,9988(P < 0.01) \tag{1}$$

胸径 $D_{1,31}^2$ · 树高 H_1—生物量 B_1 间回归方程为:

$$\lg B_1 = 0.7842(D_{1,31}^2 \cdot H_1) - 0.5207, r = 0.9956(P < 0.01) \tag{2}$$

即

$$B_1 = 0.3015(D_{1,31}^2 \cdot H_1)^{0.7842} \tag{3}$$

从理论上来说,种群的平均植株生物量 $\bar{B}$ 与种群密度 D 间幂函数关系[2]为:

$$\bar{B} = cD^{-a}$$

即

$$\lg \bar{B} = \lg c - a\lg D \tag{4}$$

据上述回归方程,分别求得6个样地马尾松种群的年龄、生物量及密度(表1)。以各样地 $\lg D$ 值为横轴、$\lg B$ 值为纵轴,绘出种群的自疏曲线(图1中的虚线)。以表1所列的数据对式(4)做回归分析,得一元回归方程为:

表1　各样地马尾松种群的平均生物量与密度

样地号	种群年龄(a)	种群生物量(t/hm)	$\bar{B}$(t/株)	lg$\bar{B}$	D(株/hm)	lgD	lg$\bar{B}$	$\bar{B}$[2)]
1	5	11.943 8	0.003 01	−2.522 2	3 975	3.593 3	−2.074 5	0.008 42
2	18	72.916 6	0.022 01	−1.657 4	3 313	3.520 2	−1.920 3	0.012 01
3	23	92.000 0	0.032 86	−1.483 3	2 800	3.447 2	−1.778 0	0.010 67
4	27	80.062 5	0.045 11	−1.345 7	1 775	3.249 2	−1.391 8	0.040 57
5	34	83.416 8	0.064 79	−1.188 5	1 288	3.109 9	−1.120 1	0.075 83
6	41	90.582 5	0.080 52	−1.094 0	1 125	3.051 2	−1.005 7	0.098 71
			$\sum\bar{B}=0.248\ 3$					$\sum\bar{B}=0.252\ 2$

$$\lg\bar{B}=4.9451-1.95031\lg D,r=-0.8506(P<0.05) \quad (5)$$

将式(5)转化为幂函数式:

$$\bar{B}=88125.7D^{-1.9503},1125\leqslant D\leqslant 3975 \quad (6)$$

这就是当地马尾松种群的自疏模型。用相似系数公式对式(5)的可信度进行检验[3],即

$$CS=2B/\left(\sum\bar{B}+\sum B\right)=[(2\times 0.217\ 6)/(0.248\ 3+0.252\ 2)]\times 100\%=86.91\%$$

式中,B为$\bar{B}$与B两值中的相对低值之总和。

可信度$cS>60\%$表明,式(6)较好地表达了马尾松种群的自疏过程,且是可信的(图1中的实线)。

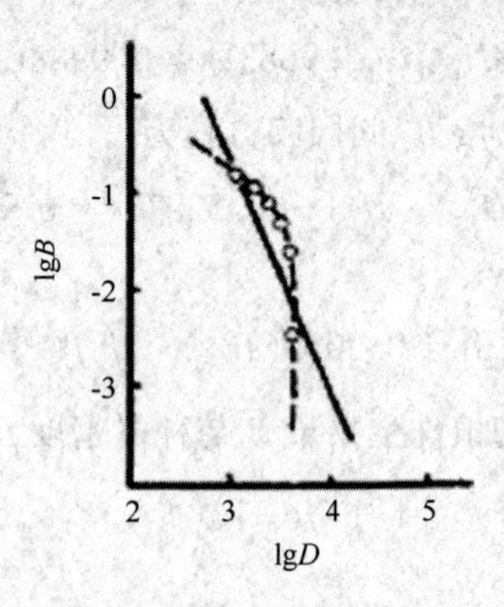

图1　马尾松种群的自疏曲线

在森林群落动态研究中,通常以树木的立木级别代表种群的年龄结构。根据林木大小级的五级划分标准,将本区防护林各样地4个优势种群(马尾松、柏、麻栎和栓皮栎)加以分

级归类(图 2)。

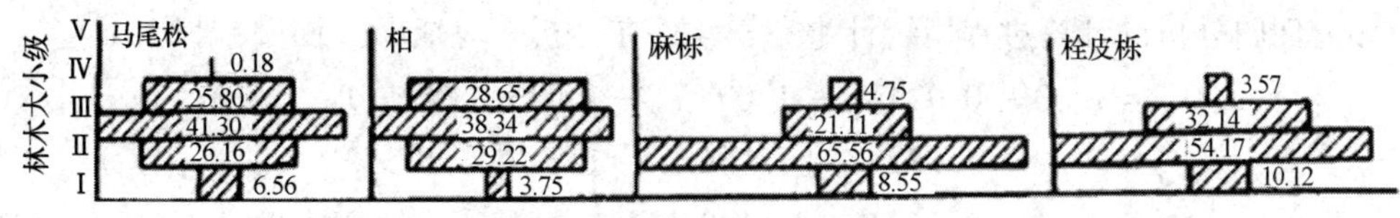

图 2　防护林 4 个优势种群的大小级结构

据当地防护林 4 个优势乔木种群的重要值(表 2),分别对各种群做多元回归分析。求出的偏回归系数,可用来表示种间关系,以判断种间是否存在着竞争[4]。

表 2　防护林 4 个优势乔木群在 6 个样地中的重要值

样地号	种群[1)]	个体总数(株)	种群密度(株/hm)	相对密度(%)	优势度[(cm)^2/hm]	相对优势度(%)	频度[2)]	相对频度(%)	相对重要
1	A	318	3 975	75.71	22 908	97.85	32/32	43.84	0.724 7
	B	0	0	0	0	0	0/32	0	0
	C	32	400	7.62	172	0.76	16/32	21.92	0.101 0
	D	70	875	16.67	314	1.39	25/32	34.25	0.174 3
2	A	265	3 313	70.47	106 428	97.22	32/32	45.07	0.709 2
	B	50	625	13.30	2 278	2.08	12/32	16.90	0.107 6
	C	39	488	10.38	558	0.51	14/32	19.72	0.102 0
	D	22	275	5.85	202	0.19	13/32	18.31	0.081 2
3	A	224	2 800	47.45	118 073	74.85	32/32	29.91	0.504 0
	B	111	1 388	23.52	30 342	18.91	28/32	26.17	0.228 7
	C	99	1 238	20.98	8 520	5.33	32/32	29.91	0.187 4
	D	38	475	8.05	3 058	1.91	15/32	14.01	0.079 9
4	A	142	1 775	33.57	102 091	55.92	31/32	28.16	0.392 2
	B	55	688	13.00	56 522	30.96	25/32	22.73	0.222 3
	C	62	775	14.66	6 648	3.64	22/32	20.00	0.127 7
	D	164	2 050	38.77	17 315	9.48	32/32	29.09	0.257 8
5	A	103	1 288	24.64	107 776	58.06	28/32	27.72	0.370 1
	B	113	1 413	27.03	61 540	33.49	30/32	29.70	0.300 7
	C	165	2 063	39.47	12 069	6.57	31/32	30.69	0.255 8
	D	37	463	8.85	2 346	1.28	12/32	11.88	0.073 4
6	A	45	1 125	38.14	154 596	70.10	15/16	31.91	0.467 2
	B	44	1 100	37.29	49 395	22.40	15/16	31.91	0.305 3
	C	24	600	20.34	14 213	6.44	13/16	27.66	0.181 5
	D	5	125	4.24	2 341	1.06	4/16	8.51	0.046 0

注:1) A 为马尾松,B 为柏,C 为麻栎,D 为栓皮栎;2) 分母为样方总数,分子为某种群出现的样方数。

多元回归分析的计算过程用统计生态学软件在微机上完成[5]。回归方程如下:

$$Y_A = 1.00 - 0.924X_B - 1.097X_C - 1.033X_D, F > F_{3.2,0.005}; \quad (7)$$

$$Y_B = 1.09 - 1.082X_A - 1.186X_C - 1.117X_D, F > F_{3.2,0.005}; \quad (8)$$

$$Y_C = 0.92 - 0.912X_A - 0.842X_B - 0.941X_D, F > F_{3.2,0.005}; \quad (9)$$

$$Y_D = 0.97 - 0.968X_A - 0.895X_B - 1.062X_D, F > F_{3.2,0.005} \quad (10)$$

F 检验结果表明,式(7)和式(10)的线性相关极显著,是可信的。由于各方程的偏回归系数小于 O,故可断定在防护林 4 个优势树种间存在着竞争关系。

3 意义

根据“空间代替时间”法研究官司河流域的松柏栎混交防护林的优势种群动态,可知各种群在群落次生演替过程中普遍更新欠佳,林木大小级结构呈不稳定或衰退状态。据非线性演替理论,并结合防护林现状,预测防护林的可能演替趋势为:今后人为干扰若能保持较长期相对稳定,则针阔叶林的群落类型亦将保持基本稳定:但随土壤类型的不同,而渐分化成松栎混交林和柏栎混交林。这可能与当地在历史上就为人口稠密的农区有关,长期而频繁的人为干扰妨碍了植被向常绿阔叶林这一气候顶极群落的演替,而停留在针阔叶混交林这一干扰顶极上。

参考文献

[1] 阳小成,李旭光,叶志义. 四川绵阳官司河流域防护林的演替预测. 山地学报,1995,13(4):226-232.

[2] silvertown J W. 植物种群生态学导论. 祝宁,王义弘,陈文斌译. 哈尔滨:东北林业大学出版社,1987. 150-158.

[3] 王伯荪. 鼎湖山森林优势种群的数量动态. 生态学报,1987,7(3):214-221.

[4] 熊利民,钟章成.四川络云山森林群落演替机理初探. 西南师范大学学报(自然科学版),1991,16(1):89-95.

[5] 拉德维格 Jobn A,蓝诺兹 James F. 统计生态学. 李育中,王伟,裴浩译. 呼和浩特:内蒙古大学出版社,1991,116-198.

洪涝灾害的区划公式

1 背景

西南地区(仅指云南、贵州、四川三省)既受季风影响,又受青藏高原环流系统的影响。雨旱多变的天气,加之下垫面及人类不合理活动,造成频繁而又广泛的洪涝灾害。洪涝灾害区划不仅考虑了洪涝致灾体因素,而且还考虑了下垫面成灾环境;它既要对以往洪涝灾情加以评估,又要对未来洪涝灾情加以预测。冯水志和罗德富[1]通过调查研究对西南地区进行了洪涝灾害区划。在系统性、综合性、主导性及区域性原则指导下,选择代表区域洪涝灾害程度、人类活动强度和承度能力三个方面的指标。

2 公式

区域洪涝灾害活动强度指数 AI、人类活动强度指数 PI、经济强度指数 EI 为区划基础指标[2]。并依专家评判等方法,确定各指标的权数分配集 $A=(A_1,A_2,A_3)$。各区划基础指数公式为:

$$AI_1 = AR_1/AR \tag{1}$$

$$PI_1 = PD_1/PD \tag{2}$$

$$EI_1 = ED_1/ED \tag{3}$$

式中,$AR=S/F$;$PD=P/F$;$ED=V/F$;F,S,P,V 分别为研究区域土地面积[$(\mathrm{km})^2$]、涝灾害年均受灾面积(hm)、人口总数(人)、工农业总产值(万元);S_1,P_1,V,AR_1,PD_1,ED_1 则为基本区划单元相应值。由式(1)式(3)计算结果构成 $3\times n$ 阶洪涝灾害信息矩阵 B,则研究区域洪涝灾害度分布矩阵为:

$$DFH = A \cdot B$$

依据洪涝灾害度 DPH 值特性,确定洪涝灾害区划标准(表1)。

表1 洪涝灾害区划标准

区划等级	特重洪涝灾害区Ⅰ	严重洪涝灾害区Ⅱ	中等洪涝灾害区Ⅲ	轻度洪涝灾害区Ⅳ
洪涝灾害度	>2.5	1.5—2.5	0.5—1.5	<0.5

运用上述模型,以地市州为基本区划单元,分别计算各地洪涝灾害度(表2)。

表2 西南各地市州洪涝灾害度及区划等级评定

地区	成都	重庆	自贡	攀枝花	泸州	德阳	绵阳	广元	遂宁	内江	乐山	万县	涪陵	宜宾	南充	达县
灾害度	4.85	3.58	3.70	0.88	1.65	4.53	1.82	1.59	3.47	3.73	2.16	1.92	1.87	2.34	4.25	2.53
区划等级	Ⅰ	Ⅰ	Ⅰ	Ⅱ	Ⅱ	Ⅰ	Ⅰ	Ⅰ	Ⅰ	Ⅰ	Ⅰ	Ⅰ	Ⅰ	Ⅱ	Ⅰ	Ⅰ
地区	雅安	甘孜	阿坝	凉山	贵阳	六盘水	遵义	安顺	毕节	铜仁	黔南	黔东南	黔西南	昆明	东川	
灾害度	0.59	0.02	0.04	0.46	4.33	1.65	1.27	1.49	1.60	1.07	0.63	0.49	0.89	1.81	0.62	
区划等级	Ⅱ	Ⅳ	Ⅳ	Ⅳ	Ⅰ	Ⅱ	Ⅱ	Ⅱ	Ⅱ	Ⅲ	Ⅲ	Ⅳ	Ⅲ	Ⅰ	Ⅱ	
地区	昭通	曲靖	楚雄	玉溪	红河	文山	思茅	西双版纳	大理	保山	德宏	丽江	怒江	迪庆	临沧	
灾害度	1.08	1.10	0.38	0.58	0.51	0.49	0.23	0.40	0.52	0.50	0.68	0.30	0.22	0.06	0.42	
区划等级	Ⅱ	Ⅱ	Ⅳ	Ⅱ	Ⅱ	Ⅳ	Ⅳ	Ⅳ	Ⅱ	Ⅱ	Ⅱ	Ⅳ	Ⅳ	Ⅳ	Ⅳ	

从某种意义上讲,西南地区洪涝灾害是由四川盆地洪涝灾害所决定的,贵州的中部、西部及西北部和云南的东北部也是西南洪涝灾害的严重危害区,其他地区则基本为中等洪涝灾害区(图1)。

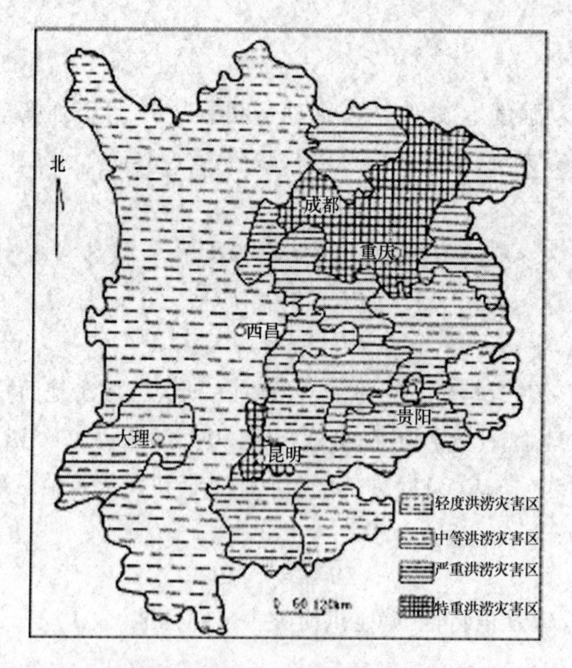

图1 西南地区洪涝灾害区划

3 意义

统计分析了西南地区洪涝灾害面积、经济损失等。本区洪涝灾害成灾率高,损失大,活动在加强。损失的相对指标均明显高于全国平均水平。本区是我国受洪涝灾害的严重危害区域之一,选择洪涝灾害活动强度、人类活动强度和经济活动强为基础指标,建立洪涝灾害度计算模型,并按计算结果对洪涝灾害进行区划。西南地区洪涝灾害有东西分异,西半部为轻度洪涝灾害区,东半部为洪涝灾害集中危害区,特别是东北部的四川盆地是西南地区洪涝灾害中心,其特重和严重洪涝灾害区面积占整个西南地区相应灾害面积的98%和73%。

参考文献

[1] 冯水志,罗德富. 西南地区洪涝灾害区划. 山地学报,1995,13(4):255—260.

[2] 田维钊,姚德淳. 四川自然灾害述要//四川省人民政府救灾办公室. 1990年四川救灾年鉴. 成都:四川科学技术出版社,1991. 175.

降雨与泥石流的关系式

1 背景

二滩库区位于四川省攀枝花市雅砻江下游，南起于二滩大坝，北沿雅砻江延至打罗，地势呈西北高东南低，山峦起伏，河谷幽深，岭谷相对高 2 000～3 000 m。在湿热条件下形成的一套中生代河湖相碎屑岩地层，如砂岩、泥岩、页岩（含煤线）等构成的盖层，与广为分布的第四系半成岩状的昔格达组中的粉砂岩、泥岩、页岩及残坡积层，因受金河—箐河断裂、磨盘山断裂、普威—树河断裂、李明久断裂等的影响[1]，产生强烈褶皱、破碎，为泥石流的形成提供了丰富的固体物质。基于此类情况，朱平一等[2]对雅砻江二滩水电站库区泥石流进行了分析。

2 公式

攀西地区暴发的泥石流主要与降雨因素中的短历时雨强关系明显。从金龙沟泥石流活动历史与相应各短历时雨强资料（表 1）可以看出，各短历时的任一时段的雨强资料都很难找出其规律性。通过现有资料经反复计算分析后，得到如下关系式：

$$H_g = H_{10}H_{60} + H_{24} \tag{1}$$

表 1 金龙沟暴雨强度（mm）

年份	10 min 雨强	1 h 雨强	1 d 雨强
1974 年	11.3	60.0	124.0
1983 年	15.2	48.0	118.7
1984 年	20.0	37.1	107.8
1986 年	14.8	55.6	133.2

金龙沟某些暴发泥石流年份的降水指数 H_g 有：

1983 年，$H_g = 848.3$

1984 年，$H_g = 849.3$

1986 年，$H_g = 956.1$

上述3个年份的短历时降水指数值都大于800,同时也都暴发了泥石流。是否可以这样认为:对于金龙沟而言,当短历时降水指数大于800时,就可能暴发泥石流。以此反算1974年暴发泥石流时的10 min雨强应不小于11.3 mm。

二滩库区泥石流沟类型复杂,而且沟谷的流域环境因素差异亦很大。为了简化分析,故将金龙沟激发泥石流的短历时降水指数中增加流域环境因素,即

$$H_g = K(H_{10}H_{80} + H_{24}) \quad (2)$$

式中,K为泥石流沟流域环境因素系数。

最近的研究发现[2],区内的泥石流沟流域环境因素系数K与泥石流活动系数K_1、泥石流沟谷动力系数K_2及区域气候环境系数K_3有关,即

$$K = K_1 + K_2 + K_3 \quad (3)$$

一般认为,各系数对泥石流活动性的影响程度不同,按长江上游沟谷流域环境因素的权衡处理方法,考虑到库区泥石流的形成过程和各因素的作用大小,结果应是:

$$K_1:K_2:K_3 = 5:3:2$$

对泥石流活动系数K_1具体取值如下。

按泥石流活跃程度,取值分别为:

(1)极强活动的泥石流沟,$K_1 = 1.0$

(2)强活动的泥石流沟,$K_1 = 2.0$

(3)活动的泥石流沟,$K_1 = 3.0$

(4)弱活动的泥石流沟,$K_1 = 4.0$

(5)极弱活动的泥石流沟,$K_1 = 5.0$

金龙沟的泥石流为强活动性,$K_1 = 2.0$。

据山坡坡度和沟床比降对泥石流活动的作用程度,按1∶1分配,取值见表2。

表2 泥石流沟谷动力系数

山坡坡度动力系数		沟床比降动力系数	
坡度(°)	动力系数	沟床比降	动力系数
<10	1.5	<0.05	1.5
10~20	1.3	0.05~0.08	1.3
20~25	1.1	0.08~0.10	1.1
25~30	0.9	0.10~0.20	0.9
30~35	0.7	0.20~0.30	0.7
35~40	0.5	0.30~0.40	0.5
40~45	0.7	0.40~0.50	0.3
>45	0.9	>0.50	0.1

3 意义

根据对雅砻江二滩水电站库区泥石流的分析调查,可知雅砻江二滩水电站库区泥石流十分活跃。在库区内,沟谷型泥石流沟10条。库首左岸的金龙沟,多次暴发泥石流,用金龙沟泥石流活动特征与短历时雨强的资料,得到了库区泥石流活动规律、流域环境条件与雨强之间的关系式,并给出了金龙沟暴发泥石流的降水指数,有助于泥石流预报。此外,在库区任何一条泥石流沟,只要计算出泥石流沟流域环境因素系数,就可用当地的降雨预报资料,进行暴雨泥石流预测。

参考文献

[1] 朱平一,李沛,孔纪名. 雅砻江二滩水电站库区泥石流. 山地学报,1995. 13(4):273-278.

[2] 李沛,陈自生. 对雅砻江二滩水电站金龙山地区滑坡发育规律的认识//《滑坡论文选集》编辑委员会,中国科学院成都山地灾害与环境研究所. 一九八七年全国滑坡学术讨论会滑坡论文选集. 成都:四川科学技术出版社,1989. 95-102.

滑坡和泥石流的危险度模型

1 背景

泥石流是指在山区或者其他沟谷深壑,地形险峻的地区,因为暴雨、暴雪或其他自然灾害引发的山体滑坡并携带有大量泥沙以及石块的特殊洪流。而模糊数学又称 Fuzzy 数学,是研究和处理模糊性现象的一种数学理论和方法。目前,模糊数学方法已广用于灾害评估研究[1,2]中。现欲将模糊数学的综合评判法用于滑坡、泥石流危险度区划中,以探讨其理论和方法。刘丽和王士革[1]通过建立数学模型对云南昭通滑坡泥石流危险度进行了模糊综合评判。

2 公式

滑坡、泥石流危险度模糊综合评判的模型

由多个因素所确定的事物需加以恰当评价,对评价对象要考虑各个因素的影响[3]。

设因素集为:

$$U = \{U_1, U_2, \cdots, U_m\} \tag{1}$$

评价集为:

$$V = \{V_1, V_2, \cdots, V_m\} \tag{2}$$

第 i 个因素 U_i 的评判结果,构成 V 上的模糊集:

$$\underset{\sim}{R} = \{r_{i1}, r_{i2}, \cdots, r_{im}\} \tag{3}$$

由 m 个因素的评价结构,构成 $m \times n$ 阶单因素模糊评判矩阵:

$$\underset{\sim}{R} = \begin{bmatrix} \underset{\sim}{R_1} \\ \underset{\sim}{R_2} \\ \cdots \\ \underset{\sim}{R_4} \end{bmatrix} = \begin{bmatrix} r_{11} & r_{12} & \cdots & r_{1n} \\ r_{21} & r_{22} & \cdots & r_{2n} \\ \cdots & \cdots & \cdots & \cdots \\ r_{m1} & r_{m2} & \cdots & r_{mn} \end{bmatrix} \tag{4}$$

由多因素确定评判对象,不同的因素有着不同的权,权的分配 U 上的一个模糊集为:

$$\underset{\sim}{W} = \{w_1, w_2, \cdots, w_m\} \tag{5}$$

评判对象的综合评判结果为:

$$\underset{\sim}{B} = \underset{\sim}{W} \cdot \underset{\sim}{R} \tag{6}$$

选择作为滑坡、泥石流模糊综合评判参评因素有9个,即:相对高度U_1,河网密度U_2,岩石风化系数U_3,垦殖率U_4,不小于50 mm年降水日数U_5,地震烈度U_6,荒草地U_7,年降水变差系数U_8,不小于25°山坡面积U_9,由此构成因素集为:

$$U = \{U_1, U_2, \cdots, U_9\} \tag{7}$$

将各参评因素进行5级定量划分(表1),并规定对滑坡、泥石流影响程度最大的为1级,最小的为5级。评判等级也相应按高、较高、中、较低、低依次取1~5级,构成评价集。

表1 参评因素及其等级

参评因素	1	2	3	4	5
相对高度U_1(m)	≥2 000	2 000~1 750	1 750~1 500	1 500~1 250	≤1 250
河网密度U_2[km/(km)^2]	≥0.50	0.50~0.45	0.45~0.40	0.40~0.35	≤0.35
岩石风化系数U_3	≥2.0	2.0~1.9	1.9~1.8	1.8~1.7	≤1.7
垦殖率U_4(%)	≥40	40~35	35~30	30~25	≤25
≥50 mm年降水日数U_5(d)	≥3.0	3.0~2.0	2.0~1.0	1.0~0.5	≤0.5
地震烈度U_6(度)	≥8	8~7	7~6	6~5	≤5
荒草地U_7(%)	≥40	40~35	35~30	30~25	≤25
年降水变差系数U_8	≥0.20	0.20~0.18	0.18~0.15	0.15~0.12	≤0.12
≥25°山坡面积U_9(%)	≥50	50~40	40~30	30~20	≤20

用u_i表示因素U_1在评判单元上的值。先做单因素模糊评判,即从因素值u_i着眼,确定评判单元上该因素在V上的评判结果$r_{ij}(j=1,2,3,4,5)$,再用9个单因素的评判结果构成因素集U与评价集V之间的模糊关系,即9×5阶单因素模糊评判矩阵:

$$\underset{\sim}{R} = (r_{ij})_{9\times 5} \tag{8}$$

取r_{ij}为评判单元上第i个参评因素隶属于第j级危险度的可能程度。

当因素U_1的值u_i属表1所列的第S级时,其评判结果r_{ij}由式(10)来确定。

$$r_{ij} = \begin{cases} p_l, j = S \pm l = 2,3,4 \\ \sum\limits_{k \geq l} p_k, j = S \pm l = 1,5 \end{cases} \tag{9}$$

在单因素评判的基础上,对评判单元滑坡、泥石流危险度进行模糊综合评判。即

$$\underset{\sim}{B} = \underset{\sim}{W} \cdot \underset{\sim}{R} = (b_1, b_2, \cdots, b_S) \tag{10}$$

这里综合评判算子"·"取(·,⊕)型,其中:

$$a \cdot c = ac(\text{普通乘}) \tag{11}$$

$$a \oplus c = \min\{a + c, 1\}_i \tag{12}$$

$$b_j = w_1 r_{1j} \oplus w_2 r_{2j} \oplus \cdots \oplus w_9 r_{9j} \quad (j = 1,2,\cdots,5) \tag{13}$$

按模糊数学中最大隶属原则,取$\underset{\sim}{B}$中最大隶属度所对应的评判等级为该单元的最终评

判等级。即若：

$$b_s = \max\{b_1, b_2, \cdots, b_5\} \tag{14}$$

则该单元的最终评判等级为 k 级。

模糊综合评判的运算过程

现以云南省昭通地区鲁甸县为例，简述模糊综合评判运算过程。根据鲁甸县的 9 个参评因素（表 3）进行单因素评判。例如，由表 3，一个参评因素 U_1，相对高度 $u_1 = 1500\text{m}$，属第 4 级，即 $s=4$。

由式（10）与表 2 得 U_1 的单因素评判为：

$$\underset{\sim}{R_1} = (0.0228, 0.0440, 0.2175, 0.4314, 0.2843) \tag{15}$$

表 2 标准正态分布的区间划分及对应概率

区间	$(-0.57, 0.57]$	$(0.57, 1.5] \cup (-1.5, -0.57]$	$(1.5, 2) \cup (-2, -1.5]$	$(2, 2.3] \cup (-2.3, -2]$	$(2.3, +\infty) \cup (-\infty, -2.3]$
概率 p	p_0	p_1	p_2	p_3	p_4
概率值	0.431 4	0.217 5	0.044 0	0.012 1	0.010 7

表 3 昭通地区各县（市）参评因素分级

参评因素	相对高度 u_1(m)	河网密度 u_2 [km/(km)²]	岩石风化系数 u_3	垦殖率 u_4(%)	≥50 mm 年降水日数 u_5(d)	地震烈度 u_6(度)	荒草地 u_7(%)	年降水变差系数 u_8	≥25°山坡面积 u_9(%)
昭通	1 250/5	0.47/2	1.86/3	30.91/3	0.50/5	7/2	44.47/1	0.15/4	22.1/4
鲁甸	1 500/4	0.37/4	1.99/2	27.52/4	1.10/3	6/3	45.37/1	0.17/3	30.9/3
巧家	2 250/1	0.45/3	2.02/1	18.09/5	1.41/3	6/3	39.68/2	0.17/3	56.0/1
盐津	1 400/4	0.41/3	1.85/3	22.65/5	3.29/1	7/2	32.17/3	0.19/2	53.9/1
大关	1 750/3	0.29/5	2.01/1	24.23/5	1.86/3	8/1	42.70/1	0.15/4	55.7/1
永善	2 200/1	0.31/4	1.96/2	20.71/5	1.00/4	7/2	41.43/1	0.13/4	52.4/1
绥江水富	1 175/5	0.51/1	1.70/5	26.16/4	2.92/2	6/3	14.44/5	0.15/4	45.6/2
镇雄	1 000/5	0.34/5	1.89/3	40.10/1	1.25/3	6/3	16.52/5	0.12/5	35.5/3

注：表中的数据中的分子为参评因素值，分母为参评因素级别。

其余 8 个参评因素的单因素评判 $\underset{\sim}{R_2}, \underset{\sim}{R_3}, \cdots, \underset{\sim}{R_9}$，亦按上法得出。构成 9×5 阶单因素评判矩阵。

$$\underset{\sim}{R}=\begin{bmatrix}\underset{\sim}{R}_1\\ \underset{\sim}{R}_2\\ \underset{\sim}{R}_3\\ \underset{\sim}{R}_4\\ \underset{\sim}{R}_5\\ \underset{\sim}{R}_6\\ \underset{\sim}{R}_7\\ \underset{\sim}{R}_8\\ \underset{\sim}{R}_9\end{bmatrix}=\begin{bmatrix}0.0228 & 0.0440 & 0.2175 & 0.4314 & 0.2843\\ 0.0228 & 0.0440 & 0.2175 & 0.4314 & 0.2843\\ 0.2843 & 0.4314 & 0.2175 & 0.0440 & 0.0228\\ 0.0228 & 0.0440 & 0.2175 & 0.4314 & 0.2843\\ 0.0668 & 0.2175 & 0.4314 & 0.2175 & 0.0668\\ 0.0668 & 0.2175 & 0.4314 & 0.2175 & 0.0668\\ 0.7157 & 0.2175 & 0.0440 & 0.0121 & 0.0107\\ 0.0668 & 0.2175 & 0.4314 & 0.2175 & 0.0668\\ 0.0668 & 0.2175 & 0.4314 & 0.2175 & 0.0668\end{bmatrix} \tag{16}$$

计算 $\underset{\sim}{B}=\underset{\sim}{W}\cdot\underset{\sim}{R}=(0.1400,0.1775,0.2863,0.2577,0.1386)$ (17)

因 $b_3=0.2863=\max\{0.1400,0.1775,0.2863,0.2577,0.1386\}$ (18)

所以最终评判结果为第 3 级,即鲁甸县滑坡、泥石流危险度属中级。

3 意义

根据模糊数学的分析计算,探讨了云南昭通的滑坡、泥石流危险度模糊综合评判法,而昭通地区滑坡、泥石流危险度区划与实际情况基本一致,介绍了以概率代替隶属频率,并构成单因素模糊矩阵 $\underset{\sim}{R}$ 。以此为基础,完成了昭通滑坡、泥石流危险度分区。参评因素的分级及各参评因素的权重是滑坡、泥石流危险度模糊综合评判的关键问题。现所采用的 9 个参评因素及其权重,使用相对分级法是一种尝试,但还需进一步研究。

参考文献

[1] 刘丽,王士革. 云南昭通滑坡泥石流危险度模糊综合评判. 山地学报,1995,13(4):261-266.

[2] 冯保成. 模糊数学实用集萃. 北京:中国建筑工业出版社,1991. 135-182.

[3] 冯德益,楼世博,等. 模糊数学方法与应用. 北京:地质出版社,1983. 73-76.

山丘区匹配开发的评价公式

1 背景

安徽省山丘区约占全省土地总面积的60.7%,主要分布在皖南和皖西地区。山丘区虽然土地辽阔,自然资源丰富,但由于耕地面积小,人口众多,加上不合理开发利用,致使环境恶化,经济基础薄弱,成为全省经济最不发达地区。为了总结区域开发的经验和教训,周秉根[1]首先分析区域开发中的主要问题,然后对不同类型区进行综合定量评价。并以此为基础,提出今后开发利用的对策。

2 公式

将影响区域开发因素分为环境因素、经济因素和社会因素三大类[2]。区域匹配开发定量评价以上述三大因素为基础,建立区域匹配开发评价指标体系(图1)。

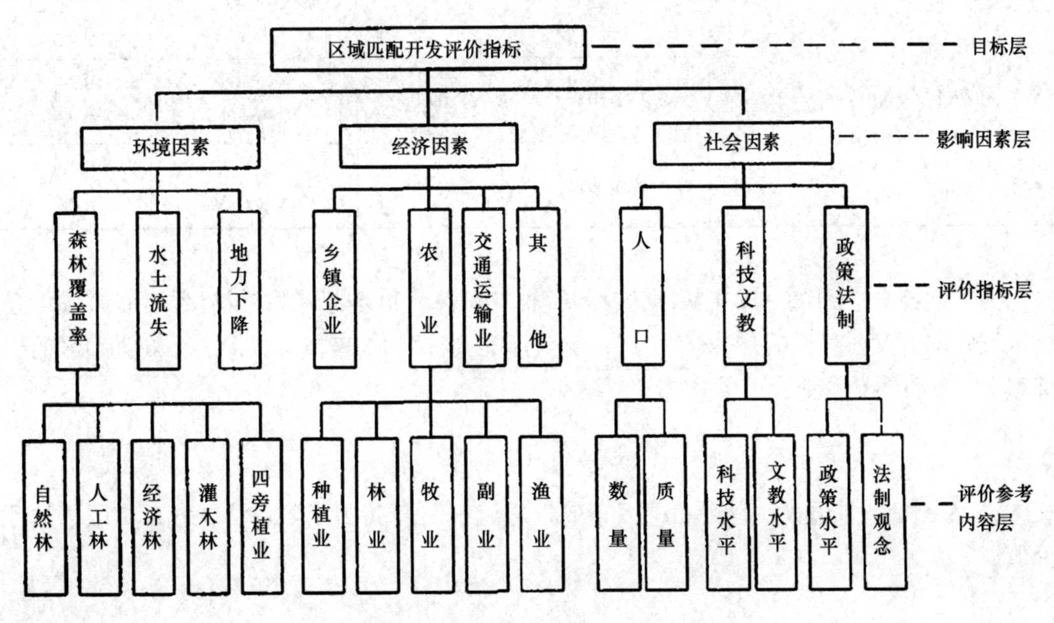

图1 区域匹配开发评价指标体系

评价因子权重是运用层次分析法(AHP),这里的因子权重值总和取10(表1)。

表1 匹配开发评价指标权重

影响指标	权重	评价层指标	权重	评价参考内容层指标	权重
环境指标	3	森林覆盖率	2.19	自然林	1.03
				人工林	0.53
				经济林	0.33
				灌木林	0.18
				四旁植树	0.12
		水土流失	0.57		
		地力下降	0.24		
经济指标	5	乡镇企业	1.20		
		农业	2.55	种植业	1.17
				林业	0.66
				牧业	0.38
				副业	0.23
				渔业	0.11
		交通运输业	1.00		
		其他	0.25		
社会指标	2	人口	1.24	数量	0.74
				质量	0.50
		科技教育	0.60	科技水平	0.24
				文教水平	0.36
		政策法制	0.16	政策水平	0.10
				法制观念	0.06

为了使评分达到统一标准,根据实际调查,专家咨询和参考有关资料,列出安徽省山丘区区域匹配开发质量模糊计分(表2),以此为标准,通过调查表格形式评定不同类型区的指标得分——评价值(表3)。利用:

$$E = \sum_{K=1}^{n} Q_K \cdot P_K$$

式中,E 为评价结果值;Q_K 为第 K 个因子的权重值;n 为评价因子数;P_K 为第 K 个因子的评价值。

表2　匹配开发质量模糊计分

指标参数			10~8	8~6	6~4	4~2	2~0
环境指标	森林覆盖率	自然林 人工林 经济林 灌木林 四旁植树	无破坏 面积很大 很多	轻微破坏 面积大 多	中等破坏 面积较大 较多	严重破坏 面积不大 少	完全破坏 无 无
	水土流失 地力下降		基本无流失 基本无下降	轻度流失 轻微下降	中度流失 中等下降	强度流失 严重下降	极强度流失 极严重下降
经济指标	乡镇企业		很发达	发达	较发达	不发达	极不发达
	农业	种植业 林业 牧业 副业 渔业	水平很高	水平高	水平较高	水平低	水平极低
	交通运输 其他		很发达	发达	较发达	不发达	极不发达
社会指标	人口	人口密度 人口质量	小 很高	较小 高	较大 较高	大 低	很大 极低
	科技文教	科技、文教水平	很高	高	较高	低	极低
	政策法制	政策、法制水平	很高	高	较高	低	极低

表3　不同区域匹配开发指标得分和匹配系数

指标参数			深山区		中山区		低山区		丘陵区		岗地区		山间盆地，河谷平源区	
			得分	C_C	得分	C_C	得分	C_C	得分	C_C	得分	C_C	得分	C_C
环境指标	森林覆盖率	自然林	8	1.806	6	1.282	2	0.531	2	0.534	1	0.252	0	0
		人工林	4	0.906	6	1.283	5	1.321	3	0.792	2	0.509	1	0.226
		经济林	4	0.909	8	1.697	4	1.060	4	1.061	2	0.515	2	0.455
		灌木林	4	1.111	8	1.722	6	1.611	5	1.333	2	0.500	1	0.222
		四旁植树	2	0.417	2	0.417	3	0.833	3	0.833	6	1.500	6	1.417
	水土流失		8	1.807	6	1.281	2	0.526	3	0.789	4	1.018	8	1.842
	地力下降		8	1.792	6	1.292	3	0.792	3	0.792	6	1.542	7	1.625

续表

指标参数			深山区		中山区		低山区		丘陵区		岗地区		山间盆地，河谷平源区	
			得分	C_C	得分	C_C	得分	C_C	得分	C_C	得分	C_C	得分	C_C
经济指标	乡镇企业		2	0.450	2	0.425	3	0.800	4	1.058	5	1.267	7	1.608
	农业	种植业	2	0.453	5	1.068	6	1.598	7	1.855	8	2.034	8	1.838
		林业	9	2.030	7	1.515	4	1.060	3	0.788	2	0.500	1	0.227
		牧业	3	0.680	4	0.686	5	1.342	5	1.316	5	1.263	6	1.368
		副业	6	1.348	5	1.087	5	1.348	4	1.013	3	0.783	3	0.696
		渔业	1	0.125	2	0.313	2	0.375	3	0.563	3	0.727	3	0.727
	交通运输		2	0.450	3	0.640	4	1.050	4	1.060	5	1.270	6	1.380
	其他		3	0.680	2	0.440	1	0.280	1	0.280	2	0.520	3	0.680
社会指标	人口	人口密度	8	1.797	7	1.500	5	1.324	4	1.054	4	1.014	3	0.689
		人口质量	3	0.680	3	0.640	3	0.800	3	0.800	4	0.760	4	0.580
	科技	科技水平	3	0.667	3	0.625	3	0.792	3	0.792	3	0.750	4	0.917
	文教	文教水平	2	0.444	3	0.639	3	0.806	3	0.806	3	0.750	4	0.917
	政策	政策水平	2	0.500	3	0.600	3	0.800	3	0.800	3	0.900	4	0.900
	法规	法制水平	2	0.500	3	0.667	3	0.833	3	0.833	3	1.009	4	1.000

计算不同类型区的评价结果值(总得分)。用相应评价因子的评价结果值(评价得分)除以总评价结果值(总得分),得到一比值,将这一比值扩大10倍(因权重总和为10)除以相应的权重,得到匹配系数 C_C(见表3)。当 $C_C \geqslant 1$ 时,表明区域开发为匹配关系,$C_C<1$ 时为不匹配关系。

区域匹配开发是依据匹配系数,得出区域开发主要限制性因素,再根据限制性因素的主要因子,得出区域开发中的主要问题,并提出相应的措施。依据区域匹配开发系数,可将安徽省山丘区划分三种不同类型区,其主要问题和对策如表4所示。

表4　匹配开发问题与对策

类型区	区配系数	问题	对策
深山、中山区	$C_{C环}$1.32~1.43 $C_{C经}$0.72~0.82 $C_{C社}$0.95~1.05	主要为经济问题,其次为社会问题,环境状况良好,林、副业发达,其他各业基础薄弱,交通不便,人口质量低,乡镇企业不发达	林业是区内的经济支柱,加强林业深度开发,利用林荫地发展天麻、茯苓、香菇、木耳等土特产,发展交通,加强对外联系,提高人口素质,培养林业技术人才,提高林业生产水平

续表

类型区	区配系数	问题	对策
低山、丘陵区	$C_{C环}$0.77~0.83 $C_{C经}$1.10~1.18 $C_{C社}$0.89~0.99	主要是环境问题,其次是社会问题,表现为森林破坏大,水土流失严重,地力下降,经济指标虽属匹配,但经济水平不高,人口素质低	发展林业,扩大经济林(板栗、油桐、乌柏、漆树、桂花)、果木林(柑桔、桃、李、杏、柿、山核桃等),>15°的坡耕地退耕还林、茶和桑,实行农林复合经营,减轻水土流失,改善环境,促进经济发展
岗地、山间盆地、河谷平原区	$C_{C环}$0.68~0.64 $C_{C经}$1.27~1.30 $C_{C社}$0.78~0.85	环境匹配系数不高(因森林覆盖率低),但环境问题不突出,经济水平较高,主要为社会问题,表现为人口多,劳力过剩,就业门路不广,人均耕地面积小等方面	创造条件,积极发展乡镇企业,解决就业和提高经济水平,节约耕地,改良土壤,提高单产,控制人口增长,提高人口素质,加强四旁植树,发展沼气,建立生态农业,提高经济效益

3 意义

根据安徽省山地丘陵区区域开发中存在区域开发方式与区域特征,人口数量、质量与土地承载力,经济发展与环境保护不匹配的问题,在制定区域匹配开发评价指标的基础上,通过环境指标、经济指际、社会指标的定量分析,获得不同类型区的匹配系数(C_C),根据匹配系数所揭示的问题,提出区域开发措施。主要有提高人口素质,培养林业技术人才,提高林业生产水平;发展社会林业,扩大经济林,实行农林复合经营,减轻水土流失,改善环境,促进经济发展;控制人口增长,提高人口素质,加强四旁植树,发展沼气,建立生态农业,提高经济效益。

参考文献

[1] 周秉根. 安徽省山丘区匹配开发综合评价. 山地学报,1995,13(3):135-140.

[2] 周秉根,陈武俊. 安徽省山地丘胶区水土流失原因与防治措施探讨. 安徽师大学报(自然科学版),15(3):87-93.

[3] 安徽省科学技术委员会. 安徽省大别山区综合发展战略. 合肥:安徽人民出版社,1988. 26-83.

土粒度成分的分维公式

1 背景

“裂隙性黏土”一词,广义的是指含有裂隙的一切黏土;而下面所指的主要为距地表2m以下、常作为建筑物地基持力层或边坡主体组成物之裂隙发育的黏土,其显著特点是土体中不同程度地发育着不同类型、规模和特征的裂隙,且裂隙两侧壁常由灰白色黏土(简称“隙壁土”)组成。胡卸文和宋跃[1]通过相关实验来探讨裂隙性黏土粒度成分的分形结构。三轴试验结果证明,在裂隙面与主应力作用面夹角的较大范围内,试件破坏沿着或基本上沿已有的裂隙产生,而裂隙面的抗剪强度明显低于完整试样强度[2],裂隙及隙壁土的强度远低于完整黏土的强度。因此对黏土体中的裂隙和隙壁物质应像对岩体中的结构面和软弱夹层那样看待和重视,并进行必要的深入研究。

2 公式

分形几何学是由法国数学家曼德布鲁特(Mandelbrot)于20世纪70—80年代创立的[3],该理论主要是研究一些具有自相似性的不规则曲线和位线(线性分形)等。分维有许多不同的定义,但常谈到的分维是立足于自相似性的,可用下式表示:

$$D = -\lim_{\varepsilon \to 0} \frac{\ln N(\varepsilon)}{\ln \varepsilon} \text{ 或 } N(\varepsilon) \propto \varepsilon^{-D} \tag{1}$$

式中,ε为标度;$N(\varepsilon)$为在该标度下所得到的量度值;D为研究对象的分维。

土颗粒组成分形是建立在一种统计分布基础上,若研究对象(颗粒)数目与按幂次增加的尺度(粒径)成比例,这个幂指数就是粒度成分的分维。设颗粒粒径为R,粒径不小于R的颗粒数目为$N(R)$,若:

$$N(\geqslant R) = \int_R^{\infty} P(R')\,\mathrm{d}R' \propto R^{-D} \tag{2}$$

则D即为分维,式(2)中$P(R')$为粒径R的分布密度函数。对比分维定义式(1),D即为土粒度成分的分维值。

不直接考察粒径不小于R的颗粒数目,而用相应的质量关系来讨论粒度成分的分维。

设$M(R)$为粒径小于R的颗粒累积质量,M为总质量,若:

$$[M(R)/M] \propto R^{b} \tag{3}$$

则 $dM \propto R^{b-1}dR$，对式(2)求导得到 $dN \propto R^{-d-1}dR$，考虑到 $dM \propto R^3 dN$，则 $R^{b-1}dR \propto R^3 R^{-D-1}dR$，故分维为：

$$D = 3 - b \tag{4}$$

实际上，$[M(R)/M]$即为粒径小于 R 的颗粒的累积百分含量，这样只要在$[M(R)/M]$与 R 的双对数坐标图上确实存在直线段，则通过其斜率 b 值，即可按式(4)求得不同土粒度成分的分维值。

据上述理论并结合隙壁土与母体土的粒度分析结果(表 1，表 2)，对 $\lg[M(R)/M]$和 $\lg R$ 进行拟合，两者之间确实存在直线关系。同时回归分析得出的相关系数 r 均不小于 0.970，这也说明两种土粒度成分的分形结构是客观存在的(图 1)。

表 1　母体土粒度成分与分维

地区	粒度组成(%)						b	d	r
	2~0.1 mm	0.1~0.05 mm	0.05~0.01 mm	0.01~0.005 mm	<0.005 mm	<0.002 mm			
成都	3.5	9.3	28.9	9.6	48.7	45.4	0.209	2.791	0.990
	1.4	7.1	30.2	10.2	51.1	47.2	0.206	2.794	0.990
	4.7	8.1	20.1	15.2	51.9	46.2	0.193	2.807	0.989
	3.7	6.3	17.6	14.8	57.6	50.5	0.169	2.831	0.976
	3.0	8.5	18.5	9.6	60.4	55.7	0.147	2.853	0.996
	4.8	4.5	20.4	15.6	54.7	48.8	0.181	2.819	0.984
广汉	2.4	10.2	45.8	12.2	29.4	27.7	0.362	2.638	0.981
绵阳	1.2	3.7	38.3	10.4	46.4	40.2	0.252	2.748	0.989
南充	3.1	11.6	28.4	14.1	42.8	39.5	0.246	2.754	0.990
西昌	2.5	8.0	26.5	20.1	42.9	39.0	0.252	2.748	0.981
南京	6.7	8.3	30.2	18.0	36.8	32.4	0.291	2.709	0.985
	5.4	4.6	41.3	20.2	28.5	24.7	0.379	2.621	0.980
	7.3	8.7	39.4	15.6	29.0	26.3	0.356	2.644	0.985
合肥	5.7	6.4	26.0	12.5	49.4	45.8	0.201	2.799	0.989
	6.8	8.1	29.4	13.7	42.0	38.9	0.244	2.756	0.988
	1.9	3.4	36.7	14.9	43.1	39.8	0.259	2.741	0.983

表 2 隙壁土粒度成分与分维

地区	粒度组成(%)						b	d	r
	2~0.1 mm	0.1~0.05 mm	0.05~0.01 mm	0.01~0.005 mm	<0.005 mm	<0.002 mm			
成都	1.0	4.3	12.4	17.3	65.0	63.2	0.124	2.876	0.965
	1.5	9.0	13.7	9.1	66.7	64.1	0.112	2.888	0.977
	0.5	1.5	14.8	18.2	65.0	63.4	0.128	2.872	0.958
	0.8	2.2	10.2	13.8	73.0	69.2	0.098	2.902	0.967
合肥	0.5	3.2	14.8	18.5	63.0	59.4	0.142	2.858	0.966
南京	1.0	3.1	16.5	16.9	62.5	60.3	0.138	2.862	0.971
	1.2	3.1	18.2	17.7	62.8	59.6	0.141	2.859	0.979

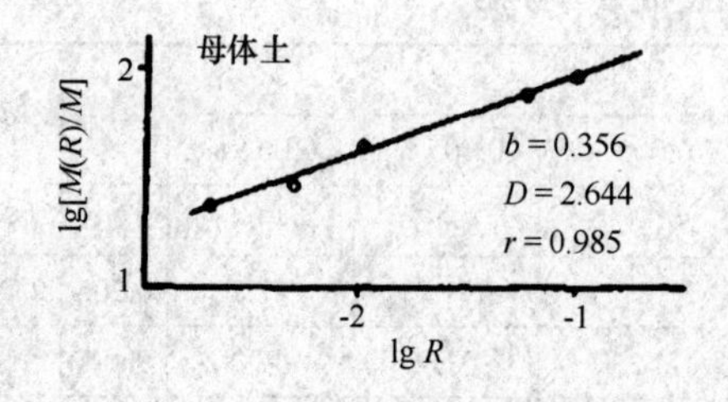

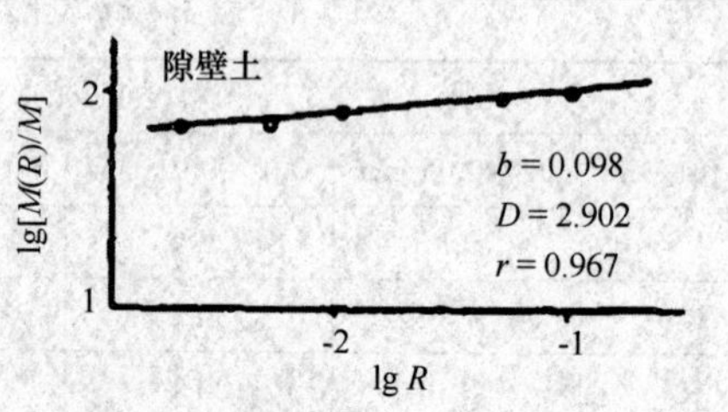

图 1 母体土和隙壁土粒度分布典型曲线

分维的变化趋势显示其作为对黏性土分类的一个定量参数指标,是完全可以实现的。对上述各地裂隙性黏土的分维变化范围进行综合归类,并结合黏性土按颗粒组成的分类标准,可见粉质黏土与黏土的分维界限值为 2. 700。

3 意义

根据分形理论,研究了我国普遍分布的裂隙性黏土粒度成分之分形结构特征。在此基础上,讨论了分维与土体物质成分、结构特征的关系以及它所代表的工程地质意义。再则因分维仅是在粒度分析结果基础上的,通过简便的回归分析便可获得,操作性极强。显然把分维作为土体分类的一个综合性定量指标,揭示了不同土体物理力学性质差异的本质,也为用粒度成分分维与相应的物理力学性质进行相关研究提供了依据。

参考文献

[1] 胡卸文,宋跃. 裂隙性黏土粒度成分的分形结构. 山地学报,1997,15(4):219-223.
[2] 邓京萍,张惠英. 成都黏土的裂隙性对力学性能的控制作用. 水文地质工程地质,1988,(2):5-10.
[3] Mandelbot B B. The Fraetal Geometry of Nature. san Franeiseo,USA:Freemen,1952. 95-90.

泥石流等级和灾度的划分公式

1 背景

泥石流是指在山区或者其他沟谷深壑,地形险峻的地区,因为暴雨、暴雪或其他自然灾害引发的山体滑坡并携带有大量泥沙以及石块的特殊洪流。泥石流的研究由来已久,但是到目前为止,还没有一种反映泥石流规模大小和灾情程度的简易指标。尽管现有的泥石流分类很多,但它们都是定性的描述,而没有定量的计算。冯利华[1]根据风级和震级的计算原理,提出反映泥石流规模大小和灾情程度的两个定量指标,以供商榷。相比而言,台风和地震已具有反映它们大小的定量指标——风级和震级,其中地震还具有反映其灾情程度的指标——烈度。

2 公式

在计算风力等级时,英国学者蒲福(1805 年)选用了最能反映风力大小本质的特征量——风速,把风力分为 3 个等级(0~12 级)[2]。风力等级 F 与风速 m/s 的关系近似为:

$$F = 1.21^{2/3} \tag{1}$$

在计算地震等级时,美国学者里克特和古登堡(1935 年)选用了最能反映地震大小本质的特征量——地震释放的能量,建立了地震等级 M 与能量 E(J)之间的关系[3]:

$$\lg E = 11.8 + 1.5M \tag{2}$$

从风力等级和地震等级的计算来看,它们都遵循着两条原则:①所选用的特征量反映事物的本质;②所计算的等级简单易记。因此在建立泥石流等级时,也必须遵循这两条原则。

从风力和地震等级公式的结构来看,它们都用幕函数或对数函数来表示特征量和等级之间的关系。由此泥石流等级公式拟采用对数函数关系来进行计算:

$$N = a\lg W + b \tag{3}$$

式中,N 为流石流等级(级);W 为一次泥石流的总方量(m^3);a,b 为待定参数。

通过分析国内外大量泥石流总方量 W 的分布情况,拟定当 $W=1\times10^4$ m^3 时,$N=2$ 级;当 $W=1\,000\times10^4$ m^3 时,$N=8$ 级,代入式(3),得 $a=2$,$b=-6$,那么有:

$$N = 2\lg W - 6 \tag{4}$$

同时拟定:当 $N>8$ 级时为特大型泥石流;N 为 6~8 级时为大型泥石流;N 为 4~6 级时为中型泥石流;N 为 2~4 级时为小型泥石流;$N<2$ 级时为微型泥石流。

通过某些泥石流的总方量(表 1)和根据式(4)计算的泥石流等级。由此 1997 年 7 月 27 日云南东川蒋家沟发生了 4.5 级的泥石流(中型);1953 年 9 月 29 日西藏波密古乡沟则发生了 8.5 级的泥石流(特大型)。统计结果表明,地球上的泥石流规模一般小于 10 级。

表 1　某些泥石流的总方量和等级

年-月-日	地点	总方量(10^4 m^3)	等级(级)	年-月-日	地点	总方量(10^4 m^3)	等级(级)
1970-05-30	秘鲁杨格镇附近	5 000.0	9.4	1977-07-27	云南东川蒋家沟	18.0	4.5
1953-09-29	西藏波密古乡沟	1 710.0	8.5	1966-07-22	甘肃武都山背后沟	3.6	3.1
1976-07-25	甘肃化马一带	750.0	7.8	1963-07-10	甘肃武都柳湾沟	1.2	2.2
1972-08-26	甘肃武都火烧沟	180.0	6.5	1981-07-20	奥地利奇拉尔河	0.8	1.8
1963-09-01	甘肃武都柳湾沟	50.0	5.4	1965-07-19	甘肃武都泥湾沟	0.3	0.9

一次泥石流所造成的社会损失最终可以归结为人员死亡和财产损失两部分。财产损失包括直接经济损失和间接经济损失,由于间接经济损失难以估算,故只考虑直接经济损失。这样在泥石流灾情的定量计算中,拟选用人员死亡和直接经济损失这两个特征量,其公式结构为:

$$G = a(\lg D + \lg E) + b \tag{5}$$

式中,G 为反映泥石流灾情程度的指标,即灾害学中常用的灾度(°);D 为死亡人数(人);E 为直接经济损失(万元);a,b 为待定参数。

根据大量泥石流灾情的分析,拟定当 $D=1$ 人、$E=10$ 万元时,$G=2°$;当 $D=1\ 000$ 人、$E=1$ 亿元时,$G=8°$。代入式(5)可得:$a=1$,$b=1$,那么有:

$$G = \lg D + \lg E + 1 \tag{6}$$

同时拟定:当 $G>8°$ 时为特灾,G 为 6°~8°时为大灾,而 $G<2°$ 时为微灾(表 2)。

表 2　泥石流灾情类型和分级管理

灾情类型	灾度(°)	分级管理
特大灾	>8	省级以上
大灾	6~8	地州市级
中灾	4~6	县级
小灾	2~4	乡级
微灾	<2	村级

3 意义

根据泥石流等级公式拟采用对数函数分析计算,提出泥石流等级和泥石流灾度的概念。泥石流等级是描述一次泥石流规模大小的定量指标,而泥石流灾度是描述一次泥石流造成社会损失大小的定量指标。这两个指标概念明确,简单易行,有利于使描述泥石流规模大小和灾情程度的术语逐步规范化、定量化和普及化。因此在泥石流灾害越来越严重的今天,使描述泥石流规模大小和灾情程度的术语逐步规范化、定量化和普及化,这对于减免泥石流灾害来说无疑具有积极的意义。

参考文献

[1] 冯利华. 泥石流等级和灾度的定量计算. 山地学报,1997,15(4):273-276.
[2] 吴和庚,张志明. 气象学. 北京:水利电力出版社,1986. 22-24.
[3] 徐果明,周慈兰. 地质学原理. 北京:科学出版社,1982. 325-352.

古乡沟泥石流的流速公式

1 背景

古乡沟位于西藏东南部波密县境内，1953 年暴发了特大黏性冰川泥石流，洪峰流量 2.86×10^4 m^3/s。1953 年后暴发泥石流 6 000 次。为确保川藏公路的畅通，据整治工程需要，对古乡沟泥石流流速进行了动力学模型试验。程尊兰[1]从西藏古乡沟泥石流流速方面开始入手，并展开实验。模型试验的各种流体根据二十五年一遇，总量 1.1 m^3(原型 110×10^4 m^3)，流量 73 m^3/s(原型流量 730 m^3/s)；五十年一遇，总量 1.8 m^3(原型 180×10^4 m^3)，流量 12.6 m^3/s(原型流量 1 260 m^3/s)分别试验。试验 l8 次：工程前试验 l0 次，工程后试验 8 次。在试验模型上布置了上断面、中断面、下断面(跨公路)。

2 公式

泥石流断面平均流速 V_{cp}(m/s)为：

$$V_{cp} = K_c V_0 \tag{1}$$

式中，K_c 为考虑泥石流流速垂向及横向分布的流速系数；V_0 为实测表面中乱流速度(m/s)。

由古乡沟泥石流模型试验统计资料计算结果(表 1)可看出，古乡沟泥石流通过不同类型、不同规模、不同观测断面以及修筑整治工程前后的模型试验，泥石流流速变化大，且变化规律性十分明显。

表 1 古乡沟泥石流流速实验数据

实验次号	最大流速(m/s)		最小流速(m/s)		γ_c(t/m^3)
	模型	原型	模型	原型	
95001	0.78	7.80	0.60	6.00	1.05
95002	0.79	7.90	0.60	6.00	1.50
95003	0.78	7.80	0.60	6.00	1.50
95004	0.91	9.10	0.71	7.10	1.50
95005	0.73	7.30	0.58	5.80	1.80

续表

实验次号	最大流速(m/s)		最小流速(m/s)		γ_c(t/m^3)
	模型	原型	模型	原型	
95006	0.73	7.30	0.57	5.70	1.80
95007	0.90	9.00	0.65	6.50	1.80
95008	0.70	7.00	0.50	5.00	2.00
95009	0.70	7.00	0.50	5.00	2.00
95010	0.85	8.50	0.60	6.00	2.00
修筑泥石流排导槽以后					
95011	0.87	8.70	0.80	6.80	2.00
95012	0.88	8.80	0.67	6.70	2.00
95013	0.91	9.10	0.75	7.50	1.80
95014	0.92	9.20	0.72	7.20	1.80
95015	0.95	9.50	0.74	7.40	1.55
95016	0.95	9.50	0.78	7.80	1.55
95017	0.94	9.40	0.74	7.40	1.55
95018	0.99	9.90	0.76	7.60	1.55

为确保公路畅通,对古乡沟进行了泥石流防护工程的模型设计和实施。经多次工程修改和模型试验,使流速增大到理想的量级,为古乡沟泥石流整治建立了最佳格架(表2)。

表2　古乡沟修筑整治工程前后泥石流流速变化

工程概况	工程前		工程后	
暴发频率(a)	25	50	25	50
浆体容量(t/m^3)	1.50	1.50	1.55	1.55
断面坡度(%)	15.80	15.80	15.80	15.80
泥深(m)	1.80	2.10	2.00	2.50
平均流速(m/s)	4.68	5.34	5.64	5.94
实验次号	95001	95004	95017	95018

根据水力学原理和古乡沟泥石流实测资料,结合古乡沟泥石流模型试验数据得:

$$U_m = K_c K H_c^{\frac{3}{4}} I^{\frac{1}{2}} / n_c \quad (2)$$

式中,U_m 为泥石流流速(m/s);K_c 为区域系数,古乡沟 K_c 取3.9;K 为流速分布系数,古乡沟 K 取0.5;n_c 为河床糙率,水石流 n_c 取0.2,稀性泥石流 n_c 取0.3,黏性泥石流 n_c 取0.5;H_c 为泥深(m);I 为沟床比降(%)。

3 意义

根据泥石流流速公式,通过点图和回归分析所得的数据,其相关系数 $R=0.852$,在 $d=0.011$ 水平上显著相关。用古乡沟泥石流实测数据对比计算结果显示,平均误差 0.924,最大误差 19.400,若古乡沟泥石流有代表性,也适用于川藏公路沿线泥石流。因此,根据水力学原理和古乡沟泥石流实测资料,结合试验数据,经计算分析,提出的泥石流流速这个公式,为整治古乡沟泥石流和川藏公路沿线泥石流沟提供了参数。

参考文献

[1] 程尊兰,刘雷激,游勇. 西藏古乡沟泥石流流速. 山地学报,1997,15(4):293-295.

土壤水分的变化公式

1 背景

作为水资源重要组成部分的土壤水分,一直是土壤研究的重点方向[1]。但目前对土壤水循环缺乏长期定位观测,研究方法还处于探索中。现拟以云南省元谋干热河谷作为研究区,力图用波谱分析法寻求当地土壤水分的时空变化规律。黄敏成和何毓蓉[2]对云南省元谋干热河谷土壤水分的动态变化进行了分析,来研究其变化规律。元谋干热河谷地处滇中高原北部。因受“焚风效应”影响,热量高,降雨少,蒸发量大,干湿季分明。

2 公式

波谱分析分为谐波分析和能谱分析。谐波分析是对某一时间序列 $X_t(t=1,2,\cdots,n)$ 进行傅立叶级数展开,即将其表示成为有限个正弦波(或余弦波)的叠加形式:

$$X_t = A_0 + \sum (A_k \cos\omega_K t + B_k \sin\omega_K t) \tag{1}$$

式中,X_t 为原时间序列中 X_t 的估计值;$K=1,2,\cdots,p$ 为主要谐波波数;A_0, A_K, B_K 为傅立叶数;ω_K 为角度。

对某一时间序列 $X_t(t=1,2,\cdots,n)$ 在无限区间做傅立叶变换得连续谱的方法,则称为能谱分析。习惯上称为能波:

$$E(k) = \frac{1}{m}\left[R(0) + 2\sum_{\tau=1}^{m-1} R(\tau)\cos\frac{k\pi}{m}\tau + R(m)\cos k\pi\right] \tag{2}$$

式中,$\tau=0,1,2,\cdots,m$ 为时延(或落后时间);k 为最大时延(或最大落后时间);k 是基本周期 2 m 内谐波波数;$R(\tau)$ 为时间序列 $X_t(t=1,2,\cdots,n)$ 的自协方差:

$$R(\tau) = \frac{1}{N-\tau}\sum_{t=1}^{N-\tau}(X_t - \bar{X})(X_{t+\tau} - \bar{X}) \tag{3}$$

式中,N 为时间序列长度;$\bar{X}$ 为时间序列的平均值。

对元谋干热河谷土壤的含水量进行自相关函数分析后,得出各层土壤含水量的自相关系数(表 1、表 2)。由表 1、表 2 可见,各层土壤含水量的自相关系数在间隔 34~36 旬(即约 1 a)时,到一个高峰值,随后降低,这表明土壤含水量是以 1 a 为周期的。

表 1 普通燥红土土壤含水量的自相关系数

土壤深度 (cm)	间隔时间(旬)											
	1	4	8	12	16	20	24	30	34	36	38	40
0~20	0.600	0.398	0.095	-0.117	-0.233	-0.312	-0.235	0.301	0.392	0.439	0.223	0.151
20~40	0.629	0.392	0.194	-0.031	-0.175	-0.178	-0.245	-0.025	0.294	0.172	-0.014	-0.020
40~60	0.641	0.412	0.257	-0.087	-0.281	-0.329	-0.273	-0.145	0.123	0.102	0.031	-0.019

表 2 变性燥红土土壤含水量的自相关系数

土壤深度 (cm)	间隔时间(旬)											
	1	4	8	12	16	20	24	30	34	36	38	40
0~20	0.516	0.310	0.036	-0.212	-0.290	-0.462	-0.309	0.268	0.447	0.357	0.269	0.123
20~40	0.459	0.355	0.046	-0.325	-0.393	-0.443	-0.242	0.159	0.389	0.360	0.202	0.199
40~60	0.591	0.383	-0.154	-0.318	-0.365	-0.404	-0.341	0.208	0.521	0.591	0.369	0.171

3 意义

根据波谱分析法,可知当地旱、雨季土壤含水量差异较大:旱季土壤含水量小于凋萎湿度,土壤水分严重亏缺。因受降水量的影响,土壤含水量呈周期为 1 a 的波动变化。用谐波分析法还计算了各层次土壤含水量的谐波展开式。鉴于元谋干热河谷土壤、气候、植被等诸多方面的长期观测和研究,根据对土壤含水量所作的波谱分析和得出的谐波展开式,不必实测土壤含水量,就能估计和预报当地的土壤含水量及其变化趋势。

参考文献

[1] 庄季屏. 四十年来的中国土壤水分研究. 土壤学报,1989,26(3):241-248.
[2] 黄成敏,何毓蓉. 云南省元谋干热河谷土壤水分的动态变化. 山地学报,1997,15(4):293-295.

岩体的卸荷特性公式

1 背景

永久船闸是三峡工程三大重要的组成部分,是目前世界上最大的通航建筑物之一。三峡工程永久船闸边坡为一典型的人工开切陡高边坡。边坡具有尺度大、鲁体各向异性及岩体水平卸荷明显等特性[1,2],这些特性对边坡的稳定和变形具有控制性的作用。陈洪凯和唐红梅[3]通过调查分析三峡工程永久船闸边坡岩体卸荷特性,在现场考察、分析的基础上,力图从地貌学角度对永久船闸区及边坡岩体的卸荷特性进行宏观分析。

2 公式

令岩体的抗拉强度为 R,拉应力区任一点岩体的应力状态为 σ_n 和 τ_n ,则由比较能反应岩体特性的第三强度理论可知,当

$$\sqrt{\sigma_n^2(h) + 4\tau_n^2(h)} \geqslant R_t$$

时,便将于岩体中产生拉张裂隙,其主要平行于边坡开挖面。而同时考虑构造应力及边坡开挖释放荷载 σ_n 和 τ_n 及非直线型开挖面时,在拉应力区将产生陡倾角的拉张裂隙闭(图1)。主要原因是边坡开挖过程中及其以后,在加载卸载的本构曲线图示中存在较大的能量释放区,而此释放能量则作用于岩体,产生新的裂隙或加速原有裂隙的扩展过程。

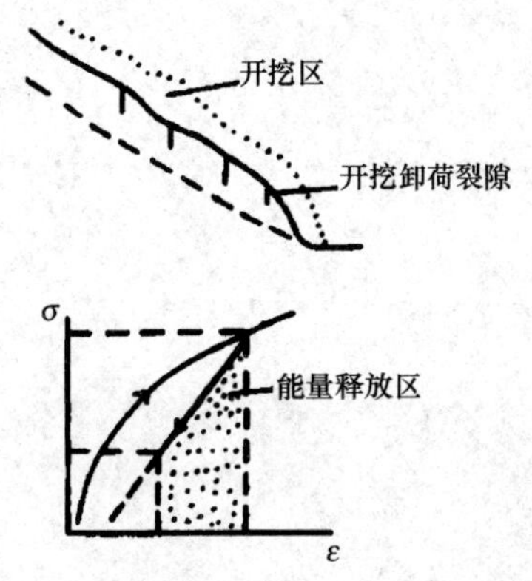

图1 边坡开挖的能量释放及渐近破坏

3 意义

从地貌学角度,分析了三峡工程永久船闸边坡岩体的自然及人为卸荷特性,指出了地表侵蚀、河流下切、开挖船闸等自然及人为地貌过程诱发了岩体的基本卸荷过程。构筑了一个三峡工程永久船闸边坡岩体卸荷特性的宏观模式。实地调研及数值计算成果均表明,地貌分析法在分析实际岩体工程中,在岩体卸荷特性方面具有较强的应用价值。

参考文献

[1] 陈洪凯,朱凡. 三峡工程永久船闸区地应力场概化研究. 重庆交通学院学报,1995,14(3):42-46.
[2] 高士钧. 长江三峡地区地壳应力场与地展. 北京:地震出版社,1992:18-25.
[3] 陈洪凯,唐红梅. 三峡工程永久船闸边坡岩体卸荷特性. 山地学报,1997,15(3):183-186.

山地的生态评价模式

1 背景

山地是地球上一种特殊的生态环境类型,其特质在于它固有的生态脆弱性和环境的重力不稳定性[1]。对山地生态环境质量不能限于定性、单项研究,而必须进行综合定量评估,尤其是运用GIS技术进行山地生态系统过程、景观分析和环境质量评价的研究,这样方可真正为山地资源的合理开发、生态环境保护提供决策依据。刘彦随等[2]对陕南山地生态环境质量进行了综合评价。在地学和生态学分析的基础上,应用遥感与GIS技术相结合的方法,开展对陕南山地生态环境质量的综合定量评价。这无疑是一个有益的尝试。

2 公式

陕南山地生态环境质量评价利用1989年10月30日陆地卫星TM4,7,3(R,G,B)合成的1∶20万假彩色卫片作为基本信息源,以不同比例尺的其他遥感图像和地面观测资料做辅助信息源,按主导景观生态要素影像特征差异,来进行生态类型单元的划分(表1)。

表1 陕南山地生态类型单元及其影像特征

生态类型单元	海拔(m)	影像特征			
		色调	形状	幅度	结构(图形、纹理)
①砂砾土河漫滩地	200~300	蓝白色	枣核状	小	边界清晰
②河川灌溉水田	250~400	蓝色	片状	较小	间有红色斑点
③低平水浇地	300~450	浅蓝色	不规则	较小	结构较均一
④高阶地菜园地	400~600	橘红色	块状	小	影纹均匀
⑤娄土三、四级阶地	550~700	蓝灰色	条带状	较大	结构较均一
⑥黄土台塬梁旱地	550~850	蓝灰色	片状	较大	略有杂色斑点
⑦沟谷缓坡旱地	600~850	灰白色	不规则	大小不一	有杂色斑点
⑧丘陵沟坡草地灌地	700~860	淡褐色	不规则斑块	大小不一	略有绒状质感
⑨低山丘陵疏林地	750~900	暗红色	云雾状斑块	大小不一	有杂色斑点
⑩低山丘陵灌林地	750~1 200	褐黄色	形状各异	大小不一	有颗粒不均匀
⑪中低山阔叶林地	1 200~1 800	暗红色	略呈带层状	大小不一	有颗粒感
⑫中山针阔叶林地	1 300~2 500	蓝绿色	带层状	较大	有颗粒不均匀
⑬亚高山针叶林地	2 500~3 200	橙色	略呈片状	较小	有颗粒感
⑭高山荒草地	3 200~3 767	浅褐色	树枝状	大小不一	有极细微麻点感

由于环境的整体性,因子之间的交互效应是客观存在的,在拟定各要素评价标准时,一定程度上也考虑了因子之间的交互效应(表2)。

评价模式是评价对象的结构、功能、变化等综合信息特征的体现[3]。它包括单项环境要素评价模式和环境质量综合评价模式。同一种因子在不同单元的不同等级,具有不同的分值水平,且因分布面积的差异,其生态功能效应也有很大不同,所以,进行单项要素评价时要综合考虑其所占面积的比例。评价公式如下:

$$W_k = \sum_{i=1}^{p} \alpha_i^k \sum_{j=1}^{g} S_{ij}^K F_{ij}^K$$

式中,W 为环境要素评分(0~100);k 为环境要素序号(1~4);i 为环境要素各因子序号(设有 p 个因子);j 为因子等级序号(设分 g 个等级);a 为因子生态效应权重(0~1);S 为因子不同等级面积比例;F 为因子等级评分。

将各环境要素的资源潜力分值,按各自在环境中效应权重进行加权组合,求出各单元生态潜力分。以分值大小表示生态环境质量的优劣。评价公式如下:

$$E_n = \sum_{k=1}^{4} \beta_k W_k^n$$

式中, E_n 为第 n 单元环境质量分值;n 为单元序号(1~14);β_k 为 k 要素权重; W_k^n 为 k 要素在第 n 单元评分。

表 2 山地生态环境质量 t 评价指标体系及其标准

因素(权重)	因子(权重)	评价标准(分级/评分)							
		Ⅰ	Ⅱ	Ⅲ	Ⅳ	Ⅴ	Ⅵ	Ⅶ	Ⅷ
气候(0.20)	1月平均气温	>2	0~2	-2~0	-4~-2	-6~-4	-8~-6	-10~-8	<-10
	(℃)(0.15)	100	90	75	50	45	35	25	10
	>10℃积温	>44	40~44	36~40	32~36	28~32	24~28	20~24	<20
	(h℃)(0.45)	100	85	70	50	40	30	20	10
	年平均降水量	>12	10~12	9~10	8~9	7~8	5.5~7	4~5.5	<4
	(hmm)(0.030)	100	95	90	80	70	50	30	10
	年干燥度	<0.75	1.0~0.8	1.3~1.0	1.5~1.3	1.8~1.5	2.0~1.8	2.5~2.0	>2.5
	(E/R)(0.10)	100	95	80	60	40	30	20	10
水文(0.15)	松散岩类富水性	>1 000	500~1 000	100~500	10~100	<10			
	(t/d)(0.40)	100	80	60	35	20			
	地表水年径流量	>1 000	900~1 000	800~900	700~800	600~700	500~600	<500	
	(mm)(0.60)	100	85	70	60	40	30	20	

续表

因素（权重）	因子（权重）	评价标准(分级/评分)							
		Ⅰ	Ⅱ	Ⅲ	Ⅳ	Ⅴ	Ⅵ	Ⅶ	Ⅷ
土壤(0.30)	宜农业(0.30)	100	85	75	50				
	宜农林类(0.20)	100	85	70	40				
	宜农牧类(0.19)	100	80	70	35				
	宜林牧类(0.13)	100	80	50	-				
	宜林类(0.10)	100	80	50	-				
	宜牧类(0.07)	100	80	50	-				
	不宜利用类(0.01)	5	-	-	-				
植被(0.35)	植被覆盖度(%)(0.35)	>70 100	50~70 80	30~50 50	10~30 25	<10 10			
	植被资源潜力(0.65)	阔叶林 100	针阔叶林 95	针叶林 85	竹林 70	耕地 65	人工草场 60	灌木 50	草甸 35

3 意义

利用陆地卫星 TM 图像作为遥感信息源，运用新技术和方法，结合地学、生态学分析，以陕南山地为例，建立了山地生态环境定量评价标准、评价体系及模式。对研究区内所划分的 14 种生态类型单元进行了环境质量综合评价，并进一步聚类为 5 大景观类型区。针对各类型区环境质量分异的特点及存在的问题，提出了优化建设的对策。今后应重视建设河堤护岸林带，适时种植滩地季节牧草。适宜多种中药材，应重点培育和保护名特优植物品种和珍贵的动物资源，走生态—开发型发展道路。

参考文献

[1] 刘彦随，倪绍祥．农业资源与环境系统优化模式研究．长江流域资源与环境，1997，6(1)：39-44.

[2] 刘彦随，倪绍祥，蒋建军．陕南山地生态环境质量综合评价．山地学报，1997，15(3)：178-182.

[3] 陕西省遥感中心．陕西省国土资源遥感应用研究．北京：煤炭工业出版社，1994. 51-79.

森林植被的多样性公式

1 背景

群落多样性主要是指群落的种类及其个体构成,群落多样性表明了群落的组成结构特征。群落多样性研究是群落生态学研究的十分重要的内容,也是生物多样性研究中至关重要的方面。森林植被多样性特征测度选用物种多样性指数 *SDI*、群落均匀度指数 *CEI*、生态优势度指数 *EDI* 等指标。阎传海[1]根据所得资料,试图对苏北地区森林植被类型及其多样性进行较全面、较系统的研究,以期为该地区生物多样性的有效保护提供科学依据。

2 公式

群落均匀度与生态优势度是两个相反的概念(一般情况下,群落均匀度较高的群落,其生态优势度较低),前者与物种多样性呈正相关关系,后者与物种多样性呈负相关关系[2]。*SDI*,*CEI* 及 *EDI* 的计算公式如下:

$$SDI = -\sum (P_i) \cdot \ln(P_i)$$

$$CEI = \left[-\sum (P_i) \cdot \ln(P_i)\right] / \ln S$$

$$EDI = -\sum (P_i)^2$$

式中,P_i 为种 i 的相对重要值;S 为种 i 所在样地的物种总数。相对重要值计算公式如下:

$$RIV = (\text{相对密度} + \text{相对频率} + \text{相对优势度}) / 300$$

苏北低山丘陵森林植被 *SDI*,*CEI*,*EDI* 的计算结果如表 1 所示。

表 1 苏北低山丘陵森林植被物种多样性指数、群落均匀度指数、生态优势度指数

群系组	温性松林		侧柏林		栎类林		杂木林							刺槐林	
群系代号	(1)	(1)	(3)	(3)	(4)	(5)	(6)	(9)	(7)	(8)	(10)	(11)	(11)	(12)	(12)
样地	E3	E4	E5	E6	Q11	Q10	Q12	M10	M11	M12	M13	M14	M15	R1	R2
取样地点	云台山	云台山	云龙山	泉山	云台山	皇藏峪	云台山	云龙山	皇藏峪	皇藏峪	云台山	云台山	云台山	泉山	泉山
SD1	0.46	0.58	0.07	0.16	0.60	0.94	0.87	1.79	2.03	1.39	1.83	2.40	1.94	0.07	0.11
CE1	0.22	0.30	0.07	0.15	0.34	0.39	0.42	0.68	0.82	0.56	0.65	0.73	0.88	0.07	0.08
ED1	0.85	0.76	0.98	0.94	0.77	0.59	0.61	0.24	0.15	0.39	0.25	0.17	0.16	0.98	0.97

3 意义

根据对苏北低山丘陵森林植被的多样性的研究,可知:①杂木林多样性最高,物种多样性指数 *SDI* 1. 39~2. 40,群落均匀度指数 *CEI* 0. 56~0. 8,生态优势度指数 *EDI* 0. 15~0. 39;侧柏林和刺槐多样性最低,*SDI* 0. 07~0. 16,*CEI* 0. 07~0. 15,*ED* 10. 93~10. 98;栎类林和温性松林(赤松林)的多样性分居第二、第三位。②相对而言,苏北东北部低山丘陵生物多样性较西北部低山丘陵高。并根据研究结果对该地区生物多样性的有效保护提出了建议。

参考文献

[1] 阎传海. 苏北低山丘陵森林植被多样性研究. 山地学报,1997,15(3):157-161.
[2] 陈昌笃,王金亭,董惠民. 江苏省连云港附近山地和海滨植物群落的调查. 地理学报,954,20(3):285-311.

流域洪水的特征模型

1 背景

伐木改变了径流的形成条件,导致年径流量、洪水、洪水形态和枯水量的变化,它们又可能引起其他环境问题,如泥沙淤积、河岸冲刷、山洪危害以及水质恶化等,在这些方面已有一些初步研究结果[1,2]。由于各类研究所涉及的流域位置、大小、气候类型、立地条件、砍伐方式及资料条件等具体情况不一样,分析的结果很不统一,甚至还会出现冲突的结论[3]。因此森林水文效应评价中存在不少疑难问题,有关研究仍很活跃,其中最关键的是找到满足代表性和可比性的森林流域以及选择合适的分析方法。程根伟和 Hetherington[1] 对太平洋西海岸森林砍伐对洪水特征的影响展开了调查。

2 公式

Carnation Greek 流域森林砍伐开始于 1975 年,其中 H.J 站上流域是 90%净伐,B 站以上区间为部分净伐,全区总砍伐比例达到 40%。森林砍伐到 1980 年底截止,随后在砍伐迹地上人工植造杉树林,到 1990 年基本成林。因此整个观测期可分为砍伐前(1971—1975 年)、筑路(1976 年)、砍伐期(1976—1980 年)和砍伐后期(1981—1990 年),为配合当地降水特点,以 10 月至次年 9 月作为一个水文年。有关流域和测站分布及砍伐面积等自然地理特征参见表 1。

表 1 Carnation Creek 流域特征

水文站	集水面积(km^2)	海拔(m)	观测时期(年)	砍伐比例(%)
B	9.30	8~884	1971—1991	40
C	1.45	46~700	1972—1991	0
E	2.64	150~884	1972—1991	5
H	0.12	152~305	1972—1991	90
J	0.24	30~300	1975—1990	90

研究林地与径流形成关系的方法很多,按大类可分为物理或生理模型,野外降雨径流观测,数学模型仿真,时间序列分析和配对流域对比分析方法等。其中流域对比法以相邻

流域的平行对照观测为特点，突出了森林单独的作用，可以消除气候条件和地理因素对评价的影响，被广泛地用于森林水文效应研究。

洪水特征可用洪水过程的统计参数表示，选用7个参数分别描述洪峰流量 Q_p、洪峰涨幅 DQ_p、快速径流量 V_q、上涨时间 DT_F、雨洪滞时 TC、洪水径流系数 CV 和对称系数 CT_q。其中参数 Q_p，DQ_p，V_q 代表洪水强度或大小，CT_q 代表洪水形态，TC 和 CT_q 代表流域对暴雨的响应特征。记 (Q_i,Y_i)，(Q_p,T_p) 和 (Q_u,T_u) 分别是起涨、洪峰和快速径流终止的流量与时间，$H(t)$，$Q(t)$，$QB(t)$ 是降水、总径流和地下水过程，则以上洪水参数可定义为：

$$DQ_p = Q_p - Q_i$$

$$DT_p = T_p - T_i$$

$$V_q = \int_{T_i}^{T_u} [Q(t) - QB(t)]\mathrm{d}t$$

$$V_p = \int_{T_i}^{T_u} H(t)\mathrm{d}t$$

$$T_q = T_u - T_i$$

$$CV_p = V_q/V_p$$

$$CT_q = CT_q/T_q$$

$$TH = \int_{t_i}^{t_u} [tH(t)/V_p]\mathrm{d}t$$

$$TQ = \int_{ri}^{ru} \{t[Q(t) - QB(t)]/V_q\}\mathrm{d}t$$

$$TC = TQ - TH$$

式中，t_i，t_o 为主要降水开始和结束的时间，在实际计算中用离散求和来代替积分。

对各子流域选择若干场洪水计算以上7个参数，再取研究站和参照站相同洪次的参数进行回归。若令 PL_i 和 PC_i 分别是砍伐区和保留区的对应参数（$i=1,2,\cdots,N$），则这 N 对参数用最小二乘法求得它们的相关关系：

$$PL = a + bPC$$

同时还得到回归方程的相关系数 R 和显著性水平 P_r，系数(a,b)是回归方程的截距和坡度，(R,P_r) 代表方程的拟合优度和可靠性。其中图1显示了C站和H站砍伐前后洪峰涨率回归分析。

3 意义

据加拿大 Carnation Creek 生态试验站 20a 的森林水文观测资料，应用回归分析和协方差检验，研究了森林砍伐以前、道路修筑、砍伐中和砍伐后各时期洪水参数的变化。根据流

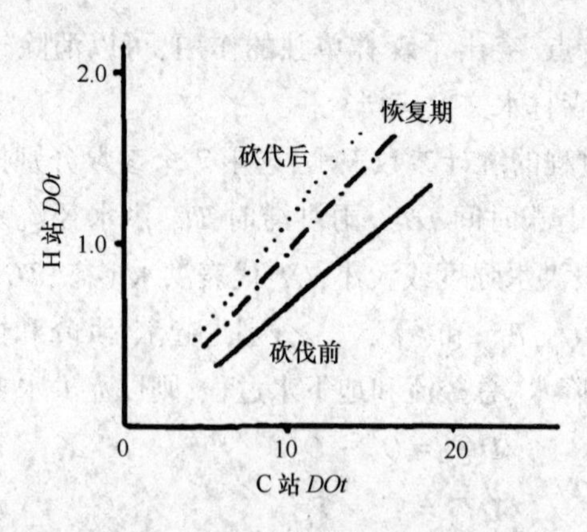

图1 C站和H站砍伐前后洪峰涨率回归

域洪水的特征模型,森林砍伐后,洪峰和洪量有显著的增大,一般增幅在20%~30%之间,年径流量增长15%~20%,但洪峰滞时和洪水形态变化不大。森林砍伐和人工造林是一种强烈的流域改造活动,它极大地改变了地表覆盖条件,并可导致一系列的环境影响,其中河川径流变化有重要的生态和社会意义。

参考文献

[1] 程根伟,Hetherington E. 太平洋西海岸森林砍伐对洪水特征的影响. 山地学报,1997,15(3):167-172.

[2] 程根伟. 四川盆地河川径流特征与森林的关系探讨,水土保持学报,1991,5(1):48-52.

[3] 程根伟,钟祥浩. 防护林生态效益定量指标体系,水土保持学报,1992,6(3):79-86.

泥石流的冲击模型

1 背景

1982 年关家沟泥石流造成的社会影响至今尚未消除，根据泥石流工程的防治标准，因该泥石流危害对象主要为县城，且泥石流灾害具毁灭性，考虑历史上已发生的泥石流规模，结合区域防洪标准，参照有关规范、手册的标准，采用五十年一遇的标准设计，百年一遇校核，史正涛和祁龙[1]通过实验对甘肃省文县关家沟泥石流进行综合分析，并提出治理方案。

2 公式

2.1 泥石流容重

泥石流容重反映了流体的含沙浓度，它受泥沙补给和沟床输沙能力的共同控制。采用陇南地区的经验公式[2]计算泥石流容重：

$$\gamma_C = 1.1A^{0.11}$$

式中，A 为单位面积固体物质补给量（$\times 10^4\ m^3/km^2$）。显然公式主要反映产沙能力，因此对计算结果要按沟床条件做适当修正。

2.2 泥石流流量

$$Q_C = Q_B(1 + \phi)D$$

式中，Q_B 为清水流量；D 为堵塞系数，取 1.00，因为沟道内堵塞现象较轻微；ϕ 为泥沙系数：

$$\phi = (\gamma_C - 1)(\gamma_H - \gamma_C)$$

式中，γ_H 为泥沙容重。

2.3 冲击力

此是破坏工程构筑物的主要作用力之一。它的大小与泥石流容重和流速等有关，它要经多次试算才能完成。冲击力（t/m^2）为：

$$F = K\gamma_C V_C^2/g$$

式中，K 为系数，在 2.5~4.0 之间，取 3.0；g 为重力加速度；V_C 为流速：

$$V_C = mcH_C^{2/3}I_C^{1/2}$$

式中，m_C 为沟床糙率系数（$1/n_C$），n_C 为糙率；H_C 为平均泥深或水力半径；I_C 为沟床比降。

由于关家沟流域面积较大，固体物质补给区分散，拦挡坝不能集中布设成群坝。14 座拦挡坝分布在主沟及6条支沟中,除大沟的2座拦挡坝外,其余各坝或由于相距太远或由于地形太陡,都只能布设成单坝。

3 意义

通过泥石流的冲击模型,可得出主沟拦挡坝溢流口宽20 m(支沟为6~8 m);深1.5~3.0 m,坝体两侧伸入山体的宽度:基岩取1.0 m,非基岩取2.0 m,实体工程的抗滑安全系数不小于1.2,抗倾安全系数为1.3~1.6,基本符合有关规范要求。由此可知对关家沟需采用工程措施稳沟、拦挡泥沙、排导。同时还需采用生态措施,如封山育林、植树造林等。将工程措施和生态措施相结合的综合治理方案将改善生态环境,美化风景,而且能发展林果、养殖、木材加工业,增加稳产高产农田。

参考文献

[1] 史正涛,祁龙. 甘肃省文县关家沟泥石流综合治理. 山地学报,1997,15(2):124-128.

[2] 甘肃省交通科学研究所,中国科学院兰州冰川冻土研究所. 泥石流地区公路工程. 北京:人民交通出版社,1981. 59.

蔬菜基地的环境评价公式

1　背景

金华市山区远离城市,经济落后,但环境质量优良,是发展无工业“三废”污染、无毒、无害、安全优质的无公害蔬菜的理想地区,也是山区发展经济的良好选择。根据“绿色工程”计划,金华市罗店镇盘前村被选为浙江省无公害蔬菜基地。吕洪飞和陈立人[1]对其环境质量开展了评价,并探讨了山区蔬菜生产的利弊,为山区无公害蔬菜生产和经济发展提供科学依据。盘前村位于金华北山的国家级双龙风景名胜区的大盘景区内,村内现有人口600多人;耕地近89 hm^2,全部种植蔬菜。1981年起盘前村为金华市蔬菜公司的蔬菜基地,缓解了蔬菜淡季蔬菜的紧缺状态。

2　公式

2.1　环境质量现状及评价

按中国绿色食品发展中心制定的《绿色食品产地环境质量现状评价纲要》(1994年)试行本规定,设置监测点两个,确定监测项目、分析方法、评价方法和评价标准。

水质监测和评价结果如表1所示。

表1　水质监测结果和评价标准

项目	pH值	DO	COD_{Mn}	BOD_5	F^-	Cl^-	CN^-	As	Cr^{6+}	Pb	Cd	Hg	细菌总数	大肠菌群
实测	6.2	8.58	1.67	0.47	<0.05	9.29	<0.005	<0.007	0.005	<0.004	<0.002	<0.000 5	50个/mL	3个/L
标准	5.5~8.5	5.0	5.0	8.0	2.0	250	0.5	0.05	0.1	0.1	0.05	0.001	100个/mL	10 000个/L

注:除pH、细菌总数、大肠菌群外,其余的单位均为mg/L。

农灌用水水质监测项目有:pH值,DO(溶氧量),COD_{Mn},BOD_5,F^-,CN^-,$C1^-$,As,Cr^{6+},Pb,Cd,Hg,细菌总数和大肠菌群,共14项,除DO,COD_{Mn}以参考文献[2]为依据外,其余以GB 5084—92农田灌溉水质标准为依据。用Nemerow指数法[3]进行评价,综合污染指数为:

$$P = \sqrt{\{[(C_i/S_i)_{max}]^2 + [(C_i/S_i)_{av}]^2\}/2}$$

式中,C_i为实测值;S_i为标准值。

2.2 大气监测和评价

大气监测项目有:SO_2,NO_x,飘尘,总 F^-,共 4 项,以 GB 3095—82 大气环境质量标准的Ⅰ级标准和 GB 9137—88 保护农作物的大气污染物最高允许浓度为依据。

表 2 大气监测结果和评价标准(mg/m^3)

项目	SO_2	NO_x	飘尘	总 F^-
实测	0.012	0.015	0.164	1.46×10^{-4}
标准	0.05	0.05	0.15	2.3×10^{-3}

用几何均数指数(姚志麒指数)法进行评价,大气污染综合指数为:

$$I = \sqrt{[(C_i/S_i)_{\max}]\left[(1/K)\sum_{i=1}^{K} C_i/S_i\right]}$$

式中,K 为污染物项数;C_i 为实测值;S_i 为标准值。

3 意义

根据对金华市山区无公害蔬菜基地环境质量的评价,可知该基地环境质量优良:水质综合污染指数为 0.37(Ⅰ级),大气质量几何均数指数为 0.68(Ⅱ级);各种重金属元素含量均在浙江省土壤元素变化范围内;土壤中六六六、DDT、As 的含量和基地内主产蔬菜的抽检指标均符合绿色食品卫生标准。当地适宜发展无公害蔬菜,建立一个现代化的无公害蔬菜示范基地,作为双龙风景区的一个景点和特色旅游项目。建立无公害蔬菜基地,既可提高当地经济收入,又可加强环境保护意识。

参考文献

[1] 吕洪飞,陈立人. 金华市山区无公害蔬菜基地环境质量评价. 山地学报,1997,15(2),86-90.

[2] [日]川崎市水质研究所. 水质管理指标. 凌绍森译. 北京:中国环境科学出版社,1988. 9-11,101-103.

[3] 姚志麒. 环境卫生学(第二版). 北京:人民卫生出版社,1987. 153-154,235-236.